TEXTBOOK
小動物の リハビリテーション 入門

北海道大学名誉教授
前・帝京科学大学教授
藤永 徹

EDUWARD Press

推薦のことば

　近年、ヒト医療では交通事故、様々な外傷、骨折などに罹患した症例に対して保存療法または手術療法後、早期の社会復帰を目的として理学療法または運動療法を中心としたリハビリテーションが戦略的手段として必須のものとなっている。一方、ヒトと同様に犬、猫を中心とした小動物獣医療においても椎間板ヘルニアに起因した神経障害の症例や骨折、関節疾患を中心とした運動器疾患によって術後も後遺症として歩行障害を呈するために日常のQOLが低下した症例を経験されていることも周知のことであろう。

　動物のリハビリテーションに関して、欧米でもその歴史は浅く、特に犬、猫を中心とした小動物臨床においては詳細な情報も無いまま今日に至っている。小生も獣医外科臨床の現場の人間として、これまでに多くの椎間板疾患、軟部外科疾患、整形外科疾患などに罹患した症例に対して手術手技を中心とした外科療法を行ってきた。幸いそれら症例の多くが無事に退院し、日常のQOLに支障無く生活できたが、一部の症例では関節可動域の狭小化、筋肉の萎縮、歩行障害などの後遺症が残ってしまい、飼い主にとって頭の痛い日常の管理が余儀なくされたことも事実である。

　そのような背景の中で、小動物臨床の現場を担う獣医師を中心に日本動物リハビリテーション学会が発足し、関節疾患、脊髄損傷など種々の疾病によって歩行が不自由な犬、猫に対して彼らの日常生活を改善させ、飼い主との幸せな毎日の暮らしが送れるようにするためのリハビリテーションを学問的に推進し、獣医療の現場で役立つように学会活動が進められつつある。

　動物のリハビリテーションに関する情報は、これまでは欧米の獣医師または理学療法士によって執筆され、翻訳されたものが利用されてきた。そのような中で5年ほど前、本書の著者である藤永徹博士が本邦で初めて、動物看護コースをもつ大学である帝京科学大学にリハビリテーションの研究施設を開設され、開業獣医師などから紹介されてきた、リハビリテーションを必要とする症例に対してリハビリテーションを行い、その研究を展開され、多くの成果を得た。

　本書は、それらの成果を含めて、著者である藤永博士がわが国における動物リハビリテーションのパイオニアとして、これまでの研究をまとめた集大成で、動物リハビリテーションを必要としている病める動物にとって福音となるであろう。そのような意味から本書は、臨床の現場でご活躍されている臨床獣医師並びにその補助を行っている動物看護師のみならず、獣医学並びに動物看護学を学ぶ学徒にとって必携の書籍である。

　末筆ではあるが、本書をご執筆された藤永博士の多大なるご努力に対して敬意の念を表すると共に、また多くの病める動物とその飼い主に代わって深謝すると共に、本書を出版された（株）インターズー社（現（株）エデュワードプレス社）に対して病める多くの動物に代わって感謝の意を表する。

平成27年2月吉日

帝京科学大学　アニマルサイエンス学科
教授　多川　政弘

序

　本書は、著者が2009年４月に日本で初めての動物リハビリテーション学研究室を帝京科学大学で立ち上げ、アニマルサイエンス学科看護福祉コースの学生達に行った90分間15回（２単位）の講義と180分間８回の実習の教育経験、ならびに同大学アニマルケアセンター（ACC）で行った、大学付属動物医療センターや開業医の先生方からの紹介症例に対するリハビリテーション治療の臨床経験を基にとりまとめたものです。

　私自身が７年前に新たに学び始めた動物リハビリテーションは、新しい体験には違いありませんでしたが、獣医外科学を専攻した一人として、あるいは臨床獣医師としての背景を基に比較的スムースに理解でき、そしてACCにおける実践診療に入ることができました。

　現在の日本の獣医学教育において、動物のリハビリテーションに関する体系的な教育は行われてはいませんが、理学療法に関してはその一部を講義している獣医学科も多いと思われます。一方、いくつかの動物看護師養成校においては、すでに動物リハビリテーションや動物理学療法に関連する学科やコースが開設されています。これらの専門学校教育においては教育課程の内容、特に獣医解剖学、生理学そして病理学などの基礎獣医学科目の比重は高くありません。そのため、動物リハビリテーション学の基礎科目として重要なこれらに対する理解が十分とはいえないなかで、実践に入って行かざるをえない難しさがあります。

　しかしながら、講義と実習を履修して研究室に入ってきた学生達がACCで臨床治療を基に経験を積んでくると、目を見張るような成長をみせてくれます。そして、リハビリテーションを終了して快復した動物達が家族とともにACCの玄関から退院して行く後ろ姿を笑顔で見送る学生達の満足した姿から、きっと大きな感動を受け、そして自信を持ったに違いないと確信しています。

　本書は、専門教育の中の２単位分の講義容量を念頭にとりまとめましたが、本書をテキストブックとして用いる場合には、講義に加えてさまざまな検査法や徒手療法ならびに運動（エクササイズ）療法などの理学療法の基本的な実習があれば、なおいっそうの応用力が身に付くに違いありません。また各章は、その内容の難易度と量にかなりのばらつきがありますので、この点を講義ではご配慮いただきたいと存じます。さらに、専門学校の専攻コースによっては本書の内容がすこし荷重であったり、あるいはテクニックに対する解説が物足りなかったりするかもしれませんが、適宜増減していただければ幸いです。

　既に勤務について実際にリハビリテーション治療を実践している獣医師ならびに動物看護師の方々には、今一度、基礎からリハビリテーションを体系的に学習し、自らの技量をさらにいっそう発展させていただきたいと存じます。また初めてリハビリテーションを学ぶ動物看護師および獣医師には、その入門書として本書が参考になれば幸いです。

　最後に、疾患動物に対するリハビリテーションの役割と効果が正しく理解され、そして治療法の一環に組み入れられて広く普及し、多くの動物達がその恩恵に浴することを念願しております。そして、本書が今後さらに発展したテキストブックの出版の礎になることを願っております。

2015年１月

藤永　徹
北海道大学名誉教授
前・帝京科学大学教授

目　次

推薦のことば ……………………………………………………………………… iii
　序 ………………………………………………………………………………… v
目　次 …………………………………………………………………………… vi

第1部　動物のリハビリテーションに必要な基礎知識 …………………… 1

第1章　動物リハビリテーション概論 ………………………………… 3
　1. リハビリテーションとは ……………………………………………… 3
　2. ヒト医療におけるリハビリテーション ……………………………… 3
　3. 動物のリハビリテーション …………………………………………… 4
　4. 日本におけるこれからの動物リハビリテーション ………………… 5

第2章　動物のリハビリテーションに必要な運動器の形態と機能 …… 7
　1. 犬の解剖学の基礎 ……………………………………………………… 7
　2. 骨格の連結と動き ……………………………………………………… 16
　3. 前肢の構造 ……………………………………………………………… 18
　4. 後肢の構造 ……………………………………………………………… 23
　5. 頭頸部と体幹の構造 …………………………………………………… 29

第3章　創傷治癒の基本と運動器の障害からの回復 ………………… 31
　1. 創傷治癒の基本 ………………………………………………………… 31
　2. 骨折の治癒 ……………………………………………………………… 34
　3. 関節の特徴とその障害からの回復 …………………………………… 36
　4. 筋肉の障害と治癒 ……………………………………………………… 39
　5. 腱と靱帯の障害と治癒 ………………………………………………… 40
　6. 神経の障害と機能の回復 ……………………………………………… 41

第4章　廃用と不動化および再可動に対する筋骨格組織の変化 …… 43
　1. リハビリテーションに関わる基礎用語 ……………………………… 43
　2. 骨の不動化と再可動 …………………………………………………… 43
　3. 軟骨の不動化と再可動 ………………………………………………… 45
　4. 関節包の不動化と再可動 ……………………………………………… 46
　5. 筋肉の不動化と再可動 ………………………………………………… 46
　6. 靱帯および腱の不動化と再可動 ……………………………………… 47
　7. 理学リハビリテーションに関わるその他の重要事項 ……………… 48

第2部　障害の評価 …………………………………………………………… 51

第5章　病態の評価と身体計測 ………………………………………… 53
　1. 病態評価の概念と検査の進め方 ……………………………………… 53
　2. 身体計測 ………………………………………………………………… 53
　3. 関節の評価 ……………………………………………………………… 56
　4. 筋肉の評価 ……………………………………………………………… 58

5. 痛みの評価 ··· 58
　　6. 歩行距離や活動量による評価 ·· 59
　　7. 総合的評価 ··· 59

第6章　歩様検査 ···61
　　1. 犬の歩行に関わる身体機能の仕組み ·· 61
　　2. 歩様の異常：跛行 ·· 64
　　3. 歩様検査 ·· 66

第7章　整形外科学的検査 ···69
　　1. 全身的な評価 ··· 69
　　2. 前肢の検査要領と注目点 ·· 69
　　3. 後肢の検査要領と注目点 ·· 72
　　4. 頸背部の検査要領と注目点 ··· 76
　　5. 追加的検査 ··· 77

第8章　神経学的検査 ··79
　　1. 神経機能障害による症状発現の原則 ·· 79
　　2. 神経学的検査に関わる手順 ··· 80
　　3. 姿勢（肢勢）反応の検査 ·· 83
　　4. 脊髄反射の検査 ··· 84
　　5. 知覚神経反射の検査 ··· 88
　　6. 脳神経系検査 ·· 88

第3部　リハビリテーションと理学療法 ··93

序　理学療法概論 ···95
　　1. 動物のリハビリテーションと理学療法 ···································· 95
　　2. 理学療法の治療効果と治療法 ·· 96

第9章　徒手療法 ···99
　　1. マッサージ ··· 99
　　2. 関節の可動域運動 ··· 105
　　3. 関節モビライゼーション ·· 108
　　4. ストレッチ運動 ·· 108
　　5. 神経機能回復刺激操作 ··· 110

第10章　運動（エクササイズ）療法 ··111
　　1. 陸上運動（エクササイズ）療法 ·· 111
　　2. 水中運動（エクササイズ）療法 ·· 120

第11章　物理療法 ··127
　　1. 冷却療法、温熱療法 ·· 127
　　2. 低出力レベルレーザー療法 ··· 130
　　3. 低周波電気療法 ·· 133
　　4. 超音波療法 ··· 136
　　5. 鍼灸療法概論 ··· 138

第4部　臨床例に対する理学リハビリテーション　145

序　リハビリテーションを始めるにあたって　147
1. 獣医師、施療者および飼い主の役割　147
2. 問題点の解析とリハビリテーションの目標の設定　148
3. リハビリテーションの開始　149

第12章　整形外科学的疾患における理学リハビリテーションの実際　151

総論
1. 整形外科学的疾患に対する基本的な考え方　151
2. 骨折の治療と理学リハビリテーションの基本　152
3. 関節損傷と関節手術後の管理の原則　153
4. 関節骨折の治療と理学リハビリテーション　153
5. 骨軟骨症の治療と理学リハビリテーション　154
6. 腱の損傷と理学リハビリテーション　154
7. 関節固定術後の理学リハビリテーション　155
8. 断肢後の理学リハビリテーション　155
9. 骨関節症と理学リハビリテーション　156

各論
10. 前肢における主な疾患の特徴と理学リハビリテーション　159
11. 骨盤と股関節における主な疾患の特徴と理学リハビリテーション　165
12. 後肢における主な疾患の特徴と理学リハビリテーション　167

第13章　神経学的疾患における理学リハビリテーション　173
1. 急性脊髄伝導障害における理学リハビリテーション　173
2. 慢性脊髄伝導障害における理学リハビリテーション　183
3. 末梢神経障害における理学リハビリテーション　184
4. 神経筋疾患における理学リハビリテーション　186

第14章　内科的重症例、外傷性重症例および高齢動物の看護と理学リハビリテーション　189
1. 重症例の一般的看護と理学リハビリテーション　189
2. 内科的重症例の看護と理学リハビリテーション　191
3. 外傷性重症例の看護と理学リハビリテーション　193
4. 高齢動物の看護と理学リハビリテーション　195

付録　補装具・矯正具　199
1. 補装具とその種類　199
2. ボディースリング（吊り具）　200
3. 車いす（カート）　201
4. コルセット　202
5. ブーツ　203
6. 補助具、矯正具と義肢　203
7. まとめ　206

索　引　208
あとがき　214
参考文献　215

第1部

動物の
リハビリテーションに
必要な基礎知識

第1部では、理学リハビリテーションの基礎知識と、
さらに第2部の身体の障害の評価や
第3部のさまざまな理学療法のテクニックの応用にあたって必須の事項について、解説します。
特に、第2章から第4章は難解で退屈な学習に違いありませんが、
これを是非ともマスターしてください。
そのうえで次に進むと、第2部以降が非常に理解しやすく、学習が楽しくなるでしょう。
また、動物看護そのものについての考え方の幅も大きく広がってくるにちがいありません。

- ◆第1章　動物リハビリテーション概論
- ◆第2章　動物のリハビリテーションに必要な運動器の形態と機能
- ◆第3章　創傷治癒の基本と運動器の障害からの回復
- ◆第4章　廃用と不動化および再可動に対する筋骨格組織の変化

第1章 動物リハビリテーション概論

1. リハビリテーションとは
2. ヒト医療におけるリハビリテーション
3. 動物のリハビリテーション
4. 日本におけるこれからの動物リハビリテーション

リハビリテーションの定義や歴史の概要を理解するとともに、ますます発展しつつあるヒトのリハビリテーションの考え方を背景に、動物のリハビリテーションにおける現状と課題についての認識を深めてください。そして、動物のリハビリテーションの適切な実践を通して、皆さんが動物福祉に貢献されることを期待しています。

1 リハビリテーションとは

1）定 義

リハビリテーション（rehabilitation）はラテン語が語源であり、re（再び）＋ habilis（適した、望ましい）に、ation（動作）を続けて、「再び適した状態になること」、「本来あるべき状態への回復」などを意味します。元々、キリスト教の破門からの「権利の回復」を指していましたが、その後「犯罪者の社会復帰」等の意味あいに広がってきました。

（1）医学におけるリハビリテーション

現在では、「全人的復権」を目的としたアプローチと定義されます。すなわち、運動機能だけではなく聴視覚・言語障害の改善のための訓練や、これらのハンディキャップにより阻まれる社会生活復帰のためのさまざまな訓練をも含みます。そのためのアプローチの一手段である理学療法（徒手療法、運動療法、物理療法）自体が「リハビリテーション」と同義でよばれることがありますが、それは的確ではありません。

（2）動物医療におけるリハビリテーション

「障害を持った動物の機能を回復させ、元の生活に復帰させること」といえます。動物では、その手段が主として理学療法であることから理学リハビリテーションともよばれます。たとえば伴侶動物では、障害をもつ前と同様に家族との楽しい活動的な生活を回復することであり、油汚染の野鳥では油を洗浄して体力を回復させ、野生に復帰させるなどを意味します。

2）歴 史

今日のヒト医療におけるリハビリテーションは、第一次世界大戦後に初めて、米国で傷痍軍人対策として障害者に対する取り組みが始められ、1918年に傷痍軍人リハビリテーション法 The Soldiers Rehabilitation Actが制定されています。元々外傷などによる身体の機能障害に対して始まったリハビリテーションではありますが、近年の先進国では、むしろ脳卒中など神経疾患の後遺症や老人性認知症への対策としての重要性が増してきました。一方、政情不安定地域ではいまだに武力紛争の被害による負傷や地雷被害の後遺症などに対するリハビリテーションの必要性がなくなっていません。

現在の日本のヒト医療では、機能障害や活動制限に対し、公益社団法人日本リハビリテーション医学会が認定するリハビリテーション科専門医の下に、理学療法士、作業療法士、言語聴覚士、視能訓練士、義肢装具士（以上国家資格）、および医療ソーシャルワーカーなどの各専門職がチームを組んで治療に従事しています。

2 ヒト医療におけるリハビリテーション

1）リハビリテーションの分類

リハビリテーションの対象たる障害は、医学的因子による障害（インペアメント impairment）に対応する「医学的リハビリテーション」と、それに伴って社会的に生ずる障害（ディス

表1-1 ヒトにおける国際生活機能分類（ICF）と改善目標

障害とそのレベル	障害	状態と改善目標
機能障害（impairments）臓器レベルの障害	肢欠損、骨・靭帯等の損傷、運動麻痺、感覚麻痺、拘縮、認知症、失明、失語などのほか、腎不全や不整脈などの内臓機能障害も含まれる。	後天的な傷病・先天的異常により身体機能が損なわれている状態をいう。原因治療に加えて、リハビリテーションによる治療介入や、透析導入、心臓ペースメーカー埋め込みなどの治療が行われている。心身機能や身体構造の障害で、治療により改善を目指す。
活動制限（activities）個体レベルでの障害	歩行障害、生活活動障害、言語障害、聴視覚障害など	機能障害の結果として失われた能力障害（disability）によって個体が活動する際に生じる障害で、福祉用具などを使用しての動作の獲得を目指す。
参加制約（participation）社会レベルの障害	就業困難、要介護、経済的困難、家屋・施設の使用困難など	機能障害による活動制限のために、生活を維持する上で社会的不利（handicap）に対して考慮されるべき社会的背景をいう。社会福祉サービスの施設利用や現物支給など、改善には社会環境の整備が必要であるなど行政との連携が重要になる。

（WHOのICF2001をもとに作成）

アビリティdisability)に対応する「社会的リハビリテーション」とに大別されます。

（1）医学的リハビリテーション

本来「障害の克服」を目的とするものという考え方でしたが、世界保健機関（WHO）による国際障害分類（ICIDH）が国際生活機能分類（ICF）へと改訂され（2001）てから、「生活機能の改善・向上」を目的とするものという概念へと変化してきました。

（2）社会的リハビリテーション

現代の日本では「全人間的復権」を目的とするものという考えとなっています。

2）国際生活機能分類（表1-1）

障害のレベルを三つに分類し、各々の段階で取り組むべき必要な指針が示されています。動物の生物学的な特性および獣医療をめぐる社会的背景はヒトとは異なるため、獣医療では特に「参加制約」についてはヒトと比べて大きく隔たりがあり、今後の課題と思われます。

❸ 動物のリハビリテーション

1）日本における現状

日本では鍼灸療法を実施している開業獣医師は従来から比較的多くみられます。最近では、手術後や後遺症に対するリハビリテーションならびに理学療法の有用性と重要性が認識され、これらを治療に取り入れる動きが開業獣医師の間に徐々に広がってきました。さらにヒトの理学療法士、はり師およびきゅう師（以下鍼灸師とする）、あん摩マッサージ指圧師とチームを組んで治療し、また、水中トレッドミルやプールを設置して水中療法を取り入れた動物病院も少しずつ増えてきています。低出力レベルレーザー治療器はかなりの動物病院に設置されていますし、超音波治療器あるいは低周波パルス治療器などを導入して術後の疼痛管理や機能回復治療に効果を上げている病院も増えてきました。

2）欧米における現状

米国や豪州における動物のリハビリテーション治療は、専門教育を受けて登録された獣医師または動物看護師、およびヒトの理学療法士であり、かつ動物の解剖と生理学の知識のある動物リハビリテーション治療の有資格者によってなされています。獣医師以外が本治療を行う場合には、獣医師の監督下または指導の下に行わなければならないとされています。

3）日本における専門教育

日本の獣医学教育において動物リハビリテーション学という科目を開講している大学は、2014年現在では存在しないようです。その大きな理由は、獣医師国家試験科目の対象になっていないためだと思われます。ただし、その主要な手段である理学療法や鍼灸療法を科目として開講、あるいは外科学の授業の中でその一部の講義を行っている大学は比較的多いと思われます。

帝京科学大学では、2008年度から動物看護コースでは動物リハビリテーション学の講義と実習が開講されています。

近年、後述するような流れのなかで、動物看護師養成の専門

学校で動物のリハビリテーションや理学療法を専攻するコースが開設されるようになってきました。

4）日本における卒後教育

近年、米国などで動物のリハビリテーションの資格を得て帰国した獣医師などが治療を行う動物病院が出てきました。また獣医療現場では、大学教育の不備を補う形で、以前から米国や豪州の専門家を招聘して各地で教育講演や技術指導が引き続き開催されています。あるグループでは、米国大学の動物理学療法コースを日本で開講し、米国資格の取得者の養成に貢献しています。このような講習を受けた開業獣医師や動物看護師がそれぞれさらに研鑽を積みながら、リハビリテーションや理学療法を診療科目とする開業者が徐々に増加してきています。

そのような獣医師、動物看護師、そして理学療法士らが参集して、2007年11月に至り日本動物リハビリテーション学会が新たに設立されました。

❹ 日本におけるこれからの動物リハビリテーション

日本では、動物のリハビリテーション診療について獣医師法ではまったく触れられていません。現状では、獣医師が直接診療するか、または獣医師の監督ないし指導の下に補助者（動物看護に関する教育を受けたか否か等の資格などは要求されていません）が施療しているのが現状と思われます。本来は、治療責任者である獣医師がリハビリテーションに関連する資格を取得（現在日本に公的な資格はありませんが）、または教育課程を修了しているのが望ましいでしょう。さらに施療者として十分なリハビリテーションの知識を有し、かつ訓練を受けた動物看護師が獣医師の指導の下に施療するのであれば、飼い主も安心して動物に治療を受けさせることができるでしょう。

動物のリハビリテーションに関する教育プログラムと施療者の資格制度の確立に向けて、日本動物リハビリテーション学会の今後の活躍が期待されます。

第2章 動物のリハビリテーションに必要な運動器の形態と機能

1. 犬の解剖学の基礎
2. 骨格の連結と動き
3. 前肢の構造
4. 後肢の構造
5. 頭頸部と体幹の構造

　動物の形態と機能、すなわち動物の身体の構造とその動きや機能を知ることは、リハビリテーション治療の基本中の基本です。しかも、動物の身体そのものの構造を自身の手掌で立体的に熟知できるまでに精通していることが必要です。しかしそのすべてを本章で詳細に述べるには、あまりにもスペースが足りません。したがってここでは、犬を例として、身体の構造の基本と、四肢の運動や歩行に直接関連した内容を述べるに留めました。読者のみなさんが斉一の学習を終え、実際に施療を行うとき、本書の内容をふまえたさらに詳細で動的な、解剖学的および運動生理学的知識と理解が必要なことに気づくに違いありません。そしてそれらの「学習」は、アドバンスの課題としてみなさんの心に留めおいてください。

❶ 犬の解剖学の基礎

1）体表に関連するさまざまな用語

　スタッフが情報を共有するために、動物の身体における方向用語、解剖学底面および体表の部位名を、正しく理解することが必須です。

（1）立位（図2-1）

　犬・猫などは四肢で起立します。このタイプの立位は趾行型立位（図2-1b）とよばれ、ヒトは蹠行型立位（図2-1a）、馬などは蹄行型立位（図2-1c）とよばれます。一般的に、馬などのように踵が上がるにつれて走行速度が速くなります。

（2）体表の正位の方向用語（図2-2）

　犬がヒトと同様に直立姿勢をとった場合を想像して、ヒトの方向用語を当てはめると理解しやすいでしょう。

- 方向用語：頭側、尾側、吻側、背側、腹側、掌側、足底側、内側、外側など。
- 前腕部の方向：頭側と尾側→ヒトでは橈側と尺側。手根より下方→背側と掌側。
- 下腿部の方向：頭側と尾側→ヒトでは脛側と腓側。足根より下方→背側と足底側。

（3）解剖学的底面（図2-2）

- 矢状面：身体を左右の部分に分ける面。この平面が身体の正中線上にあれば正中面あるいは正中矢状面とよびます。
- 背断面：身体を肩関節と坐骨結節の線で背側部と腹側部に分けます。
- 横断面：身体の臍部で頭側部と尾側部に、頭部は額段で吻側と尾側に分けます。

（4）体表の領域と部位名（図2-3）

　これらの名称を正しく理解し、その部位を正確に指し示すことができることは、獣医療従事者として必須であり、また日常の診療にも必要です。よく耳にするマズルとは口と鼻端を合わせていいます。

2）全身の骨格（図2-4）

　犬の全身骨格を図2-4に示します。全身の骨格は、頭蓋骨、頸椎、前肢の骨、胸椎・腰椎、肋骨・肋軟骨、骨盤、後肢の骨、および仙椎・尾椎から構成されています。猫の全身骨格も基本的に同様です。犬種・猫種によって大きさや形態に特徴的な違いがあります。

　椎骨は、7個の頸椎、13個の胸椎、7個の腰椎、3個の仙椎、13個以上の尾椎からなります。

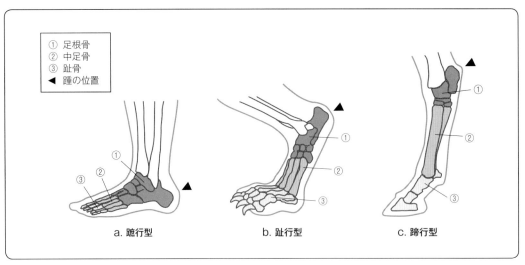

図2-1　哺乳類の肢端の立位様式
(加藤嘉太郎、家畜のからだのしくみ、全国農業改良普及協会、1972年を改変)

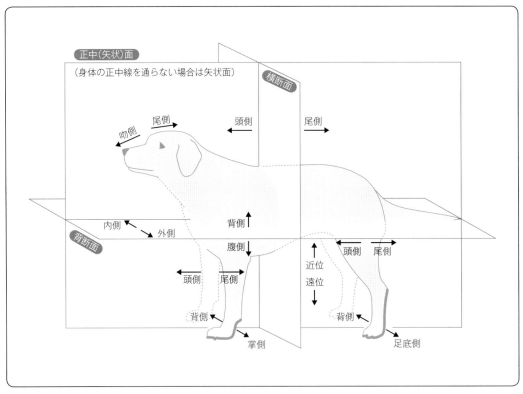

図2-2　犬の解剖学的な方向および底面を表す用語

3) 骨の構造と機能（図2-5、表2-1）

(1) 骨の構造と機能

骨は、身体支柱器官の主軸であり、靱帯・軟骨・関節によって連結して骨格を形成しています。骨の構造は**図2-5**に、各々の組織の機能や役割については**表2-1**に示しました。

(2) 骨の連結（表2-2）

骨は、さまざまな連結法でつながって骨格を形成します（**表2-2**）。骨の連結法は、まず可動性の有無で可動結合と不動結合に二分されます。

可動結合：いわゆる関節であり、次項で詳しく解説します。

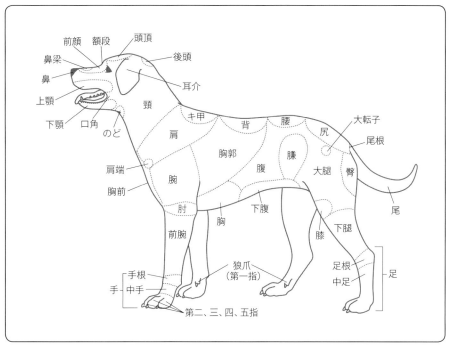

図2-3　体表の主な部位名

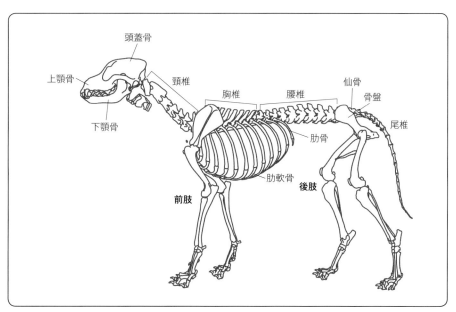

図2-4　雄犬の全身骨格左側面

不動結合：連結法によって、結合組織による線維連結と、軟骨によって結合する軟骨連結に、さらに分けられます。

4）関節の構造と機能（表2-3、図2-6、2-7。第3章参照）

　連結する骨間を包む関節包で関節腔を形成し、関節腔にある滑液を介して可動性に連結しています。肩関節や股関節（**図2-6**）のように二つの骨からなる単関節と、肘関節や膝関節（**図2-7**）のように三つ以上の骨からなる複関節に分けられます。

　関節は運動軸数により、肘関節のように1方向のみに動く1

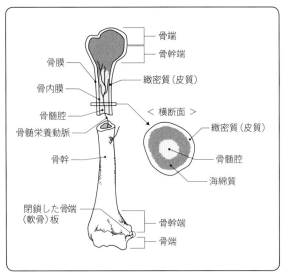

図2-5 長骨の構造

軸性関節と、橈骨手根関節のように互いに直交する2方向に動く2軸性関節、そして肩関節・股関節のように全方向に動く3軸性関節に分かれます。

関節を構成する二つの骨の近位の骨の関節面は、関節窩、遠位の骨の関節面に関節頭を形成し、関節の安定化に寄与しています。関節面は軟骨で覆われ、この軟骨がクッション作用を果たしています。

表2-1 骨の形態・組織と役割

部位または組織	形態と役割
外形	骨は外形によって、長骨（上腕骨、大腿骨など）、短骨（手根骨、椎骨など）、扁平骨（頭蓋骨など）および混合骨（肩甲骨など）に分けられる。
骨膜	内外2層で、軟骨以外を被い、血管と神経が豊富で知覚に富む。骨の新生・再生に重要な組織である。
皮質（緻密）骨	骨外膜下の骨質表層で、組織は緻密で硬い。
海綿質骨	骨質内側で主に骨端近くにあり、スポンジ状で骨梁構造を有する。
骨基質	・Ⅰ型コラーゲンとグリコサミノグリカン（GAG）および無機質（リン酸・炭酸カルシウム塩）からなる。 ・骨の粘弾性は、上記成分のコラーゲン線維（引張力）の網に沈着したリン、カルシウムからなるハイドロキシアパタイトの結合構造と骨組織の層板構造から生まれる。
軟骨	骨の関節面を覆い、クッション作用と潤滑作用をもつ。
成長線	骨端軟骨で、骨端線として成長期にX線写真で確認できるが、成長が止まると化骨して消える。成長期に高いところから落下した際に片肢で着地するなどして成長線がつぶれると、その肢の成長が止まる。
骨髄	骨髄腔や髄小室に存する造血組織である。加齢とともに四肢骨の赤色骨髄は黄色骨髄に変化して造血機能を失い、最終的には脂肪化するが、体幹骨の骨髄は終生赤色骨髄として造血機能を有する。

表2-2 骨格を形成する骨の連結法

可動性	連結法	結合名	結合方法	部位
可動結合	関節		身体の動きの大きい部位の連結はほとんどがこの結合法であり、関節包の存在と中に滑液を入れる。	
不動結合	線維連結	靭帯結合	靭帯で結合しているが滑液はない。	恥骨結合、仙腸関節
		縫合	量が特に少ないコラーゲン線維による結合	頭蓋骨など
		釘植	骨が他骨に釘のように嵌入	歯根と歯槽
	軟骨連結	軟骨結合	硝子軟骨による結合	後頭骨と蝶形骨
		線維軟骨結合	線維軟骨による結合	寛骨間、下顎骨間
		骨結合	上記の結合物質が二次的に化骨した連結	仙骨

表2-3　関節を構成する組織等と役割

組織等	形態と役割
関節包	連結する骨を包み、外側が強靱な線維層、内側は滑膜層で覆われている。
滑膜層	滑膜層には、血管とマクロファージ機能を有するA細胞と、ヒアルロン酸などの滑液（関節液）成分を分泌するB細胞が分布する。関節炎はすなわち滑膜炎である。
関節面	関節を構成する二つの骨端は、通常一方が凸面で他方が凹面をなして安定化に寄与する。前者を関節頭、後者を関節窩という。関節面は軟骨で覆われている。
関節腔	関節包と関節面に囲まれた空間で、滑液で満たされ、軟骨板や靱帯が存在する関節もある。
軟骨	関節における骨の運動を円滑にし、受ける圧力の衝撃を和らげるクッション作用を有している。血管とリンパ管は分布しておらず、コラーゲンとグルコサミノグリカンから成る基質の中に軟骨細胞が浮かんでおり、関節の動きにより循環する滑液から栄養を受ける。
滑液	主に血漿の低分子成分とヒアルロン酸からなり、粘稠で潤滑作用を有するとともに、軟骨の栄養供給を担っている。
軟骨板	関節半月板や関節円板などのような、軟骨で構成されている組織。関節腔内でクッションのような働きを有する。
関節唇	寛骨臼や肩関節窩などの縁には関節唇とよばれる線維軟骨が付着し、関節窩を深くするとともに、大腿骨頭を包み込むようになり関節の安定性を高めている。
靱帯	関節を構成する骨どうしを連結する組織。側副靱帯などの関節外靱帯と円靱帯や十字靱帯などの関節内靱帯がある。

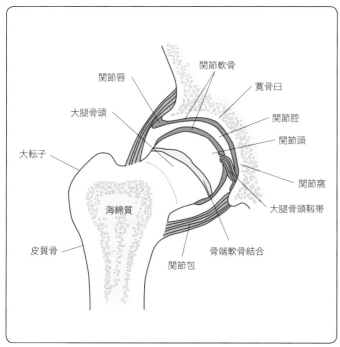

図2-6　股関節の切断面

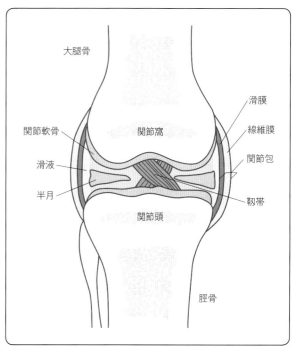

図2-7　可動結合の例：関節の基本構造を示す

膝関節縦断面。

5）筋肉の構造と機能
（1）基本的な形態、構造、機能
　A．筋肉の種類

　身体には、骨格筋、平滑筋、心筋の三つのタイプの筋肉があります。

骨格筋：横紋筋であり随意筋。三つのなかで最も量が多く、運動にかかわる筋肉。

平滑筋：腸管などの不随意筋。

心　筋：不随意筋でありながら、例外として横紋筋です。

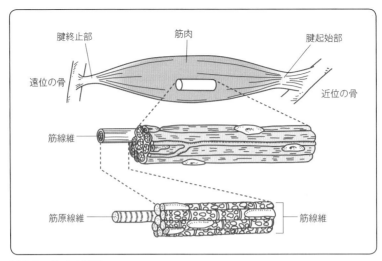

図2-8　筋肉の構造

B．筋肉の構造（図2-8）

　筋肉を構成する基本組織は筋原線維および筋小胞体からなる筋細胞（筋線維）です。筋細胞が集まってできた小束が筋周膜で覆われ、さらにこれが集合して線維性結合織の強い筋外膜で包まれて筋肉を形成しています。

C．機　能

　収縮性タンパク（アクチンとミオシン）から成る筋原線維が筋収縮を生み出します。筋肉の収縮と働きは腱とその付着部を通して骨に伝えられますが、基本的には筋が終止（停止）した骨が作動します。

（2）骨格筋の構造と機能

　運動にかかわる骨格筋は、動物のリハビリテーションに最も関係の深い筋肉です。

A．構造と役割

　骨格筋では筋周膜と筋外膜は筋の両端に集束して腱を構成し、近位の骨へ起始部として接着し、遠位の骨に終止しています。筋・腱接合部は、筋線維と腱コラーゲンの間の移行部であり、物理学的・生化学的に分割できません。同様に、腱・骨接合部も分割できません。

　骨格筋は、一つ以上の骨と関節をまたいで腱を介して別の骨とつなぎ、関節を動かす役割を果たしています。

B．骨格筋の分類

形状による分類：骨格筋にはさまざまな形の筋肉があります。例として、紡錘状の筋である長筋、ハネ状の筋である広筋や三角筋などがあります。紡錘状の長筋には上腕二頭筋や上腕筋があり、主に四肢の動きに関連しています。

作用による分類：その作用によって、屈筋、伸筋、内転筋、外転筋、括約筋、および散大筋などに分かれます。

6）腱と靱帯の構造と機能

（1）腱（図2-8、2-9）

　腱とは、筋肉の筋周膜と筋外膜が集束して骨に接着するまでの部分をさします。腱と筋、および腱と骨は物理的・化学的に分離不能です。コラーゲン線維からなる腱には血管とリンパ管の分布は少なく、神経は知覚神経が分布しています。関節部や骨と接する部位では腱を腱鞘がとりまいていますが、腱鞘の内膜は関節包と同じ滑膜であり、産生された滑液が鞘内を満たして、潤滑・緩衝機能を有します。

（2）靱帯（図2-10）

形　態：腱とほぼ同様の構造の強靱なコラーゲン線維で、血管・リンパ管の分布は少ないです。靱帯は、水分、線維芽細胞、コラーゲン（Ⅰ型90％、Ⅲ型10％）、プロテオグリカン、フィブロネクチンおよびエラスチンなどからなります。

機　能：骨と骨を結合する帯状の結合織に富んだ非常に丈夫な組織で、急激な緊張から骨格である脊柱、骨盤、頸、そして四肢を支持して形を守ります。関節を構成する骨と骨を連結する靱帯には、側副靱帯などの関節外靱帯と大腿骨頭靱帯や十字靱帯などの関節内靱帯があります。関節の生理的可動域を超えると靱帯炎（不全断裂）や断裂をきたします。

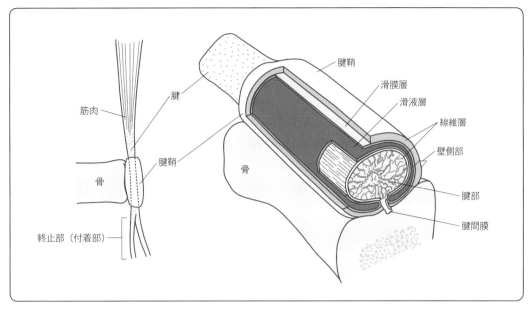

図2-9　腱と腱鞘の構造
皮膚と骨部に挟まれた部位の腱は、滑液を入れる腱鞘で包まれて滑りがよく、摩擦が低減される。まれに外傷や過激な動きにより腱鞘炎を起こす。

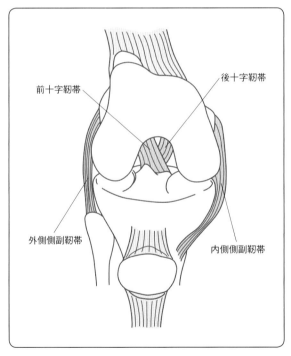

図2-10　骨と骨をしっかりと結ぶ靱帯
膝関節には、関節内に前十字靱帯と後十字靱帯、関節外に側副靱帯がある。

7）神経の構造と機能（図2-11。第8章参照）

神経系は、脳と脊髄から構成される中枢神経系と、脳神経と脊髄神経から構成される末梢神経とに分かれます。

（1）中枢神経系
脳と脊髄から構成され、末梢神経を統括します。

脳：頭蓋骨に納められ、大脳、間脳、中脳、小脳および延髄に分けられます。

脊髄：延髄に続いて脊柱管内を走行し、頸髄（C）、胸髄（T）、腰髄（L）、および仙髄（S）に分けられ、犬では第四～六腰椎部にある脊髄尾端部の脊髄円錐で終わり、末梢神経である馬尾神経を派出します。脊髄は連続した脊髄分節（Cに8個、Tに13個、Lに7個、Sに2個以上）からなり、各々の分節から末梢神経である脊髄神経の背根と腹根を分枝します（椎体の位置とはずれがある）。

（2）末梢神経
分　類

末梢神経は、脳の底面より直接分枝する12対の脳神経、および脊髄分節から脊髄神経として分枝した背根と腹根がいったん合体し、椎間孔から出て体表へ分布します。

自律神経系：脳神経の迷走神経が支配し、交感神経系と副交感神経系に分けられ、心機能などの身体生活機能を無意識に支配しています。

求心性神経（輸入）線維：知覚神経であり、脊髄神経背側枝が支配し、皮膚、筋、骨格の受容体からの刺激を知覚するとともに、四肢の固有位置感覚機能も有します。特殊知覚神経

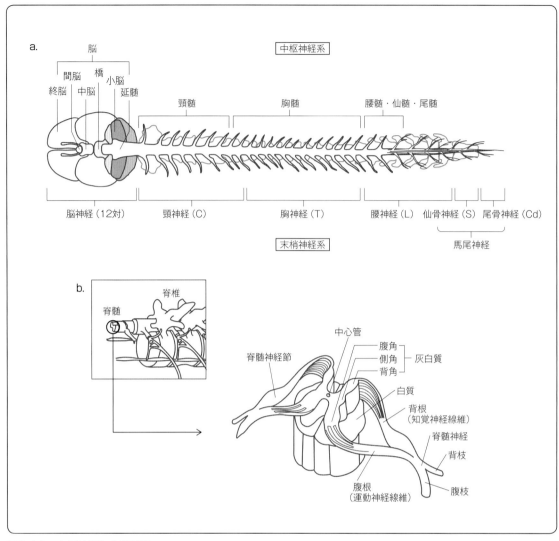

図2-11 中枢神経と末梢神経
a．中枢神経系の脳と脊髄，および末梢神経系の12の脳神経と脊髄神経の配置。
b．脊髄から分布する脊髄神経は，中枢神経系の脊髄分節の背側から背根（知覚神経系）を，腹側から腹根（運動神経系）を，左右にそれぞれ分枝する。対をなす背根と腹根はいったん合体した後，椎間孔から出て再び背枝と腹枝に分かれる。

で、視、聴などの特殊な受容体からの刺激を知覚します。その他、鰓弓由来組織などの特殊な神経があります。
遠心性神経（輸出）線維：運動神経であり、脊髄神経腹枝から分枝して主に骨格筋の動きを支配します。また、自律神経のうちの心筋、平滑筋、および腺に分布する運動神経や、その他、鰓弓由来臓器に対する運動神経が含まれます。

（3）皮膚知覚帯（デルマトーム、図2-12）

身体の末梢神経支配は脊髄の分節の位置に依存し、各々の皮膚知覚帯（デルマトーム）と筋肉は特定の脊髄分節より分枝した脊髄神経に支配されています。この分布は、脊髄の分節に付された番号である頸髄（C1〜C8）、胸髄（T1〜T13）、腰髄（L1〜L7）、および仙髄（S1〜S3）に支配されています（椎体の番号とずれがある）。

脊髄疾患における病変の位置決めは、椎体の番号ではなく脊髄分節の番号を用います。皮膚知覚の異常を示す分布を詳しく評価することによって、障害のある脊髄分節、すなわち部位が推測できます。

8）リンパ機構と機能（図2-13）
（1）機　構

リンパ管を流れるリンパ液は、毛細血管と組織の間の組織液であり、リンパ流は末梢から所属リンパ節を経て胸管から頸部静脈に入ります。体表にあるリンパ節の分布は図2-13に示しましたが、通常触知可能な体表のリンパ節は限られています。

（2）機　能

リンパ節は感染の防御関門であり、腫大して疼痛があるとそ

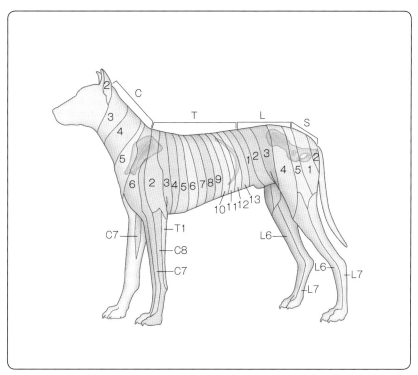

図2-12 犬の体幹および四肢の皮膚知覚帯図（デルマトーム）

（上野博史：椎間板ヘルニアの診断法 神経学的検査、Technical magazine for veterinary surgeons、14（5）、17-32より図2Aを許可を得て転載）

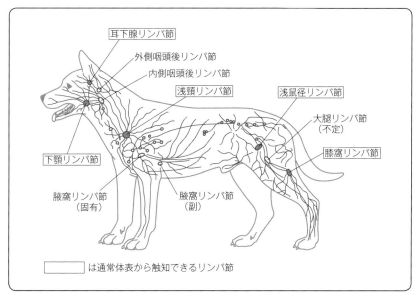

図2-13 犬の体表に分布するリンパ節

体表に分布するリンパ節のなかで、耳下腺リンパ節、下顎リンパ節、浅頸リンパ節、浅鼠径リンパ節、膝窩リンパ節は、通常触診可能である。

のリンパ節が支配する所属範囲（所属リンパ節）に感染の存在の可能性が高くなります。

（3）体表のドレナージ

リンパ液が滞ると体に異常をきたします。それを防ぐためのマッサージは、体表のリラックスや循環活性にも非常に有効です。その手技の一つである軽擦法は、施術にあたって体表の所属リンパ節に向かってさすっていくドレナージ（排液）とよばれるテクニックであり、施療にあたって体表のリンパ節の位置を理解しておく必要があります（第9章参照）。

❷ 骨格の連結と動き

1）関節の連結と動き

（1）連結

頸部の項靭帯を除き、隣り合う骨は互いに靭帯で連結され、さらに互いに大きくずれないように線維層の関節包で覆われています。

（2）動き

関節の生理学的運動は、通常近位の骨に対する遠位の骨の運動によって定義付けられます。関節を挟んで隣り合う骨がより接近する場合を屈曲、反対に隣り合う骨がより離れることを伸展といいます。

（3）副運動

副運動とよばれる関節面の局所の動きには、滑り運動、回転運動、伸延（牽引）、圧縮（接近）があります。関節運動の障害は、まずこの副運動に現れます。

2）四肢と椎骨の生理学的動き（表2-4）

（1）肢勢

動物の四肢での起立状態を「肢勢」といい、肢に異常があると結果として肢勢に異常が現れてきます（第6章参照）。

（2）関節可動域

それぞれの関節には、それぞれ定まった関節可動角度（関節可動域：range of motion；ROM）があり、関節障害や不動により関節の可動域は縮小します。これは、関節周囲に存在する靭帯や関節包の線維膜などの軟部組織の硬化や萎縮、あるいは拘縮などによって引き起こされます。

（3）動き

四肢の動きは**表2-4**に示したようにさまざまあり、各関節の正常な動きを熟知しておくべきですが、そのためには、各々の関節構造を正確に理解しておかなければなりません。これは理学リハビリテーションテクニックの実践に必須の知識です。

3）骨盤運動（表2-5）

骨盤は、後躯を安定させ、後肢による推進力を体躯に伝えるため、強靭な構造になっています。脊柱と骨盤の連結は、後肢による推進力を体躯に伝えるために不動結合ですが、その動きを体躯に滑らかに伝えるためわずかに動きます。

4）骨格のアライメント

骨格アライメントとは、関節面における骨と骨との配置、あるいは同一の骨における、ある部位の他の部位に対する配置をいいます。骨格不整では、これら二つの関係のいずれかが異常な配置になります。ある関節の骨格アライメントは、必ず他の関節の骨格アライメントに影響を及ぼし、そして、骨格不整は代償性に関節炎や変形性関節症を引き起こすことがあります。

表2-4　四肢と椎骨の生理学的運動

動きの種類	動き方
屈曲	屈曲では、関節の屈曲をもたらす筋肉の収縮とそれに対応する筋の伸展によって関節の両側の骨が接近し、関節角度が小さくなる。屈曲時には、肢は縮められるか、あるいは折りたたまれ、趾は曲げられ、背部や頸部は腹側へ丸くなり、あるいは背側に弓なりになる。
伸展	矢状面上の屈曲運動と反対方向の運動をさす。隣り合う同肢の骨が離れる伸展時には肢や趾は伸ばされ、頸部と背部はまっすぐに伸びる。
外転	遠位面が身体の正中線から離れる方向への横断面における回転をいい、肢では肢軸から外方向への回転をさす。
内転	遠位面が身体の正中線に近づく方向への横断面における回転をいい、肢では肢軸から内方向への回転をさす。
側屈	頭部が体幹体側の右側または左側方向へ屈曲することをいう。
外旋	肩関節と股関節にのみみられ、肢の外旋は頭側面を基準にして肢が外側へ向かって旋回することをいう。
内旋	正中線に向かって旋回することをいう。
回外	手根または足根関節部で屈曲し、肉球面が外側を向く回転をいう。
回内	回外と反対方向、すなわち肉球面が内側に向く回転をいう。
循環運動	前肢では肩関節、後肢では股関節で、円錐の表面をなぞるような運動をいう。
肩帯運動	肩甲骨部の前突、牽引、上方・下方への回転、挙上、沈下、前傾、後傾、などの動きをさすが、ヒトでは定義されているが、犬では未定となっている。

表2-5　骨盤運動

動きの種類	動き方
背側傾斜、腹側傾斜	矢状面に対する骨盤の方向が骨盤の傾斜を示す。腹側傾斜は骨盤腹側と大腿骨頭の接近をいう。このような運動は股関節の回旋軸として起きる。
外側傾斜	骨盤の外側面が大腿や体幹の外側面に接近する。
回転	骨盤が左に内転すれば、右の後肢の内旋が起きる。
仙腸関節	仙腸関節の動きとして、屈曲、伸展、側屈、回転などがある。

第1部 動物のリハビリテーションに必要な基礎知識

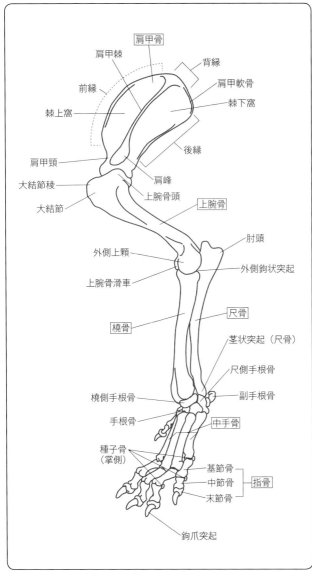

図2-14 左前肢外側の骨格

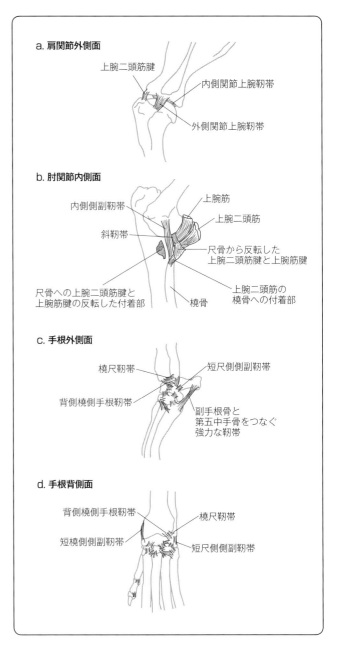

図2-15 左前肢の関節の連結と靱帯
靱帯構成がより複雑な面を示した。(C Riegger-Krugh, D Millis: Canine anatomy and biomechanics I (forelimb), Lacrosse, Wis, Jan 2000, Orthpaedic Section APTA, Inc より引用改変)

❸ 前肢の構造

1) 骨　格（図2-14）

　前肢は体重の60％を支えています。その骨格は、肩甲骨、上腕骨、橈骨、尺骨、および肢端の骨（7個の骨からなる手根骨、副手根骨、5本の骨からなる中手骨〔第一中手骨は短くて機能していない〕、種子骨、基節骨、中節骨、末節骨）より構成されています。

2) 骨の連結（図2-15）

　前肢は、肩甲骨が僧帽筋、菱形筋、大円筋、肩甲横突筋、腹鋸筋などにより体幹に堅固に引きつけられて接合し、肩甲骨の安定と動きに関わっています。前肢は、重い前躯を支え、しかも急激な方向転換などに耐えるだけの関節構造の安定と強靱さ

表2-6 前肢の運動に関与する主な筋肉

動き	主な筋肉名
頭側への牽引	胸骨頭筋、肩甲横突筋、棘上筋、肩甲下筋、烏口腕筋、上腕筋、浅胸筋、乳突筋、上腕二頭筋、橈側手根伸筋、頸腹鋸筋、伸筋群
尾側への牽引	上腕三頭筋、広背筋、屈筋群、胸腹鋸筋、菱形筋、僧帽筋頸部、深胸筋
外転	棘上筋、棘下筋、三角筋、菱形筋、僧帽筋、浅胸筋、深胸筋
内転	浅胸筋、深胸筋、棘上筋・棘下筋、三角筋、菱形筋、僧帽筋

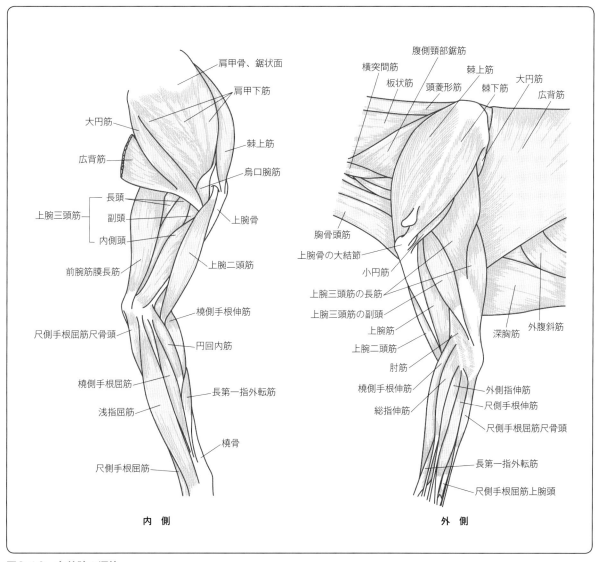

図2-16 左前肢の深筋

(HE Evans, A deLahunta : Miller's guide to the dissection of the dog, ed 5, Philadelphia, WB Sounders, 2000 より引用改変)

が必要です。ここでは肩関節（**図2-15a**）、肘関節（**図2-15b**）、手根関節（**図2-15c、d**）などの一部の靱帯構成を示しましたが、内側と外側とでは構造が異なるので、詳しくは解剖学書を参照してください。

3) 筋肉（表2-6、図2-16、17）

頭部と頸部を維持し、かつ歩行の役目を果たすために、筋肉量が多いだけでなく、頭部、頸部そして前肢の間に延びる強力な靱帯が存在します。肩と上腕の浅・深部の筋膜は頸椎と胸部

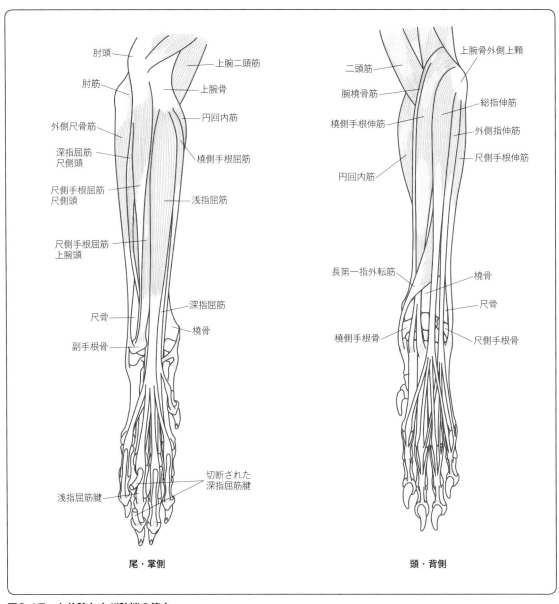

図2-17 左前腕および肢端の筋肉

(HE Evans, A deLahunta : Miller's guide to the dissection of the dog, ed 5, Philadelphia, WB Sounders, 2000 より引用改変)

の諸筋膜につながっています。

前肢諸筋の筋膜は、頸胸部諸筋の筋膜同士と、同様に前肢諸筋の筋膜同士が密接に接するばかりではなく、諸筋や腱とともに骨に付着しています。

前肢の負重機能のため、反重力筋である肩の内転筋と肘の伸筋の筋量が多くあります。

筋肉群は、前進運動で前肢を頭側へ牽引する動きの同心性収縮に関連する主動筋群と尾側への牽引に関係する主動筋群とに分けられます（**表2-6**）。前肢は、前進運動時の方向転換に重要な支点として働きます。その際、前肢の外転に関連する主動筋群と内転に関連する筋肉群は同じですが、回転の違いにより筋肉が果たす役割は異なります。

これらの筋肉群は、さまざまな障害から萎縮や強ばり・拘縮が現れやすく、跛行の原因となりやすい筋肉です。このことからも、徒手療法のマッサージで筋肉を「もむ」際に、各々の筋肉の起始部と終止部がどの骨のどこであるかを理解していることは大切です。

4）リンパ（図2-13参照）

浅頸リンパ節は、肩関節のやや頭側の鎖骨頭筋と肩甲横突筋の深部に位置し、頭部、頸部、前肢の広範囲な皮膚領域からのリンパ排液路上にあり、通常触診可能です。腋窩リンパ節は深

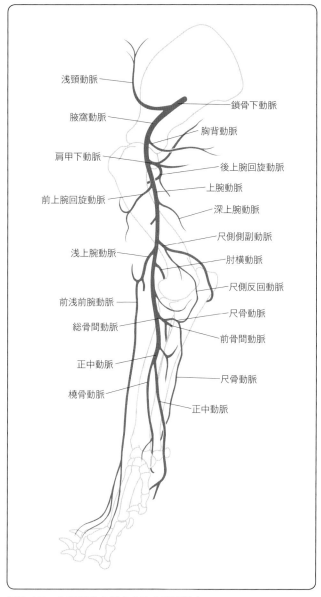

図2-18　右側前肢内側からみた動脈分布

(HE Evans, A deLahunta : Miller's guide to the dissection of the dog, ed 5, Philadelphia, WB Sounders, 2000 より引用改変)

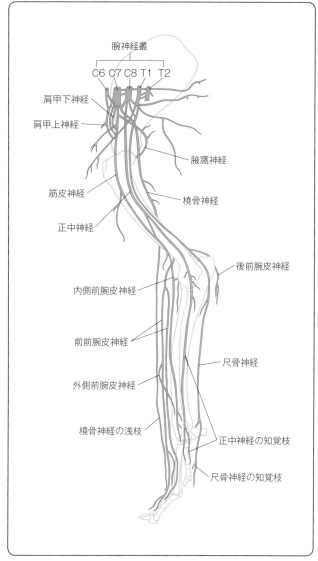

図2-19　右側前肢の内側からみた主要な神経

(Robert A. Kainer 他著、日本獣医解剖学会監修、犬の解剖カラーリングアトラス、東京、学窓社、2003より引用改変)

胸筋の背側にあり、通常は触診できません。

5）血液供給（図2-18）

主要な血管は、鎖骨下動脈に続く腋窩動脈、上腕動脈、正中動脈などです。前肢の動脈拍動は通常触診が困難で、心血管機能の評価には用いられません。

6）神経支配（図2-19、20）

前肢は、C6からT2までの腹側枝から形成される腕神経叢から分布する神経により支配されています。これらの神経は、斜角筋の腹側縁に沿って現れ、腋窩を通って前肢に入ります（図2-19）。

前肢デルマトームは、脊髄分節C6・7・8、T1・2の脊髄神経の腹側枝から形成される腕神経叢から派出した末梢神経により支配されています。一方、前肢体側部は脊髄分節C5、C6、T2、T3の背側皮枝により直接支配されています（図2-20）。

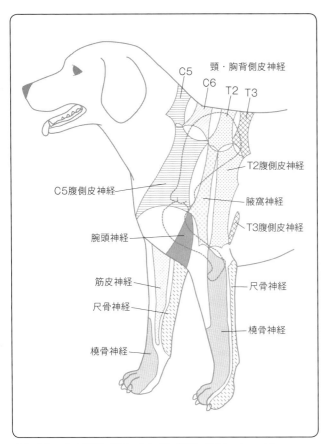

図2-20 犬の前肢(左)の皮膚知覚帯(デルマトーム)

前肢遠位のデルマトームは、腕神経叢から分布する末梢神経支配のため、体幹と違って複雑である。(RL Kitchell, et al.: Electrophysiologic studies of cutaneous nerves of the thoracic limbs of the dog. am J Vet Res 41:61-76, 1980より引用改変)

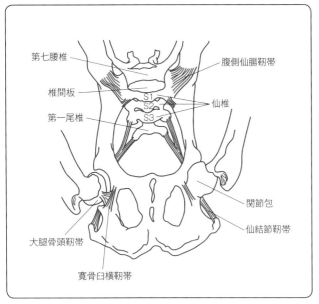

図2-22 骨盤腹側と股関節の連結と靭帯

関節構成がより複雑な腹側面のみを示した。(C Riegger-Krugh, J Weigel : Canine anatomy and biomechanics II (hindlimb), LaCrosse, Wis, Feb 2000, Orthpaedic Section APTA, Inc.より引用改変)

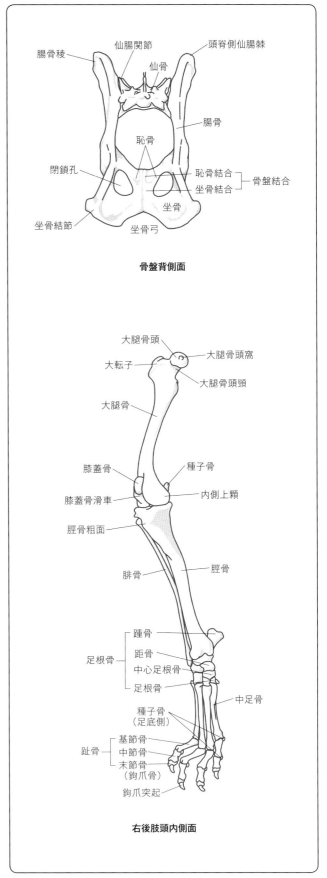

図2-21 後肢骨格

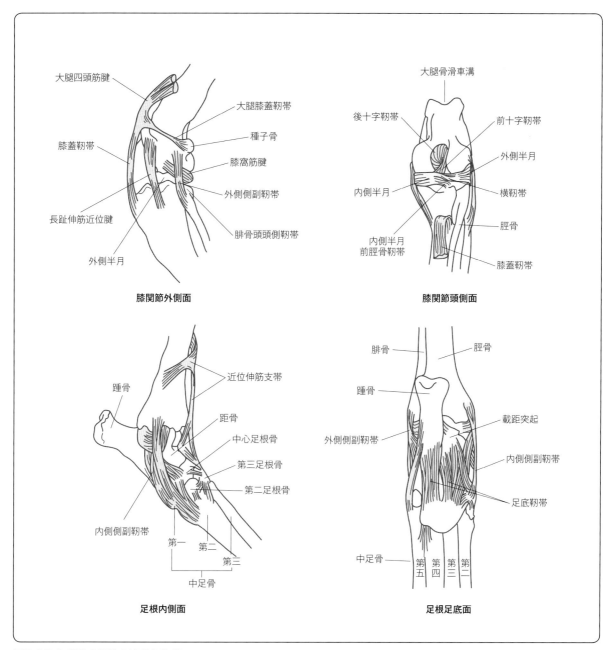

図2-23 左後肢の関節の連結と靱帯
靱帯構成が複雑な面を例示した。(C Riegger-Krugh, J Weigel : Canine anatomy and biomechanics II (hindlimb), LaCrosse, Wis, Feb 2000, Orthpaedic Section APTA, Inc.より引用改変)

④ 後肢の構造

1) 骨　格（図2-21）

後肢は体重の40％を支え、その骨格は、腸骨と坐骨と恥骨が結合した骨盤（後肢帯）と後肢の骨で構成されています。犬の骨盤は、坐骨と恥骨が坐骨結合および恥骨結合によって、そして腸骨が仙腸関節でつながり、腹側からみると長方形をしています。骨盤の形態にはヒトのような雌雄差はありません。

足根部は、距骨、踵骨、中心足根骨、第一〜第四足根骨で構成され、第一中足骨は退化しています。

2) 骨盤と後肢の連結（図2-22、23）

骨盤は、左右の腸骨、仙骨および坐骨がいずれも不動結合で強固に結合し、骨盤腔を形成するとともに、後肢を股関節で連結して強力な推進力を支えます（**図2-22**。**図2-21**参照）。

後肢は、自由な動きと推力を保証するための強靭な靱帯で連結されています（**図2-23**）。膝関節は、最も障害の多い関節の一つであり、その動きとともにその構造に十分な理解が必要です。

表2-7 後肢の運動に関与する主な筋肉

動き	主な筋肉名
頭側への牽引	腸骨筋、大腿筋膜張筋、大腿四頭筋群（外側広筋など）、縫工筋、大腿二頭筋、腓腹筋、伸筋群
尾側への牽引	臀筋（特に中臀筋）、ハムストリング筋（半膜様・半腱様筋、大腿二頭筋）、腓腹筋、屈筋群
外転	中殿筋、浅伝筋、大腿筋膜張筋、大腿二頭筋、大腿四頭筋
内転	内転筋、薄筋、腸腰筋

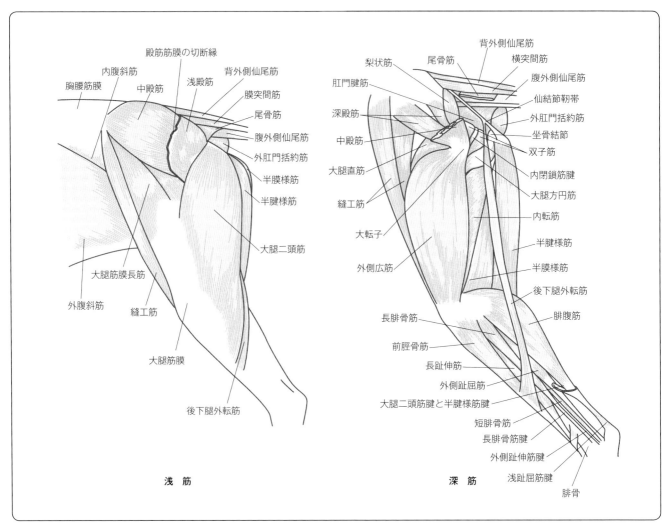

図2-24 左後肢外側の浅筋と深筋

大腿四頭筋とは、外側広筋、内側広筋、大腿直筋および中間広筋（大腿直筋の深部にあり、図示されていない）から成る。(HE Evans, A deLahunta : Miller's guide to the dissection of the dog. ed 5, Philadelphia, WB Sounders, 2000 より引用改変)

3) 筋　肉（表2-7、図2-24～26）

前肢と同様に、浅部と深部の筋膜層が存在します。それぞれの筋肉を覆う筋膜は集合して腱となり、付着部付近で周囲の筋膜とつながり、あるいは腱を包んでともに骨に付着しています。

犬の静止・起立時には負重の6割を前肢が担うのに対し、後肢はランニングや跳躍のような動的活動を担うため、これに必要な推進力を生み出すために強力な筋群から構成されています。

椎間板ヘルニアなどの後遺症で後肢が麻痺すると後肢筋群は急速に萎縮し、立位を維持する筋力も失われるため、早期のリハビリテーションが重要になります。

後肢の筋群は、後肢頭側に位置して後肢の頭側方への動きに関連する大腿四頭筋などの筋群、および後肢尾側に位置し後肢の尾側方への動きに関連する主動筋群（ハムストリング筋）の二つに分けられます（表2-7）。また主動筋群はさらに、後肢

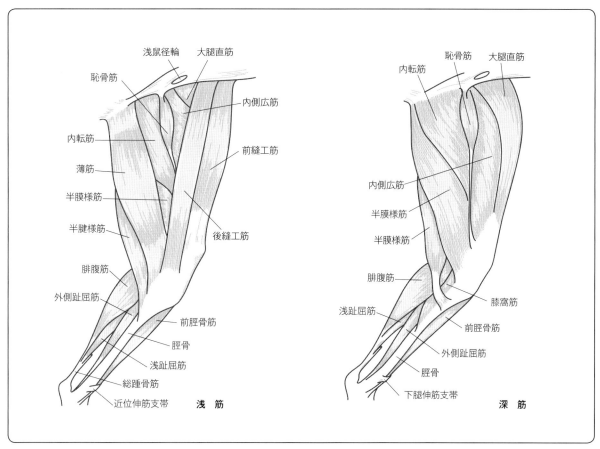

図2-25　左後肢の内側の浅筋と深筋
(HE Evans, A deLahunta : Miller's guide to the dissection of the dog, ed 5, Philadelphia, WB Sounders, 2000 より引用改変)

の外転時の主動筋群と内転時の主動筋群に分けられますが、内転・外転の拮抗筋は互いに逆の関係にあります。

　これらの筋群は前肢と同様に、さまざまな障害から萎縮や強ばりや拘縮が現れやすく、跛行の原因となりやすい筋肉であり、各々の筋肉の起始部と終止部がどの骨のどこであるかの理解が重要です。

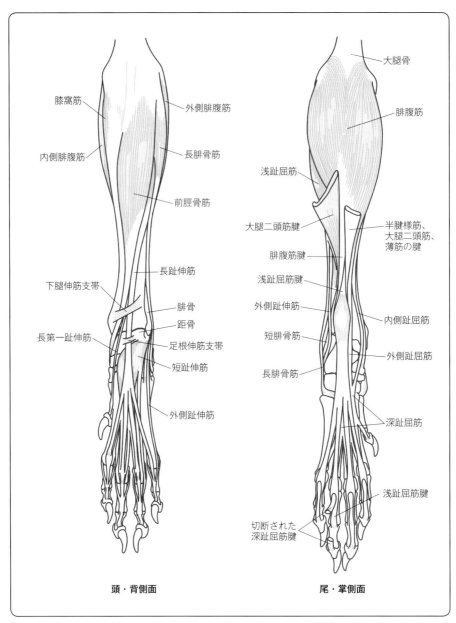

図2-26 左後肢と肢端の筋肉

(HE Evans, A deLahunta : Miller's guide to the dissection of the dog, ed 5, Philadelphia, WB Sounders, 2000 より引用改変)

4）リンパ（図2-13参照）

　体表の膝窩リンパ節は、膝関節のやや尾側の脂肪内で大腿二頭筋尾側縁にあります。後肢で最大のリンパ節であり、膝関節遠位の後肢リンパはこれに排液します。大腿リンパ節は大腿三角遠位部の内側大腿深筋膜の深部脂肪織内にありますが、欠如していることもあります。

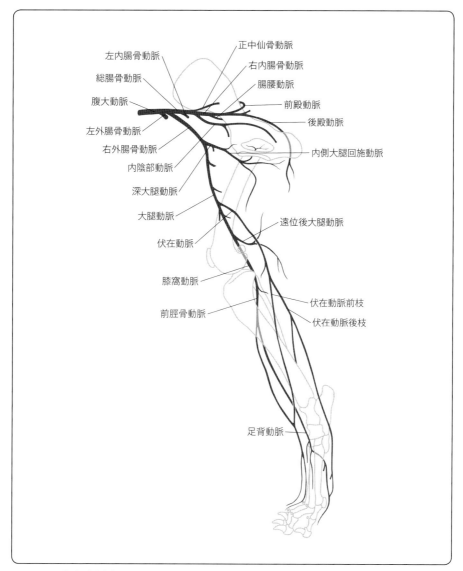

図2-27　右後肢内側からみた動脈
(HE Evans, A deLahunta : Miller's guide to the dissection of the dog, ed 5, Philadelphia, WB Sounders, 2000 より引用改変)

5）血液供給（図2-27）

　腹大動脈は総腸骨動脈に分岐し、さらに骨盤領域に分布する内腸骨動脈と後肢に分布する外腸骨動脈の二つに分岐し、内腸骨動脈は殿動脈を経て大腿尾側へ分布します。外腸骨動脈は途中で大腿深動脈を分岐して大腿動脈となります。

6）神経支配（図2-28、29）

　後肢は腰仙骨神経叢からの末梢神経によって支配されています（図2-28）。この神経叢は、尾側の五つの腰神経と三つの仙骨神経とで構成され、腰仙骨神経幹は骨盤外部で坐骨神経になり後肢の動きを支配しています。

　腰仙骨神経叢は腰神経叢と仙骨神経叢に分けられますが、互いに連絡を持っており、腰神経叢は通常腰髄分節L3～5の腹側枝で形成され、仙骨神経叢はL6～S3（第三仙髄）の腹側枝で形成されています。

　後躯の皮膚知覚帯（デルマトーム）の支配神経を図2-29に示します。

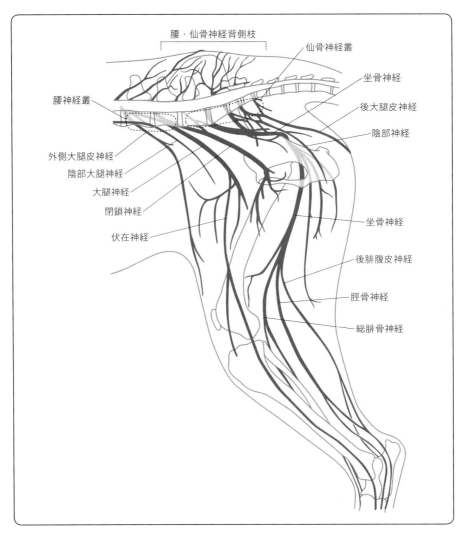

図2-28　右後躯の末梢神経分布

(HE Evans, A deLahunta : Miller's guide to the dissection of the dog, ed 5, Philadelphia, WB Sounders, 2000 より引用改変)

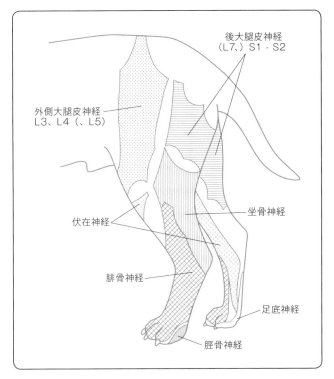

図2-29　後躯の皮膚知覚帯（デルマトーム）

(RL Kitchell, et al. : Electrophysiologic studies of cutaneous nerves of the thoracic limbs of the dog. am J Vet Res 41:61-76, 1980より引用改変)

5 頭頸部と体幹の構造

1）脊柱の骨格（図2-4参照）

7個の頸椎（C）、13個の胸椎（T）、7個の腰椎（L）、3個の仙椎（S）、1〜13個以上の尾椎（Cd）（犬種により数が異なる）からなり、仙椎を除く椎骨はそれぞれが分離して個別に関節を持っています（**図2-4参照**）。C1-2を除くC2〜S1の椎骨の間には椎間板が存在します。犬で発生が多い椎間板ヘルニアは、この椎間板が背方に逸脱して脊髄を圧迫したときに発症します。

2）頸胸部の骨格とその連結（図2-30）

肋骨は9対の胸骨脊椎（真肋）と4対の肋骨脊椎（偽肋）から成ります。胸骨は柄部と軟骨からなる剣状突起を持ち、肋骨は内部臓器を保護するとともに、呼吸運動を制御しています。

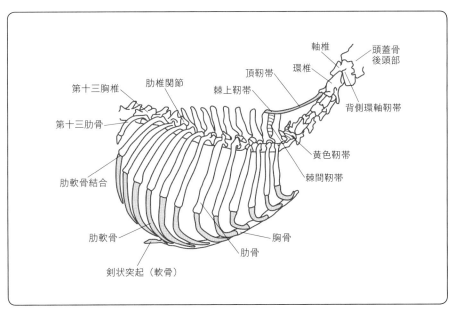

図2-30　頸胸部の骨格とその連結

表2-8 頸・背部の動きに関与する主な筋肉

動き		主な筋肉名
頸部	伸展	板状筋、頭半棘筋、菱形筋、頸部の僧帽筋、前腹鋸筋など
	屈曲	胸骨舌骨筋、腕頭筋、鎖骨上腕筋、胸骨頭筋、肩甲横突筋など
	側屈・捻り	腕頭筋、肩甲横突筋、その他の頸の屈筋と伸筋のいずれかの求心性収縮による
背部	伸展	棘筋、背最長筋、背腸肋筋など脊柱背側にある諸筋
	屈曲	腹筋、その他脊柱腹側にある諸筋
	側屈・捻り	伸筋・屈筋のいずれかの片側性求心性収縮による

3) 筋 肉（表2-8）

この部位の筋肉の特徴は、神経支配と軸上筋と軸下筋への発生学的発達によって特徴付けられます。脊椎背側に走行する軸上筋には脊椎横突起背側の筋肉などがあり、主に脊椎を伸展させる働きがあり、脊椎腹側の軸下筋は、横突起の腹側にあり、主に脊椎を屈曲させます。この領域の筋肉の異常が主原因で運動障害が起きる機会は少ないため、図は省略しましたが、その位置や走行などの構造を成書で確認してください。屈曲、伸展、側屈に関わる筋肉は、**表2-8**にまとめました。

4) リンパ（図2-13参照）

体幹表層の重要なリンパ節である浅頸リンパ節は、肩端上部前縁で触知できます。

5) 神経支配

頸部と体幹の背側と外側の浅筋は、前肢の付近では腕神経叢に、後肢の付近では腰仙骨神経叢に支配されており、同部位の深部の大半は脊髄神経の背側枝によって分節的に支配されています。腹壁は、脊髄神経の分枝によって支配されています。

第3章 創傷治癒の基本と運動器の障害からの回復

1. 創傷治癒の基本
2. 骨折の治癒
3. 関節の特徴とその障害からの回復
4. 筋肉の障害と治癒
5. 腱と靱帯の障害と治癒
6. 神経の障害と機能の回復

　損傷とは、外傷などによる体組織の破壊的障害をいい、皮膚の開放性損傷である創傷と、非開放性損傷である挫傷（打ち身）、骨折、靱帯の断裂、関節包の裂開などに分けられます。運動器にはこのような外傷以外に、発育期や老齢性の障害、さらに感染などによってさまざまな障害が発現します。これらの障害は、創傷の治癒を基本にしながらも、治癒様式にさまざまな特徴を有しています。

　肢は、皮膚、筋肉、腱、靱帯、関節、さらには血管、神経などから構成される複合的な器官です。重度な障害を受けた四肢の機能を治療によって順調に回復させるためには、各々の組織の異なる治癒様式を有機的に関連づけて治療することが重要です。それによって治癒に導き、運動機能を回復させることができます。そしてリハビリテーションの介在によって、より早く、より機能的な回復が期待されます。

❶ 創傷治癒の基本

1）概念

　損傷の治癒とは、損傷部が修復されることをいいますが、修復の様式は受傷した組織の能力によって、同一の組織で修復される「再生」と、結合織で修復される「増殖」の二つに大きく分けられます（表3-1）。増殖で修復された組織は、元の組織に比べて機能的に劣ります。

2）創傷の治癒過程とその進行

（1）治癒過程（表3-2）

　受傷からの経過時期によって①出血凝固期、②炎症期、③増殖期、および④成熟（回復）期に分けられますが、実際にはそれぞれの過程はお互いにオーバーラップして進行します（表3-2）。多くの炎症性細胞や組織細胞、それらから分泌されたサイトカインや増殖因子などが有機的に関連して治癒が進行します（図3-1）。

（2）治癒過程進行の条件

　創傷治癒過程のスムースな進行には、温度や栄養とともに、無菌的湿潤環境の回復と維持が最も重要な要件となります。

3）創傷の特徴と治癒の形式

　損傷治癒の基本となるのは、体表の開放創すなわち創傷の治癒であり、その形式は筋肉や靱帯などの軟部組織の治癒の基本でもあります。

（1）創傷の特徴（図3-2参照）

新鮮創：受傷後1～3日以内の損傷で、創面に肉芽が形成されていない時期であり、出血と疼痛があり、感染を受けやすいため早急に処置を必要とします。

陳旧開放創：受傷後数日を経過し、創面に肉芽が形成された創であり、肉芽がバリアとなるため痛みが軽減し、かつ新たな感染は受けにくくなります。

肉　芽：線維芽細胞が初期に形成する紅色の組織で、上皮が伸展可能な良性肉芽をさしますが、その他にその後の治癒を妨げる炎症性細胞が主体の暗紫赤色の不良肉芽とがあ

表3-1　創傷治癒の様式

組織修復の様式	内容
再生	皮膚や粘膜などの上皮、結合織、血管、リンパ管、骨髄、肝組織、および骨などには「芽細胞」が存在することから、損傷部が新生された受傷組織と同一の組織で満たされて治癒する。基本的に機能も元どおりに回復する。
増殖	損傷部に芽細胞がほとんどない筋、軟骨、靱帯および腱などの組織は、同じ組織で再生することができないため、欠損部は増殖した結合織によって満たされて修復される。したがって、元の組織と比べて柔軟性、弾力や抗張力などにおいて劣る。

表3-2　創傷治癒過程とその機序

治癒過程	機序と組織学的所見
出血凝固期	受傷による皮膚の収縮と血管反応のため、欠損口が拡大して出血し、血管は一時的に収縮するが、その後再び拡張する。組織間隙は血液で充満して血栓が形成され、創縁はいったん癒合する。血液が凝固してフィブリン線維網が形成され、その後水分が吸収されて乾燥し、痂皮が形成される。
炎症期	好中球や単球、マクロファージが活性化するとともに、線維芽細胞の活性化や増殖のためコラーゲンの分泌、タンパク多糖体の産生が促進され、肉芽組織が形成される。
増殖期	血管の透過性が亢進し、損傷組織にはヒスタミン、セロトニン、キニン、プロスタグランジン、あるいは蛋白分解酵素などが産生されるとともに、血管から血漿や細胞成分が周囲に滲出し、損傷部壊死組織や凝血などの分解・吸収・貪食が進行する。
成熟（回復）期	血管が新生してコラーゲン線維の再構築が刺激され、肉芽増成から組織の再構築がいっそう進み始める。肉芽組織上には上皮細胞の進展が進んで上皮化が起き、皮膚や粘膜が形成される。

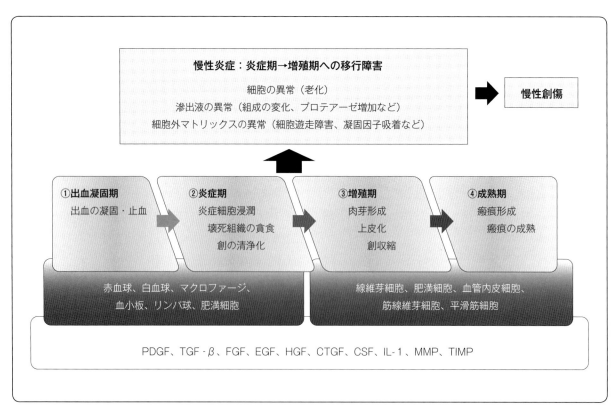

図3-1　創傷治癒過程と関連細胞ならびにサイトカインや増殖因子

経過時期から、①出血凝固期、②炎症期、③増殖期、④成熟（回復）期に分けられるが、互いにオーバーラップして進行する。多くの炎症性細胞、結合織を形成する線維芽細胞およびそれぞれの組織芽細胞が重要な役割を演ずる。

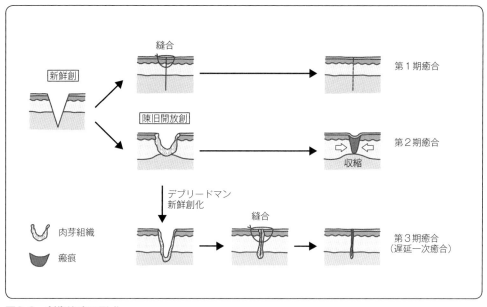

図3-2　創傷治癒の形式

（2）創傷治癒の形式（図3-2）

第1期癒合：手術切開創のような新鮮でかつ無菌的な創傷の治癒形式で、創面を相互に縫合などで接着させて安静にすると約1週間で癒合・治癒します。

第2期癒合：上記以外の陳旧開放創では、肉芽組織や感染のため治癒は遅延します。創面を洗浄および消毒し、良性肉芽の増生を促して瘢痕収縮による治癒を期待します。

第3期癒合：上記のような陳旧開放創の創縁・創面の肉芽を、切除または十分なデブリードマン（debridement：挫滅組織除去、清拭）により新鮮創化し、洗浄・消毒して、新鮮創化し、縫合して第1期癒合を期待する治癒の形式をいいます。

痂皮下の治癒：皮膚表層の剥離創などでは、表面に滲出した血液や組織液が乾燥して痂皮を形成し、その痂皮下に上皮が再生する治癒形式をいいます。感染がなければ、痂皮下はいわゆる無菌的湿潤環境になり、治癒が進みます。

4）組織の再構築

創傷の癒合の後、創の収縮と瘢痕形成が起こり、損傷部が元の組織構造を回復する機序を組織の再構築といいます。この再構築に重要な役割を果たすのがコラーゲン線維です。組織が受傷すると肉芽組織の線維芽細胞から新たなコラーゲン線維が産生され、沈着し、再配置が行われます。

リハビリテーションで組織が伸縮することによって、再構築はより促進されます。

（1）受傷後―コラーゲン線維の再配置

組織内のコラーゲン線維は圧力や張力の作用線と平行に配置され、線維同士が架橋結合することによって安定形成されています。このことにより適正な抗張力が生み出されます。

コラーゲンの沈着は受傷後2～3週間で最大となり、また抗張力は1年間にわたって徐々に回復してゆきます。これに伴いコラーゲンⅢ型からⅠ型に置き換わります。

（2）創傷の収縮

コラーゲンⅠ型組織では、創部の水分含量が減少することによりコラーゲン線維が収縮します。これにより線維どうしがより接近して架橋結合が増強し、抗張力がより増大します。

（3）瘢痕形成

架橋結合と抗張力が増強したコラーゲンⅠ型組織は、結合組織やコラーゲン線維に置き換わる「器質化」により瘢痕を形成します。

瘢痕は、伸展や収縮の機能がないため、瘢痕性攣縮（拘縮）、瘢痕性牽引（皮膚・腱のつっぱり）、瘢痕性狭窄（管腔の狭窄）、瘢痕性ヘルニア、瘢痕性癒着、瘢痕性潰瘍（瘢痕癌）などを後遺します。

表3-3　創傷治癒を阻害する要因と改善策

局所的要因	阻害状態	改善策
創形状	離断した組織間の距離・創縁の接着が不十分な状態	創面を平滑にして組織を密着させる
異物	血腫・凝血・壊死組織・異物の存在	完全に清拭する
血管分布	血流障害や浮腫の存在	圧迫や寒冷を改善する
感染	感染の存在や創面への刺激の継続	洗浄や抗生物質を投与する
動揺	動揺がある部位、またはよく動く部位	固定・安静にする

5）創傷治癒を阻害する因子

創は、本来動物が持つ自然治癒能力に加え、外科的手技を駆使することによって自然治癒が促されますが、その過程を阻害するさまざまな因子があります。逆に、それらを除外することによって自然治癒をさらに促進することができます。

（1）局所的条件（表3-3）

創形状、異物の存在、血管分布、感染、動揺および部位などが関与しています。

創傷治癒を阻害するこれらの因子を確実に取り除く基本的な外傷治療法の適用が重要です。

（2）全身的条件

高齢、栄養不足、脱水、あるいは栄養素（Vit C、Fe、Zn、Cuなど）の過不足などにより創傷治癒過程が影響を受けます。

6）癒着とその予防

原　因：炎症により血管透過性が亢進して血中のフィブリンや血漿が組織間へ滲出し、これが癒着の原因となります。

障　害：フィブリンや血漿が組織線維と接着して線維間や筋膜が癒着するため、スライディングが制限されて引っかかりができ、運動域が制限されるとともに痛みが生まれる原因になります。

予　防：癒着防止は炎症初期の早期から組織間のスライディングのために、関節可動域（ROM）運動や屈伸運動が不可欠です。

方　法：炎症期には疼痛があるため、筋は緊張してスライディングを避けようとします。この場合は、冷却療法や鎮痛解熱剤投与の疼痛管理下で関節の可動域運動などを行うことにより、癒着を防止できます。

❷ 骨折の治癒（第2章❶の「3）骨の構造と機能」を参照）

1）骨折の治癒形式（図3-3、4）

骨の損傷は、創傷治癒の基本的な治癒機転を経て骨癒合が完成されますが、以下の点で軟部組織と大きく異なるので注意が必要です。

（1）石灰沈着

骨折の治癒機転で軟部組織と大きく異なる点は、骨硬化のための石灰沈着という過程を経ることです（図3-3）。

（2）遅延治癒骨折

石灰沈着の過程で骨折部に動揺があると、骨性癒合せずに遅延治癒骨折となり、線維性仮骨をきたして骨硬度が得られずに、仮関節を形成します（後述）。

2）骨折治癒の要件

（1）荷　重

骨折の治癒促進には「体重をかける」という荷重が非常に重要になります。

（2）骨折の固定法

骨折部の固定には、動揺を与えず、かつ荷重が可能な保定法を選択することが重要になります。ただし、石灰沈着の過程が完了するまでの間は、動揺が起きないように軽度の荷重とするなどの繊細な管理が必要です。

3）治癒異常

治癒過程に何らかの障害が起きると、次のような骨折の治癒異常がみられます。

（1）過剰（贅性）仮骨

炎症の持続や非生理学的な応力の刺激持続により、過剰に形成された仮骨をいい、歩様に異常がみられやすくなります。関節にできる骨棘や長骨周囲にできる骨瘤などが現れ、さらに次のような仮骨による異常がみられることがあります。当然、歩様に異常がみられやすくなります。

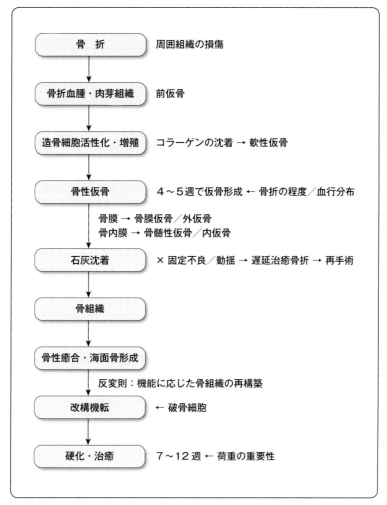

図3-3　骨折治癒過程
仮骨形成には、骨折の程度や血行分布が影響を与え、石灰沈着時に骨折部に動揺があると線維性仮骨を起こして遅延治癒骨折となることがある。癒合部は原形より太いが破骨細胞と荷重により元の骨構造への改構が促される。

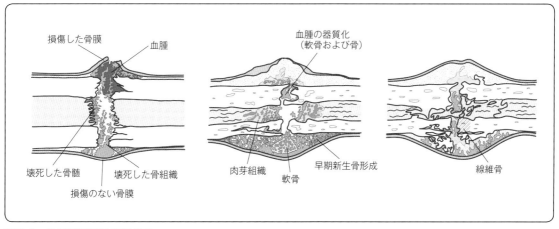

図3-4　骨折修復過程の模式図

表3-4　骨折の治癒を阻害する因子

① 骨折片の著しい転位・骨折端間の広い隙間
② 骨・周囲軟部組織の高度の損傷の存在
③ 骨・周囲組織の広範囲な組織欠損の存在
④ 高度の骨折血腫または出血の存在
⑤ 骨折線周囲の高度の血行障害の存在
⑥ 骨折端間の軟部組織の介在
⑦ 固定の不安定性の持続
⑧ 骨端に及ぶ骨折線の存在
⑨ 剪力・回旋力が強く働く部位（骨端部）
⑩ 感染の存在
⑪ 全身性疾患や骨栄養障害の存在
⑫ 肥満・高齢

（2）骨性関節強直

関節が癒合するなどして関節可動域が著しく制限されます。肘・膝関節や脊椎にみられます。

（3）骨癒着

骨折骨が転位したまま癒合した場合をいいます。

（4）骨折骨腫

高度に限局した仮骨です。

（5）遅延治癒骨折

石灰沈着時に固定不良による動揺があると、硬化せずに骨性癒合不全のため線維性仮骨に陥り、仮（偽）関節とよばれる状態になります。一方、小型犬や猫で大腿骨頭壊死症や股関節形成不全症では、治療法として仮関節が形成される骨頭頸切除術が選択されることがあります。

4）治癒機転を阻害する因子

阻害因子として多くの要因が挙げられています（表3-4）。これらの因子をいかに避けるかによって骨折の治癒機転が変わってきます。

❸ 関節の特徴とその障害からの回復

関節は、軟骨、関節包（線維膜、骨膜）、靱帯および滑液など、まったく異なる組織から構成されているため、関節の障害は複雑です。さらに運動器として要の器官でもあるため、各々の組織の特徴とその障害についての十分な理解が必要です。

1）軟骨の特徴とその障害

（1）関節軟骨の構造と機能（図3-5、6）

A．関節の構造

可動（滑膜）関節は、二つまたはそれ以上の硝子軟骨面と関節包および滑液（関節液）からなります。硝子軟骨面は、関節運動のために肉眼的になめらかな低摩擦の滑走面であり、荷重を遠位の骨へと伝えます。

B．軟骨の構造と性状

軟骨は無脈管構造で、血管、リンパ管、神経はありません。軟骨の重量の約70〜80％は水分で、残りは軟骨細胞、Ⅱ型コラーゲン（軟骨コラーゲンの90〜95％）、およびプロテオグリカン集合体で構成されています。

軟骨は4層構造からなり、層ごとにコラーゲン線維の走行が次のように異なります。

最表面：関節面と平行
中間層：斜め（網状）
深層：垂直または円柱状
最下層：石灰化した軟骨下骨層

このことが関節面に抗張力を与えています。

軟骨細胞：細胞は軟骨重量の10％以下で、軟骨下骨層より新生された軟骨細胞が成熟するにつれて表層へ移動します。軟骨細胞は、軟骨基質の中の軟骨小胞とよばれる穴の中に入っています。

軟骨基質（マトリックス）：Ⅱ型コラーゲン線維が網目を形成し、軟骨細胞がその中に浮遊するとともに、水分を含むプロテオグリカン集合体が詰まっています。

軟骨下骨：軟骨細胞を産生し、さらに関節に加わる荷重の緩衝効果に重要な役割を果たします。

（2）軟骨の代謝

軟骨には、栄養血管とリンパ管はありません。軟骨代謝は、負重と関節運動による軟骨のスポンジ作用（圧縮と弛緩によって滑液が出入りする）によって関節滑液を介してなされています。関節が不動化すると滑液の潤滑が低下するため、軟骨の栄養補給が困難となり、軟骨細胞によるマトリックスの産生が抑制されるため、軟骨の萎縮が始まります。

（3）軟骨の障害と後遺（図3-6、7、8）

正常軟骨の表面の微細構造は、プロテオグリカン粒子と滑液に覆われて滑らかな働きをしています。対面する軟骨表面は最大荷重を付加しても、正常時には接触することは決してありません。X線写真では軟骨は撮像されないため、関節の間はX線透過性となり黒く隙間がみえます。

A．障　害

炎症により、滑膜から炎症メディエーターや炎症性細胞が滲出・浸潤し、さらに血管が新生します。軟骨表面は融解、吸収されて、コラーゲン線維がむき出しになり、対面する軟骨表面が直接接触するようになります。表面の損傷部が小さければ、炎症が消退すると欠損部は約2カ月後に線維軟骨で修復されます。

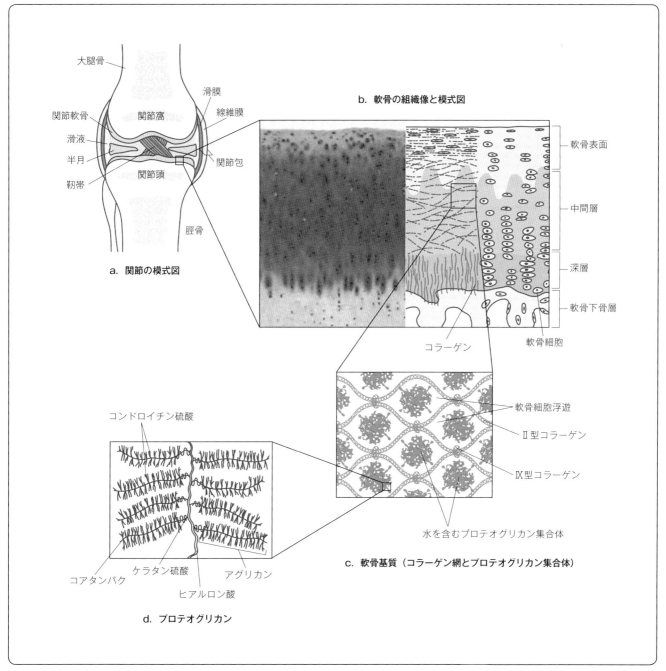

図3-5 関節と軟骨の構造

(図bの写真：広谷速人、関節の構造と生化学、広畑和志・寺山和雄編、STANDARD TEXTBOOK 標準整形外科学、図1-23、東京、医学書院、1990年より許可を得て転載)

B. 後 遺

　損傷面積が広いと、表面は不可逆的な変成を受け、続いて変形性関節症へと移行し、最終的には強直性関節症（関節の癒着）に繋がることがあります。

2）関節包の特徴とその障害
（1）構 造

　関節包は、関節を包み、外側の線維層と内側の滑膜層で構成されています。外側の線維層は主にコラーゲンでできており、正常であれば強靱で機械的支持に耐えることができます。内側の滑膜は、滑膜下血管叢と密接に結びついた滑膜細胞の存在する薄い層です（**図3-5a**参照）。

滑　膜：主にマクロファージと同様な機能を有するＡ型滑膜細胞と、ヒアルロン酸の生成を担うＢ型滑膜細胞からなります（**図3-9**）。

滑液（関節液）：血管からの血漿限外濾過液とヒアルロン酸か

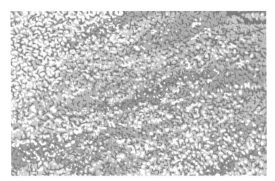

図3-6 正常軟骨表面を覆うプロテオグリカン粒子（×4,300）

軟骨の表面は滑面ではない。

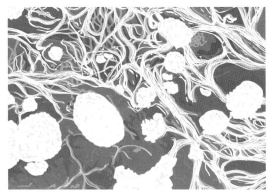

図3-7 重篤な関節炎を起こした軟骨表面の操作電顕像（×3,900）

軟骨表面を覆うプロテオグリカン粒子は消失し、コラーゲン線維がむき出しになり、滑膜から白血球が浸潤している。

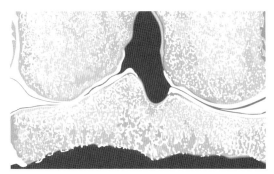

図3-8 重篤な関節炎のために軟骨表面が消失した関節面（左）と正常関節面（右）

疾患関節の凍結切片。

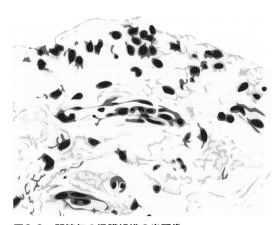

図3-9 関節包の滑膜組織の光顕像

らなり、関節の潤滑作用と軟骨の栄養供給を担っているばかりではなく、免疫調節作用も有しています（表3-5）。

（2）障　害

関節炎：初期には、関節包内面の滑膜炎を意味します。血管の透過性が増し、炎症性細胞が遊走してサイトカインが産生され、重度になると軟骨を傷害し始めます。また、滑膜血管叢の透過性の亢進により、ヒアルロン酸が吸収されて低濃度となり、関節液の粘稠性は著しく低下します。一方、血漿成分の滲出により、タンパクや線維素が高濃度となり、炎症性細胞が浸潤します。

関節の不動化：関節の不動化により関節包（外側の線維層）は萎縮して脆弱化し、関節の安定性が低下して亜脱臼や脱臼をきたすことがあります。

3）関節の障害と回復

関節は、関節包、滑液、関節軟骨、関節化骨から構成され、それらの組織が損傷や感染を受けると関節の機能は低下して運

表3-5 犬の正常関節液（滑液）の性状

項　目		性　状
pH		7.31～7.74
比重		1.008～1.015
細胞数		<200/μℓ
細胞分画	好中球	0～25%
	リンパ球	0～78%
	単球	0～71%
	マクロファージ	0～26%
	滑膜細胞	0～12%
	その他	2.4～4.8%
総固形分		2.4～4.8g/100g
タンパク		1.07～2.13g/dℓ
ヒアルロン酸		0.05g/dℓ
電解（Na、Cl、K）		ほぼ血漿量
グルコース		ほぼ血漿量
非タンパク窒素		ほぼ血漿量

表3-6 筋肉のエネルギーの供給様式と機序

供給様式	機　序
直接エネルギー	筋収縮に用いられる第１エネルギー源であるアデノシン三リン酸（ATP）、クレアチンリン酸（CP）およびアデノシン二リン酸（ADP）/ミオキナーゼ反応などであり、活動のためのエネルギーを供給する。
解糖代謝	グルコースの嫌気的解糖によるエネルギーの供給である。グルコースを細胞内に取り込み、最終的にエネルギーとして利用されるピルビン酸塩と２個のATPを生成する。極短時間、最大で２分間のエネルギーを供給するが、代謝産物である乳酸の蓄積による筋肉疲労とアシドーシスに配慮する必要がある。
酸化代謝	解糖、クエン酸回路、電子伝達鎖を介した最も複雑なエネルギーシステムで、酸化的代謝に由来する。最終的に、エネルギーとATPを産生する。糖質、脂肪、タンパク質がエネルギー源として利用され、これは長時間運動時に最も多く用いられるシステムである。

動障害が現れ、さらに運動器全体の機能低下に繋がっていきます。

（1）障　害

関節の障害としては、関節形成不全（骨軟骨症）、変形性関節症（骨関節症）、脱臼、捻挫、および関節炎などがあります。各々の疾患については第12章を参照してください。

関節は、廃用または不動化により、関節包を構成する組織は廃用性萎縮に陥ります。関節包や靱帯などの軟部組織の血液循環が低下して萎縮し、組織は脆弱化するため関節の固定力が弱まり、亜脱臼や脱臼をきたすことがあります。軟骨（細胞）の栄養源である滑液循環が滞ると軟骨は急速に萎縮し、その結果、関節機能が低下します。

（2）回　復

前述のとおり、関節は骨、軟骨、関節包、そして靱帯などからなる複合器官であり、各々の組織の修復過程を経て治癒に向かうため、その過程は単一組織の治癒に比較して非常に複雑です。

軟骨および靱帯は非再生組織であり、損傷した軟骨は硝子軟骨から線維軟骨に置き換わり、靱帯損傷部は結合織に置き換わるため、これらの組織の機能の完全な回復は難しいといわれています。

関節軟骨の萎縮の改善には、滑液循環を改善する関節の屈伸と荷重が前提となります。さらに、萎縮や拘縮した関節周囲の軟部組織の柔軟性と弾力性回復には、マッサージ、関節の屈伸運動およびストレッチなどの徒手療法が非常に有効です。

4 筋肉の障害と治癒

1）筋肉のエネルギーシステム

筋肉が基礎代謝を維持するにはエネルギーが必要であり、こ

れにさらに運動エネルギーが加わります。これらのエネルギーの供給には**表3-6**に示したように三つのシステムがあります。エネルギー産生時には、同時に乳酸を代表とする老廃物が生み出され、老廃物の局所的蓄積は筋肉の「こり」となって残り、細胞環境を悪化させます。そのため老廃物の除去が必須です。これには温熱療法やマッサージによる循環改善が有効となります。

2）障　害

筋肉に現れる主な障害としては、断裂（手術による切断を含む）、筋炎、ミオパシー、萎縮、そして拘縮です。

（1）断　裂

外傷による断裂や手術による切断によって、筋肉の裂開が起きます。特に外傷の場合には創が複雑になりやすく、良好な治癒のためには創面を密着させる必要があります。

（2）筋　炎

感染や免疫原性などによって筋炎が発症します。免疫原性としては、好酸球性筋炎、リウマチ性筋炎あるいは多発性筋炎などがみられます。

（3）ミオパシー

骨格筋の非炎症性疾患で筋の脱力、薄弱性筋線維変性をきたします。原因は、副腎皮質ホルモンの長期投与による医原性クッシング症候群や圧迫などによる急性虚血性筋変性などです。

（4）萎　縮（図3-10）

組織の基本構造を維持しながら体積を減じた状態をいいます。循環障害から血流低下のため局所性に栄養が低下して萎縮が進行します。

A．原　因

以下の三つの原因に分類されます。

①一定期間キャストで固定することなどによる不動性萎縮

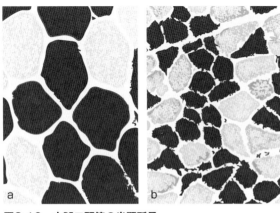

図3-10 大腿二頭筋の光顕所見
a. 正常な筋肉の横断面。
b. 不動化60日後：Ⅰ型（明）とⅡ型（暗）の両筋線維ともに全体的な萎縮がみられる。
(WW Carton, MD McGavin, Thompson's special veterinary pathology. St.Louis, Mosby, Figure9-9, 1995を引用改変)

②腫瘍の発育に伴う周囲組織の圧迫に起因する血流障害による消耗性（圧迫性）萎縮。
③橈骨神経麻痺など神経刺激伝達障害のための不動による廃用性萎縮。

B．症　状

神経麻痺などによる最も悪性の廃用性萎縮では1カ月に20％の筋肉重量が減少し、しかも回復には時間を要します。神経性の場合、さらに筋変性が進みやすく、線維様索状物が増加します。

（5）拘　縮

筋肉の永続的攣縮・短縮であり、拮抗筋の麻痺を伴います。斜頸、斜尾、および突球などの原因の一つに挙げられています。

3）治　癒

（1）治癒の特徴

筋は高度に分化した組織であり、非再生組織であるため、損傷部は結合織に置き換わって修復されます。筋肉内にはその芽細胞である筋衛星細胞がわずかではあっても存在しているため、再生は可能なはずですが、実際には機能していません。

（2）筋萎縮の治癒

A．筋肉量回復の要件

血行の改善：筋萎縮に対する筋肉量の増加のためには、血管新生の増加が先行することが必須です。
低酸素環境：血管新生には萎縮筋の低酸素状態が要件であり、水泳や長距離離走などの持久的なエクササイズが有効です。
乳酸の蓄積防止：一方、運動後の筋肉内の乳酸の蓄積は血管新生を妨げるため、運動後にマッサージなどによる循環改善が必要です。

B．予　後

神経麻痺や筋変性が原因の症例では、徒手療法や運動療法の理学リハビリテーションによる回復は難しいといわれています。

❺ 腱と靭帯の障害と治癒

腱と靭帯は類似した組織であるため、一括して記載します。

1）損　傷

（1）腱

犬では、通常の活動で腱炎やその他の腱の障害をみることはあまりありません。

A．炎　症

腱炎の原因は、過激な運動や外傷による筋線維の部分断裂による炎症です。急性炎症では、散漫性の腫脹、帯熱、圧痛あるいは運動痛があります。帯熱と疼痛は暫時軽減して慢性期に入ると、肥厚して腫脹や硬結が現れ、慢性的な跛行がみられます。

関節付近などの摩擦の多い部位を通過する腱の周囲に存在する腱鞘がまれに炎症を起こすことがあります（上腕二頭筋腱鞘炎）。

B．断　裂

犬では、まれにアキレス腱断裂が発生します。

（2）靭　帯

犬では、靭帯断裂や靭帯炎の発生は比較的多くみられます。

A．炎　症

靭帯炎は、断裂が生じやすい肘・膝・股関節の他、肩・手根・足根関節などでみられます。靭帯炎は軟部組織の炎症とは異なり、腱炎と同様に靭帯の部分断裂がその本体です。

B．断　裂

靭帯断裂は、関節の可動域を越えた運動力が加わることにより発生し、脱臼を起こしやすい関節、すなわち肘・膝・股関節などで多発します（**図3-11**）。

2）治　癒

腱と靭帯は、損傷の治癒様式も類似しています。

（1）治癒様式

損傷した腱または靭帯は、受傷後炎症を発して結合織によって修復され、再構築を経て治癒します。炎症期（48〜72時間）には損傷部は滲出液や血液で充満し、炎症性細胞が集簇して周囲には浮腫がみられます。外傷性や感染では、外傷治療に加え

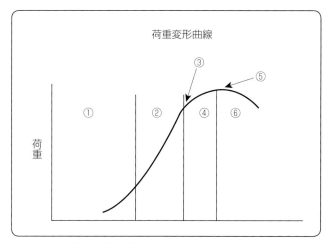

図3-11 靱帯の生体力学テストの荷重変形曲線腱
①弛緩時の靱帯、コラーゲン走行は波形状。②緊張を始めた靱帯、コラーゲンは直線上に緊張する。③降伏点：ストレッチの最大点。④過緊張のため、コラーゲン線維の断裂が始まり、後遺として靱帯炎を呈す。⑤最大破損荷重点。⑥最大破損荷重点で靱帯は断裂する。

て抗生物質の投与が必要になります。

（2）経　過

急性期：安静、固定、冷湿布、消炎剤の投与を行い、血腫が存在すれば吸引徐血して軽圧迫包帯をします。慢性期に移行すると治癒が難しくなるので慎重な経過の観察が必要です。

損傷の程度によって、腱は短縮または拘縮して、肢軸の異常を示すことがあります。

修復期：約6週間持続しますが、肉芽組織と血管が進入し、線維芽細胞や細胞外基質によるコラーゲンの合成が旺盛で瘢痕は最大となります。

再構築期間：長く約1年間を要しますが、当初の抗張力の50～70％まで回復します。線維芽細胞やマクロファージは減少して、コラーゲン線維が増量して再構築が進みます。

抗張力：走ったり跳んだりしない通常の生活活動で必要な腱・靱帯の抗張力は、正常の20～30％といわれています。

❻ 神経の障害と機能の回復（第13章参照）

1）脊　髄

（1）障　害

障害の種類：脊髄に起こる障害には、断裂、裂傷、振とう、虚血、浮腫、腫瘍、圧迫などがあります。その原因と病態について**表3-7**にまとめました。

病態の本体：障害が機械的損傷か血管性損傷かにかかわらず、その本体は、循環不全の結果としてもたらされる虚血性の脊髄神経壊死です。この二次的組織障害である壊死のほとんどは、受傷から48時間以上経過して発生するといわれています。

早期治療の重要性：前述の理由から、発症後24～36時間以内の障害改善のための治療の開始または手術が重要な意味を持ちます。

（2）機能の回復

A．障害脊髄の回復

中枢神経系機能の回復は、神経組織の治癒によるものではなく、残存した組織が損傷を受けた軸索の機能を代償することによります。

B．機能回復の様式

損傷を受けた髄鞘は回復に時間がかかりますが、軸索の再有髄化により回復することがあります。慢性圧迫性損傷による軸索の障害では、機能回復の可能性は低くなります。

C．治療の目標と方法

目　標：残存している神経組織を早期に刺激して最大限の機能回復を図ることです。

方　法：神経機能回復刺激操作が有効と思われます（第13章参照）。外傷による脊椎骨折においても、新たな追加的損傷がなければ適切な外科的処置とリハビリテーションによって機能が回復することがあります。新たな追加的損傷とは、初期の外傷後に加わる反復性の脊髄振とうや、圧迫の原因となる脊柱不安定や持続的圧迫であり、初期の適切な外科的処置が重要です。

D．その他

ヒトでは、脊髄損傷の7割を占める不完全損傷において、長い期間のうちにある程度の運動機能の回復が自然にもたらされることがあります。このことは、動物実験で中枢神経損傷後の回路の再形成が活発に起こっていることからも裏付けられます。

2）末梢神経（図3-12）

（1）障害の種類

A．断　裂

外傷性や血管性（血栓性）損傷、あるいは手術の失宜などの医原性損傷によって引き起こされる末梢神経の断裂の場合は、神経の全構造が切断されます。

B．ニューラプラキシー

軸索は断裂していませんが、軸索伝導が消失した状態です。圧迫、一過性の虚血、鈍性外傷などで起こります。髄鞘の損傷あるいはエネルギー不足で、軸索の静止電位が維持できないためと考えられています。

C．筋萎縮

末梢神経断裂や全麻痺神経が分布する骨格筋は、不動性の筋萎縮に比べて筋萎縮の進行が速くより重度で、次いで

表3-7 脊髄障害の原因と病態

原因	病態
断裂・裂傷	脊椎骨折や脱臼などによる外傷性損傷で最も発生が多く、神経組織が形態的・機能的に破壊されて完全な損傷を引き起こすため、より重篤な病態に陥る。
振とう性損傷	血管損傷を伴い、脊髄灰白質に最も重度の損傷を引き起こし、神経細胞帯を死滅させてしまうことが多い。
血管性損傷	発症当初脊髄梗塞部周囲の浮腫が活動電位の伝導を妨げているが、この浮腫の急速な消失によって、発症から1週間以降に突然劇的に改善することが少なくない。
圧迫性損傷	髄鞘を損傷して白質髄鞘路に影響を及ぼすことが多く、イオンチャネルを変形して血流を閉塞させるため、早急な解除が必要であり、放置すると最終的に軸索の機能に障害を及ぼす。
神経根圧迫	激しい疼痛が起こるが、神経根は椎間孔から外に出ているため、持続的な神経根圧迫を受けやすい。

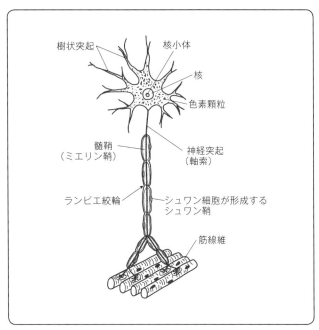

図3-12 軸索をもつ末梢神経の模式図
神経細胞から太い神経突起（軸索）が長く延長して筋線維に達する。神経突起にはシュワン細胞が巻き付いてシュワン（細胞）鞘を形成するが、何重にも巻き付いた鞘を髄鞘またはミエリン鞘という。シュワン鞘が形成する髄鞘には一定間隔でくびれがあり、これをランビエ絞輪という。

筋拘縮へと進行します。成長期であれば骨格も変形します。

（2）機能の回復

A．再生の機序

神経軸索には再生能力があり、断端中心部では軸索が分裂して延長し、他断端のシュワン（細胞）鞘内に侵入して成長し、1日1～4mmの速さで再生します。軸索断裂のみであれば、軸索は崩壊しますが軸索を包む神経内膜やシュワン鞘は保持されるため、再生して正しい標的と結合する可能性があります。特に、軸索が標的の近くで損傷を受けた場合は、うまく回復することがあります。

B．再生の要件

ただし神経軸索の再生のためには、健全なシュワン鞘の存在が必須です。また、神経回復の経路に結合織などの異物が介在すると、軸索の侵入が遮断され、神経の成長は阻止されます。軸索の再生には断裂した軸索がシュワン鞘を自ら探り当てる必要があり、これは容易なことではありません。

第4章 廃用と不動化および再可動に対する筋骨格組織の変化

1. リハビリテーションに関わる基礎用語
2. 骨の不動化と再可動
3. 軟骨の不動化と再可動
4. 関節包の不動化と再可動
5. 筋肉の不動化と再可動
6. 靱帯および腱の不動化と再可動
7. 理学リハビリテーションに関わるその他の重要事項

　動物の身体組織は、活動が停止すると原因に関わりなくすべての組織や臓器で萎縮や退縮が始まります（廃用性萎縮）。それが運動器組織であれば、筋力の低下や関節の強ばり・拘縮から動物は歩行が困難になり、最終的には寝たきりに陥ります。たとえば、椎間板ヘルニアによる後肢麻痺（廃用性）、あるいは手術や外傷の治療のための一時的なキャストによる固定（不動化）で、萎縮は進行します。創傷が治癒して身体が再び活動し始める（再可動）と、萎縮した組織は再び回復して運動器の活動性が回復してきます。しかし、萎縮の進行も回復も組織によって一様ではなく、骨、筋肉、あるいは靱帯など、組織によって違った特徴をもっています。このようなさまざまな組織の萎縮および回復過程の変化とその違いを理解し、その上で理学リハビリテーションに取り組むことで、正しく、そして効果的な治療が達成されます。

❶ リハビリテーションに関わる基礎用語

廃用または不働

　損傷や機能障害の結果として、身体の一部（体分節）が使用されていない状態をいいます。たとえば、椎間板ヘルニアで神経が麻痺して後肢が動かせない状態などです。

不動化

　スプリントやキャストあるいは創外固定によって、肢を一定の位置に維持して動かせないような状態をいいます。

萎縮

　組織の基本構造を維持しながら体積を減じた状態をいいます。廃用（不働）あるいは不動化は、結果として廃用性萎縮を招きます。筋肉、靱帯、腱、軟骨、骨、あるいは関節包に影響を及ぼし、四肢の運動が著しく制限されるようになります。

拘縮

　廃用または不動化に伴って現れるもう一つのやっかいな問題は拘縮です。拘縮とは、自動的な筋収縮の欠如による腱－筋構成単位の短縮です。結合織では、靱帯や腱の瘢痕化によって拘縮を起こし、伸縮ができなくなります。関節の拘縮では、関節包の軟部組織の特性に起因して治療を難しくするおそれのある可動域制限が起きます。

再可動

　廃用または不動化した組織が再び活動し始めることをいいます。すなわち、椎間板ヘルニアで神経が麻痺して動かない後肢を屈伸運動したり、肢の骨折癒合が完了してキャストを除去し、肢を動かし始めることなどを再可動といいます。

❷ 骨の不動化と再可動

1）廃用と不動化に対する骨の変化

A．骨量の減少

　不動化モデルでは、皮質骨と海綿質骨の骨量がともに減少しますが、骨皮質の密度と剛性が低下するものの、海綿質骨の代謝回転は増加します。若齢犬でより深刻な変化が

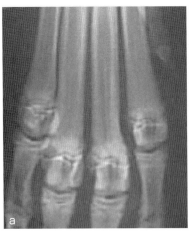 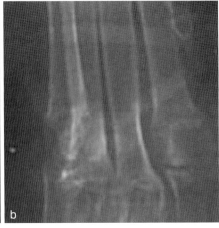

図4-1 遠位橈尺骨を骨折した10カ月齢の犬の中手骨のX線写真
a：骨折時。b：キャスト固定の4週間後。4週間の不動化だけで皮質骨の菲薄化と全体的な骨萎縮がみられる。（DL Millis : Responses of Musculoskeletal Tissues to Disuse and Remobilization. in DL Millis et al.: Canine Rehabilitation & Physical Therapy, St.Louis, Saunders, Figure7-10, 2004を許可を得て転載）

表4-1　骨に影響を及ぼす薬剤とその作用

薬物名	作　用
ビタミンD_3	不動化後の骨量減少の防止に有効か否かについては明らかではない。
副腎皮質ホルモン	長期投与は、不動化した骨の骨量の減少をさらに促進する。
NSAID	不動化後の骨量減少の緩和に有効と思われる。

現れ、骨量や体重に対する骨塩量の関係に長期的な変化を引き起こします（**図4-1**）。

16週間不動化した犬の前肢は、対照に比べて皮質骨の機械的特性の減少は26〜72％であるのに対して、海綿質骨の減少は2〜29％であり、海綿質への影響は低いようです[1]。

B．インプラントによる影響

骨折治療に使用するプレートやスクリューなどの金属インプラントは高い剛性をもっているため、骨への生理学的荷重が減少して骨量の減少を引き起こします。骨量が減少した骨はインプラント除去後に再骨折しやすいので注意が必要です。

2）再可動に対する骨の変化

A．回復期間

6または12週間の不動化後の犬において、それぞれ10週間あるいは28週間の再可動で骨量が完全に回復しています[2]。高齢犬では回復が遅れます。

B．荷重の影響

負重による荷重が骨形成促進の重要な要因です。再可動期間中の一定期間の自由運動だけでは、不動化後に減少した骨量が完全に回復することはありません。正常犬では骨形成を促進するためには機械的刺激が重要であり、骨折の治癒も負重によって促進されます。高強度のトレーニングは骨密度を増加させますが、過剰になると成長期の動物の骨の成長を妨げます。その一方で、低強度のトレーニングや骨への荷重のわずかな増加は、骨密度や骨成長にあまり効果がありません。

C．運動の種類

ヒトでは、ウエイトリフティングと筋力トレーニングが骨の形成促進に最も有効で、荷重がかからない水泳は効果が小さいといわれています。犬では、重り付きジャケットを着て運動させると骨への荷重が増加し、骨量を増加させます。

3）骨に対する薬剤の作用

骨に影響を与える主な薬剤としてビタミンD_3、副腎皮質ホルモン、および非ステロイド性抗炎症剤（NSAID）が挙げられます（**表4-1**）。

表4-2　軟骨に影響を及ぼす薬剤とその作用

薬物名	作　用
合成抗菌剤（エンロフロキサシン）	軟骨細胞に対して毒性を持ち、細胞接着を変更するような細胞変化を引き起こすことがある。
副腎皮質ホルモン	不動化した関節軟骨のグリコサミノグリカン量を低下させる。
NSAID	プロテオグリカンの合成を阻害する。
ヒアルロン酸	不動化後の関節の再可動に際して関節内投与するとプロテオグリカン量が改善する。さらに、腫瘍壊死因子（TNF）-αやストロメリシンのような炎症性メディエーターを阻害することによって、炎症を抑制する。

❸ 軟骨の不動化と再可動

1）さまざまな要因に対する軟骨の変化

（1）応力の増加に対する軟骨の変化

キャストで不動化した肢の対側肢は、荷重が増加するために軟骨を約19％厚くし、グリコサミノグリカン濃度は約25～35％増加、プロテオグリカン量も増加しました[3]。一方、関節への持続的な強い圧迫、あるいは激しい衝撃荷重は、軟骨の損傷を引き起こすので注意が必要です。

（2）トレーニングの影響

軽度から中等度のトレーニングで軟骨の剛性と厚さが増し、グリコサミノグリカンの量が増加します。この変化は運動時に荷重のかかる領域で顕著にみられます。激しいトレーニングによる影響は、若齢犬よりも高齢犬により強く現れます。高齢犬に対する時速約10km、1日1時間、週6日、8カ月間のトレッドミル・ランニングによって、大腿骨頭の基質の分解を引き起こしてプロテオグリカン量は減少し、軟骨表面にはび爛がみられ、コラーゲン線維は不可逆的に崩壊しました[4]。

（3）関節の炎症時の影響

過度の運動は、関節の炎症・リウマチ性関節炎を明らかに増悪させます。

2）廃用と不動化に対する軟骨の変化

滑液は軟骨にとって血液にあたります。関節（軟骨）の不動化によって滑液産生が減少し、軟骨への栄養供給が低下します。そのため、軟骨基質成分と細胞成分が減少して軟骨は萎縮し、さらに変性を引き起こし、長期にわたると不可逆的変化を起こす可能性があります。

（1）不動化の方法と軟骨の変化

軟骨の萎縮を防止するためには、関節（軟骨）への荷重と関節を動かすことが不可欠です。不動化の方法や期間も大きな影響を与えます。

A．可逆的不動化

若齢犬の膝関節を11週間不動化すると、軟骨表面は肉眼的変化を伴わないものの、対側に比べて9％菲薄化し、30％軟化しました[5,6]。ただし、この変化は可逆的です。

また別の実験で、膝関節を8～15°の運動が可能なキャスト固定で6週間不動化した場合には、より堅固な固定をした群に比べてプロテオグリカンの量や合成の減少はわずかでした[7]。

B．不可逆的不動化

前述のような緩いキャストではなく、より強固な外固定による不動化後にみられる軟骨の萎縮性の変化は、さらに重度となります。半月板軟骨では、正常関節の不動化により半月板に荷重がかからないようにした実験では、半月板軟骨は著しく萎縮しました[8]。

3）再可動に対する軟骨の変化

再可動に対する軟骨の反応は、関節に課せられる生体力学的要求、軟骨の状態、不動化と再可動の期間の長さによって決まります。屈曲位でキャスト固定した肢に生じる軟骨の萎縮的変化（図4-1）はある程度可逆的です。

屈曲位で6週間キャスト固定した正常肢では、再可動後3週目には軟骨は正常に回復しました[9]。しかし、若齢犬では萎縮の影響は強く現れます。

4）軟骨に対する薬剤の作用

軟骨に影響を与える主な薬剤は、合成抗菌剤、副腎皮質ホルモン、NSAID、およびヒアルロン酸などが挙げられます（表4-2）。

❹ 関節包の不動化と再可動

1）廃用と不動化に対する関節包の変化

線維膜からなる関節包は、不動化により急速に萎縮してその柔軟性や弾力、張力を失い、これが亜脱臼や脱臼につながります。また、関節の強ばりや拘縮のために関節可動域（ROM）の制限が進行します。

正常な前肢手根関節と肘関節を16週間不動化した後には、すべての犬が著しい跛行を示し、約20〜30％の関節可動域の減少がみられました[1]。

2）再可動に対する関節包の変化

正常な前肢手根関節と肘関節を16週間不動化した前述の実験では、再可動後約6週間以内に可動域は正常に回復しています[1]。また別の実験では、正常な肩関節の12週間の不動化後の再可動で、機能的・構造的変化は8週間後に好転し始め、約12週間の再可動によってほぼ正常に回復しています[10]。

再可動のためのリハビリテーションでは、温熱療法、マッサージ、関節可動域運動やストレッチが非常に効果的です。運動では、関節の可動域を広げる効果が最も高いのは水泳です。

❺ 筋肉の不動化と再可動

筋肉の維持や再生には、骨格筋血流が重要な役割を担っています。

1）骨格筋血流

（1）血管の分布と血流量

犬の骨格筋線維には毛細血管が豊富に分布し、中等度〜高度の酸化容量があります。このことは犬の並外れた運動能力に関連していると思われます。骨格筋の血流量は、犬種および筋肉の種類により異なります。犬は高齢になると筋肉の毛細血管が減少しますが、持久力トレーニングは毛細血管を増加させ、かなり少ない運動量でも活動的なレベルの毛細血管数を回復することができます。

（2）筋肉の収縮

筋肉の収縮力は筋血流に左右され、血流のわずかな減少が収縮力の低下につながります。筋肉への血液供給の増加すなわち酸素供給の増加は、代謝率を向上させて疲労を軽減します。

2）筋に影響を与える要因

持久力運動後の低酸素状態は犬の骨格筋の血管新生を促進しますが、一方で乳酸が血管内皮細胞を阻害すると考えられます。これを防ぐためには運動後のマッサージによる循環改善が有効です。筋肉疲労は乳酸の蓄積がその背景にありますが、運動の強度、継続時間、筋肉量、エネルギー基質などの要因の相対的結果として起こります。

老齢では、筋線維の減少や萎縮のため、一般に筋肉量が減少します。

3）廃用と不動化に対する筋肉の変化

（1）筋萎縮の進行（図3-10参照）

A．筋肉の種類によるちがい

筋萎縮を最も起こしやすい筋肉は、Ⅰ型筋線維の割合が高く、一つの関節を横切る内側広筋や中間広筋などの姿勢筋（拮抗筋）です。次いで、複数の関節を横切る腓腹筋や大腿直筋などの萎縮が進みます。

これに対して最も萎縮を起こしにくいのは、姿勢筋として使用されず、複数の関節を横切り、主にⅡ型筋線維（速筋線維）で構成されている前脛骨筋、長指伸筋、大腿二頭筋などの筋肉です。

B．萎縮の進行

不動化により、これらの筋肉への荷重が長期間にわたり減少し、筋肉と筋線維の断面の直径が減少します。筋力ははじめの1週間で急速に減少し、その後漸減します。筋力の回復は筋肉量の回復に比べて約2倍の時間がかかります。

C．予防と回復

筋萎縮の予防や回復には、運動トレーニング、関節可動域運動、低周波電気療法、運動時の適正な肢勢などがとくに有効です。

（2）神経性筋萎縮

脊髄運動ニューロンや腹側根の運動神経の損傷により、筋肉は脱神経性の廃用（不働）性萎縮を起こします。これを神経性筋萎縮といいます。

A．萎縮の進行

神経性筋萎縮によって、解糖代謝や酸化的代謝における酵素の変化などの構造的・生化学的変化が起こり、早期に筋量の急激な減少がみられますが、その後安定します。

B．注意

対麻痺や四肢麻痺の動物に対しては、廃用性筋萎縮を防止するために適切な施療や看護が必要です。また、神経性筋萎縮の症例においては、骨の不動性骨粗鬆症や関節拘縮などの二次的障害も考慮する必要があります。

C．治療：低周波電気療法

神経再生期間の脱神経筋への継続的な電気刺激は、筋線維の保全と潜在能力を維持するために有益と考えられています。低周波電気療法は、損傷神経が部分的または完全に回復する可能性のある症例においては効果的と思われます。

表4-3 筋肉に影響を及ぼす薬剤とその作用

薬物名	作　用
副腎皮質ホルモン	自然発生的あるいは医原性の副腎皮質機能亢進症は、犬においては非炎症性変性性ミオパシーを発現する（筋の強ばり・衰弱・萎縮など）。
グルココルチコイド	筋肉タンパクの異化作用があり、タンパク質合成を減少させ、不動化した筋肉のインスリン応答性を変える。しかし、これによる筋肉量の減少などは、筋力トレーニングや持久力トレーニングによって進行をある程度抑制できる。
アンドロゲンと合成アナボリックステロイド	タンパク質合成を増加させて筋肉量を増加させる。筋肉量減少・栄養不良に対する治療薬として適用されている。
成長ホルモン	不動化や脱神経の結果として生じる筋萎縮を緩和する。不動化時に成長ホルモンを投与しても筋肉量の維持には無効であるが、再可動時の適用は筋肉量の回復に効果的である。また、グルココルチコイド治療が筋肉に及ぼす異化作用を緩和する。
NSAID	基本的には損傷後の筋肉の再生を抑制する。臨床の現場では、術後や受傷後の疼痛管理下におけるストレス緩和によって多くのメリットが得られるため、高頻度で使用されている。

（3）整形外科的疾患に伴う筋肉の変化

たとえば股関節の障害によって後肢に筋萎縮が生じると、代償として肩の筋肉が肥大します。大腿骨頭頚を切除した犬では、大型か小型かにかかわらず患肢の筋萎縮がみられ、特に大型犬では跳躍や股関節の伸展に必要な力が減少します。骨折では固定によって、関節疾患では疼痛や関節可動域制限に応じて、不動性の筋萎縮がみられます。

予防法

前十字靱帯損傷では、傷害直後に安定化手術をした症例においても筋萎縮が生じるため、その改善に大腿四頭筋および大腿二頭筋を対象にしたリハビリテーションが有効です。

4）再可動に対する筋肉の変化

不動化期間中に骨格筋に生じる変化の大半は可逆的ですが、その回復には通常不動化期間の約2倍の再可動期間を要すると考えておくとよいでしょう。

5）筋肉に対する薬剤の作用

さまざまなホルモンを含む薬剤が筋肉に多様な影響を及ぼします（表4-3）。リハビリテーション中にそれらの薬剤を投与する際には、注意深く観察する必要があります。

6）リハビリテーションに対する筋肉の変化

リハビリテーションを行うことによって骨格筋に生じる末梢的変化は、毛細血管密度の増加、解糖酵素と酸化酵素の活性化、乳酸塩の運搬処理の改善などが期待されます。

筋力強化には、短時間（2分間未満）での最大強度の運動を繰り返し行うと効果的です。持久力トレーニングは、長距離ランニングや水泳などの強度の小さい長時間トレーニングが適しています。

6 靱帯および腱の不動化と再可動

1）廃用と不動化に対する靱帯と腱の変化

靱帯および腱の損傷による不動化の影響は、内固定、外固定、キャストとスリング、脱神経、横臥安静などのさまざまな治療モデルで研究されています。

靱帯や腱が横切る関節の不動化によって、靱帯と腱の構造的・物質的特性は低下します。骨と腱および骨と靱帯の複合体は特に不動化の影響を受けやすく、また影響の受け方は部位によって異なります。ケージレストによる活動量の減少によっても靱帯と腱の特性に影響を及ぼすことは、よく知られています。

関節の不動化により、皮質骨領域に付着する靱帯接合部では骨吸収が起きやすく、剥離骨折が生じることがあります。

犬の膝関節の8週間に及ぶ実験的完全不動化では、骨、靱帯、腱、半月板のいずれも萎縮を引き起こしましたが、非負重状態で関節運動を維持した場合は、骨の萎縮はみられるものの、大腿骨－靱帯－頸骨複合体の機械的強度の維持には有効でした[11]。

2）靱帯と腱の術後治療

障害が複数の靱帯または腱に及ばない限り、損傷した靱帯または腱の外科的修復後の不動化は短期間（3カ月以内）にとどめ、できるだけ早期に可動域運動を開始します。ただし、複数の靱帯・腱が障害を受けた場合には、再可動は慎重に行う必要があります。

（1）治療に対する基本的考え方

A. 不動化法

不動化のためのスプリントは、関節にいくらかの自由運動を許容するように適用します。負重の大きさは、症例の重症度と経過に応じて段階的に制限を解除してゆくべきで

表4-4　腱と靱帯に影響を及ぼす薬剤とその作用

薬物名	作　用
副腎皮質ホルモン	早い段階で線維芽細胞の増殖とコラーゲン合成を抑制するため、腱や靱帯を硬化させる。したがって長期間使用すると、コラーゲン合成の持続的阻害によって最終的に靱帯・腱を脆弱化させる。リウマチやアジソン病に対する長期間の投与によって、前十字靱帯の断裂、関節の亜脱臼や脱臼を引き起こすことがあるので、注意が必要である。また、靱帯および腱内への直接投与は、コラーゲンの壊死発現や合成抑制を引き起こし、靱帯や腱の強度、抗張力、剛性などを低下させ、1年間の長期にわたって影響を示すことがあるため、避けるべきである。

しょう。不動化の持続は損傷組織付近の癒着形成を引き起こし、治癒経過中の偏倚（どちらかに偏った）運動と可動域を減少させることになるからです。

B．再可動

早期に再可動を行う必要性はありますが、損傷部の再破断につながるような自由運動はとくに禁忌です。不動化装具を除去した後は、許可する運動の量とタイプを厳しく制限し、経過に応じて時間をかけて徐々に量を増やし、制限を緩めていきます。

C．治癒経過

断裂腱は、修復後6週間までに正常な腱の約50％の抗張力を回復するといわれています。一方、正常な生理学的筋肉の収縮力維持に要求される（跳んだりはねたりは除く）のは、腱の抗張力の25〜33％程度であると考えられています。したがって、常歩程度の軽度のごく低衝撃性運動は、治癒に悪影響を及ぼさないと考えられます。

（2）癒着防止のためのリハビリテーション

A．疼痛管理の重要性

癒着防止のために、できるだけ早期に他動運動を開始します。ただし、冷却療法とNSAIDによって患部の疼痛と炎症をコントロールしながら、軽い屈伸運動による損傷軟部組織のスライディングから始めます。

B．方　法

癒着防止のための屈伸運動は、例えば実験的屈筋腱の修復後、1分間に1回の運動を60分間行うよりは、1分間に12回の運動を5分間行う頻回の他動運動が、腱の滑走機能と引張特性を著しく向上させます[12]。

C．注　意

過度で激しい運動は、損傷組織間の間隙を広げて治癒過程中に再断裂を来すことがあるので、注意が必要です。また、トレーニングあるいはリハビリテーション期間中の犬には、関節可動域の改善を促すための強いストレッチ運動は勧められません。

3）再可動に対する靱帯と腱の変化

不動化した靱帯または腱は、再可動後には時間とともにその機械的特性をほぼ回復しますが、骨への終止部の回復は靱帯や腱の中央部に比べて時間を要します。また不動化した靱帯の機械的特性は、新たに合成されたコラーゲン線維が徐々に成熟して、その応力の回復によって比較的早期に正常に回復しますが、骨－靱帯複合体の強度と剛性の回復は遅れます。

犬の後肢の6週間の不動化後、大腿骨－内側側副靱帯－頸骨複合体の構造的特性が正常に回復するには、再可動後18週間を要しました[13]。

4）応力の増加に対する靱帯と腱の適応

靱帯は、最小限の刺激によって基本的な機械的特性を80〜90％維持します。通常の機械的荷重による持久力トレーニングは、靱帯－骨接合部の強度と剛性を増加させます。短時間（30分程度）で週6回程度の頻回の持久力トレーニングが靱帯の強度の増加に効果的と思われます。

5）副腎皮質ホルモンが靱帯と腱に及ぼす影響（表4-4）

副腎皮質ホルモンは、コラーゲンの産生を強く抑制するため、コラーゲンが重要な役割を担う組織では影響が大きいことを十分に認識しておくべきです。

7　理学リハビリテーションに関わるその他の重要事項

1）身体の恒常性

動物のコンディションは絶えず変化していますが、体は常に一定の範囲内の代謝レベルで機能しています。すなわち環境に変化があっても、身体を動かすシステムはある一定レベルで維持されるように自動的に調整されており、このシステムを恒常性ホメオスタシスといいます。身体に課せられる要求が時間とともに増加すれば、恒常性を維持するために身体はこの新しいレベルに調整され、そして適応するように変化します。

表4-5　リハビリテーションの目標と守るべき事項

目　標	内　容
組織損傷防止の厳守	最大の厳守事項でもあるが、治癒期間中に損傷部の生理的状態を維持し、さらなる損傷を引き起こさないようにすることである。
回復の程度	損傷と治療の後に患部組織の正常な特性と強度を回復することである。
再調整	身体全体を再調整して強度、強調、持久力を増加させ、損傷と回復の間に生じたあらゆる二次的な生体力学的障害を調整することである。

表4-6　筋力強化運動における適用の違い

運動のタイプ	内　容	ヒト	犬
等尺性運動	運動を行わずに、自覚的に力を入れて筋肉を収縮させる。	○	×
等速性運動	機器を用いて、関節可動域全体にわたって一定の速度で運動させる。	○	×
等張性運動	関節可動域全体にわたってさまざまな強さの力を加え、求心性収縮とよばれる筋肉が短くなる収縮と、遠心性収縮とよばれる筋肉が長くなる伸長を繰り返す。犬においてもっぱら適応されている。	○	○

2）リハビリテーションの目的

リハビリテーションの基本的目的は、組織の治癒を促し、組織が必要な機能を発揮できるように再訓練し、最終的に機能不全に陥っていた身体全体を再調整（リコンディショニング）して、以前のコンディションとバランスを回復することにあります。

3）組織損傷と身体の適応

例えば、骨に急激な力が加われば骨折が生じ、慢性的な刺激は骨膜炎や疲労骨折を引き起こします。同様の損傷は、筋肉、腱、靱帯、軟骨、あるいは滑膜組織にもみられます。受傷後は身体の構造と機能に変化が生じます。時間の経過とともに起こる身体機能の変化に応じて、動物の行動や運動能力にも変化が現れます。身体機能の変化に応じた動きを続けると、身体の筋骨格系はさらにそれに適応した動きをするように変化していきます。その結果、もとの障害とは別の部位に第2、第3の障害を引き起こすことがあります。

4）リハビリテーションの早期開始の勧め

筋骨格系の損傷によって運動や力が変化した場合、さらなる障害が生じる前に対処する必要があります。理学リハビリテーションは、二次的問題を引き起こすと予想される生体力学的変化を予防するため、最初の損傷に対する治療の開始後なるべく早期に実施することが勧められます。

しかしまた、治療とリハビリテーション期間中に新たな損傷が生じることがあります。これはすなわち、治療途上の組織に許容される限界以上の負荷がリハビリテーションによって課せられたために、組織の治癒を損ない、組織が再び損傷してしまうということです。適切に管理されたリハビリテーションプログラムは、新たな損傷を発生させることなく、活動制限期間を最小限にするものでなければなりません。

5）リハビリテーションで守るべき事項と目標

リハビリテーションの目標と組織損傷防止のために守るべき事項は、**表4-5**のようにまとめられます。

靱帯、腱、軟骨のリコンディショニングは、他動的可動域運動によってある程度達成されます。これらの組織は、平常時においては機械的運動および加えられる応力によって組織の強度や機能レベルが維持されています。

リハビリテーションの期間中、最も影響を受けるのが骨と筋肉です。骨は、機械的作用や運動よりも負重によって加わる負荷によって維持されます。一方、筋肉は、組織の強度を維持するために自動的収縮を必要とし、電気的刺激が有効です。

6）筋力強化運動とその方法

ヒトでは、等尺性運動、等速性運動、等張性運動の三つのタイプの運動がリハビリテーションに応用されていますが、動物学的特性から、犬には等張性運動のみが応用可能です（**表4-6**）。等張性運動は、筋肉への荷重は筋力を強化します。治療中の組織に再損傷を生じさせないよう過荷重を避け、かつ安全な最大荷重を慎重に加えることが大切です。リハビリテーションの進行にしたがって、局所的運動と強化から身体全体の

バランス調整へと重点を移行させていきます。

7) 栄養

栄養要求量は、治療とリハビリテーションの期間を通じて絶えず変化します。リハビリテーション期間中に症例が過体重や削痩にならないよう、栄養のバランスに注意してください。トレーニング中やトレーニング終了直後のトリーツ（ご褒美）には、脂肪の割合が少なく、炭水化物、タンパク質、Ca、Pを含んでいる食物を選択します。これらはもちろん1日あたりの摂取カロリー量に含まれますので、注意して与えるようにしましょう。

参考文献

1) AJ Kaneps, SM Stover, NE Lane: Changes in canine cortical and cancellous bone echanical properties following immobilization and remobilization with exercise, Bone 21:419-423, 1997.
2) ZF Jaworski, HK Uhthoff: Reversibility of nontraumatic disuse osteoporosis during its active phase, Bone 7:431-439, 1986.
3) I Kiviranta et al: Weight bearing controls glycosaminoglycan concentration and articular cartilage thickness in the knee joints of young beagle dogs, Arthritis Rheum 30:801-809, 1987.
4) DL. Millis : Responses of Musculoskeletal Tissues to Disuse and Remobilization. in DL Millis et al.: Canine Rehabilitation & Physical Therapy, St.Louis, Saunders, p121, 2004.
5) J Jurvelin et al: Softening of canine articular cartilage after immobilization of the knee joint, Clin Orthop 207:246-252, 1986.
6) J Haapala et al: Incomplete restoration of immobilization induced softening of young beagle knee articular cartilage after 50-week remobilization. Int J Sports Med 21:76-81, 2000.
7) F Behrens, EL Kraft, J Oegema-TR: Biochemical changes in articular cartilage after joint immobilization by casting or external fixation, J Orthop Res 7:335-343, 1989.
8) L Klein et al: Isotopic evidence for resorption of soft tissues and bone in immobilized dogs, J Bone Joint Surg 64A:225-230, 1982.
9) M Palmoski, E Perricone, KD Brandt: Development and reversal of a proteoglycan aggregation defect in normal canine knee cartilage after immobilization, Arthritis Rheum 22:508-517, 1979.
10) G Schollmeier et al: Structural and functional changes in the canine shoulder after cessation of immobilization, Clin Orthop 323:310-315, 1996.
11) L Klein et al: Prevention of ligament and meniscus atrophy by active joint motion in a non-weightbearing model, J Orthop Res 7:80-85, 1989.
12) S Takai et al: The effects of frequency and duration of controlled passive mobilization on tendon healing, J Orthop Res 9:705-713, 1991.
13) GS Laros, CM Tipton, RR Cooper: Influence of physical activity on ligament insertions in the knees of dogs. J Bone Joint Surg 53A:275-286, 1971.

第2部

障害の評価

第2部では、最適なリハビリテーションプログラムの作成・実施に欠かせない情報を得るために行われる、基本的な身体機能の検査法について解説します。

理学リハビリテーション療法を必要とする症例では、既に獣医師による診断や治療などの基本的な獣医学的介入がなされているのが一般的です。リハビリテーションを指示された症例に対して、どのようにして最適なプログラムを選定するかは、リハビリテーションの結果を左右する重大な課題です。その第一歩は、まず症例の身体状態と機能を正しく評価して記録することから始まります。

◆第5章　病態の評価と身体計測
◆第6章　歩様検査
◆第7章　整形外科学的検査
◆第8章　神経学的検査

病態の評価と身体計測

1. 病態評価の概念と検査の進め方
2. 身体計測
3. 関節の評価
4. 筋肉の評価
5. 痛みの評価
6. 歩行距離や活動量による評価
7. 総合的評価

リハビリテーション開始時の症例の正確な病態の評価はきわめて大切です。これは、治療効果の推移を客観的に評価して、次に行うべきプログラムの内容を検討する上で必要不可欠で、かつまた、飼い主に対する治療効果のインフォームド・コンセントにとっても必要で貴重な情報です。

❶ 病態評価の概念と検査の進め方

1) 病態評価の概念

　動物の理学リハビリテーションにおいては、運動器の障害に対する改善が主体となるため、形態学的な評価に加えて運動器の機能的な病態を正確に把握して、その情報を飼い主と共有しておくことが前提となります。さらに運動（エクササイズ）療法では心肺機能に負荷がかかるため、事前に循環器系および呼吸器系の評価をしておく必要があります。

　開始前の症例の病態所見は、リハビリテーションの進行とともに変化する症例の病態の変化の判断基準になります。そして飼い主に治療効果を説明するために、なくてはならない情報でもあります。

2) 検査の進め方

　検査の進め方については表5-1にまとめました。理学リハビリテーション施設における症例の病態評価は、依頼獣医師の診断書・画像所見および処方箋（第4部序参照）などを参考にしながら、全体にわたって順序よく進めます。理学リハビリテーションにおいては運動負荷をかける必要があるため、心肺機能の検査を確実に行っておくことが大切です。また、治療効果を客観的に評価するため、体重をはじめとした身体の計測所見は不可欠です。

3) 稟告聴取のポイント

　リハビリテーションの開始にあたって、獣医学的な内容は当然として、症例の性格やさまざまなイベントに対する態度も大切な情報です。

他の動物に対する態度：ヒト（男・女）を含めて、他の犬や猫に対する反応など。

好き嫌い：イベントや環境に対する好き嫌い、おもちゃ・遊び・食べ物の好き嫌い、水浴の可否など。

コマンドへの対応：コマンドの内容とそれに対する理解度。

❷ 身体計測

　リハビリテーションの開始前に忘れてはならないのが、体重と体型の記録です。飼い主へのインフォームド・コンセントに際しては、肥満は関節の障害をもった動物の負重と歩行に最大の「障害」となることを十分に説明し、理解を求めなくてはなりません。

1) 体重および体脂肪率

体　重：できれば10g単位の計測が可能な体重計を使用して、

第2部 障害の評価

表5-1 病態評価のための検査の進め方

順序	検査項目		内容
1	稟告の聴取		病歴と現病歴、とくに運動機能の詳しい聴取
2	一般身体検査	形態的検査	視・触診による外形異常、外傷の有無の検査
		一般臓器の検査	とくに、心肺機能検査
3	身体計測		体重、体脂肪率、BCS、身体周囲長、四肢周囲関節可動域など
4	歩様検査		跛行の特定と重症度の評価
5	整形外科学的検査		障害部位の特定とその重症度
6	神経学的検査		障害神経部位の特定とその重症度
7	追加・特殊検査		X線・CT・MRI検査、関節鏡検査、筋電図検査など

CT：コンピュータ断層検査、MRI：磁気共鳴画像検査

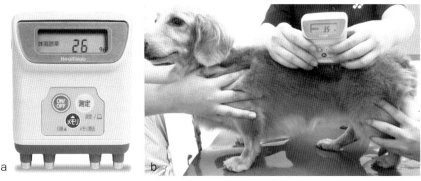

図5-1 犬用体脂肪計（a）と計測法（b）
a.写真提供：花王ペットケア
b.実際に計測するときは、計測者は数値表示と相対する位置、すなわち犬の左側（写真では犬の手前）に立ち、計測法を厳守する。

綿密な体重管理を行います。
体脂肪率：犬用体脂肪計を用いて計測します（**図5-1**）が、計測値を安定させるため、計測部位を一定にし、計測法を厳密に守りましょう。

2）体型：ボディ・コンディション・スコア（BCS）（表5-2）
（1）意　義
　体型を肥満や削痩に区分するきわめて簡便で有用な評価法であり、体格、体重および体脂肪率をトータルとして評価する方法です。慢性関節疾患や椎間板ヘルニアの症例の過肥は、一方で大腿部の筋萎縮が進行し、肢筋力が低下して起立が困難になります。したがって飼い主に対して、5段階評価でBCSは3（大きくても3前半）を維持するように食事管理を厳重に指示しなければなりません。

（2）測定方法
　脊椎棘突起、肋骨、頭背側腸骨棘および坐骨結節などの体表からの触り具合を判定します。皮下脂肪が増加して肥満してくると、それらの部位が触れられなくなります。上から見たときの腰部のくびれの程度、横から見たときの腹部の引っ込み方の

程度によって、削痩体型（BCS1）～肥満体型（BCS5）までの5段階に分けられます。BCSの10段階法ではさらに詳細な評価が可能になります。

3）身体周囲長
（1）計測部位と方法
体躯の周囲長：BCSの客観的数値として、体躯や四肢の周囲長をメジャーとバネ秤を用いて計測します。症例の起立時の、胸囲は前腕部後縁を、腹囲は臍部を、腰囲は後肢と腰角前縁部を、それぞれ垂直に計測します（**図5-2、図5-3a**参照）。
四肢の周囲長：歩様異常の犬における四肢筋肉量の推定法として、前腕部の筋肉量は脇部の周囲長を、大腿部の筋肉量は股部周囲長を、それぞれ水平に計測します（**図5-3b**参照）。

（2）ポイント
　経時的な比較ができるように、計測は常に同一部位で行います。さらにメジャーを牽引する力も同一にして計測する必要があるため、小型の張力計またはバネ秤を用いて張力を一定にします（**図5-3**）。ミリメートル単位の計測値にこだわる必要はあまりありません。

表5-2　犬と猫のボディ・コンディション・スコア（BCS）判定法（5段階法）

1．削痩体型			・肋骨、腰椎、寛骨が容易に認識できる。 ・触知できる脂肪はない。 ・腰、腹の引っ込みが極度。 ・寛骨が浮き彫りとなる。
2．体重不足			・肋骨が容易に触れる。 ・ごくわずかな脂肪。 ・上から見て腰が簡単に認識できる。 ・腹の引っ込みが明瞭。
3．理想体型			・肋骨が触れるが、視認はできない。 ・上から見ると腰が認識できる。 ・横から見ると腹が引きあがっている。
4．体重過剰			・肋骨で触知できる脂肪がやや多い。 ・上から見ると腰を見分けられるが、容易ではない。 ・腹の引っ込みを認めることはできる。
5．肥満体型			・過剰な脂肪により肋骨の触知が困難。 ・腹部の尾底部に脂肪の蓄積。 ・腰の認識が困難、もしくは不可能。 ・腹の引っ込みはない。腹部膨大を認めることもある。

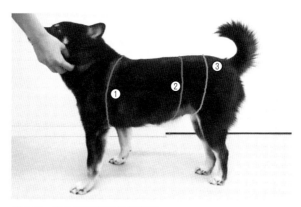

図5-2　身体周囲長の計測部位

胸囲：前腕部後縁周囲（①）、腹囲：臍部周辺（②）、腰囲：後肢腰角前縁部周囲（③）。

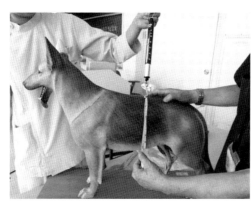 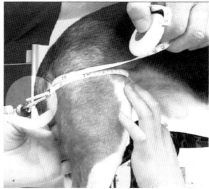

図5-3　身体周囲長計測法

メジャーとバネ秤を用い、張力を一定にして周囲長を計測する。

表5-3　関節の客観的および主観的評価法

	評価法
客観的	関節可動域（角度）
主観的	関節屈伸時の動き（捻髪音）
	関節屈伸時の痛み
	関節屈伸時の安定性

表5-4　関節可動域（屈曲角度・伸展角度、内反・外反角度）

部　位	関　節	最大屈曲角度(°)	最大伸展角度(°)
前肢	肩関節	57±2	165±2
	肘関節	36±2	166±2
	手根関節	36±2	196±2
後肢	股関節	50±2	162±2
	膝関節	42±2	162±2
	足根関節	39±2	163±2
	関　節	内反角度(°)	外反角度(°)
前肢	手根関節	7±1	12±2

正常なラブラドール・レトリバー16頭の平均（DL Millis et al.：Canine rehabilitation and physical therapy, St. Louis, Saunders, P446, 2004より引用改変）

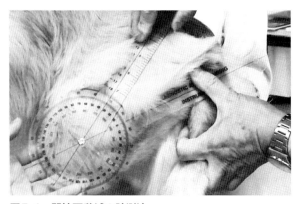

図5-4　関節可動域の計測法
ゴニオメーターによる膝関節屈曲角度の計測。

❸ 関節の評価

　関節の動きは、機能と質の両面から、それぞれに客観的評価と主観的評価の両方を行います（**表5-3**）。

1）関節機能の評価

（1）関節の可動域の評価

　関節の可動域（vange of motion：ROM）、すなわち関節の運動範囲は、関節を最大限に屈曲または伸展させたときの角度をいいます。その最大角度は、その関節における最大の運動負荷時の可動域に相当します。関節障害症例では、この関節可動域の角度の変化が理学リハビリテーションによる回復過程の効果の重要な指標になります。

　ROMの基準値として、ラブラドール・レトリバーにおける四肢関節の屈曲と伸展の最大角度が参考にされています（**表5-4**）。

A．計測法

　犬の関節の屈曲や伸展は、角度計（ゴニオメーター：**図5-4**）を用いて3回繰り返して計測し、その平均を計測値とします。なお、2～3°の差にこだわる必要はありません。また犬種や年齢によって、さらには個体によっても違いがありますから、絶対値を重視するのではなく、計測値の推移や曲がりやすさなどを評価してください。

B．計測時のポイント

　最大角度を計測しようとすると、正常の関節の場合でも多くの犬が痛みや不快感を示します。1度痛みを感じると触診を避けるようになるため、症例に苦痛を与えない範囲での可動域を計測します。

　痛みを感じさせない計測方法として、①まず関節をゆっくりと屈曲または伸展させて、痛みを示す最初で最小の徴候が示される直前の時点で屈伸をやめ、おおよその角度を計測します（仮計測値）。②次いで、ゴニオメーターをその角度に合わせて準備しておき、その後正式に3回計測します。

　痛みを示す最初の徴候とは、屈伸に対して筋肉が緊張する、肢を引く、鼻を動かす、顔を向ける、などです。

C．代替法

　角度ではなく、例えば肘関節の屈曲度の評価は、屈曲位で上腕骨大結節から腕関節までの距離を計測することで代用することができます。

（2）前肢の関節角度の評価（**図5-5、表5-4**）

　部位ごとに、次の方法で計測します。

肩関節：棘下筋の上腕骨終止部位を中心にし、肩甲棘の線および上腕骨外側上顆を結ぶ線とがなす角度（**図5-5a**参照）。

肘関節：上腕骨外側上顆を中心にし、棘下筋の上腕骨終止部位および橈尺骨遠位端中央部とを結ぶ線がなす角度（**図5-5b**）。

手根関節：手根関節中央部を中心にし、上腕骨外側上顆および第三または第四中手骨の長軸とがなす角度（**図5-5c**）。中手骨は、1指だけを屈伸するのではなく、4指まとめて保持して屈伸させます。

手根関節の内反と外反の角度：手根関節背側面中央部を中心に、橈骨長軸中央線と第三と第四の中手骨の間とがなす角度（**図5-5d、e**）。

（3）後肢の関節角度の評価（**図5-6、表5-4**）

　部位ごとに、次の方法で計測します。

股関節：大転子を中心とし、頭背側腸骨棘と坐骨結節を結ぶ線に平行な線、および大腿骨外側上顆を結ぶ線がなす角度（**図**

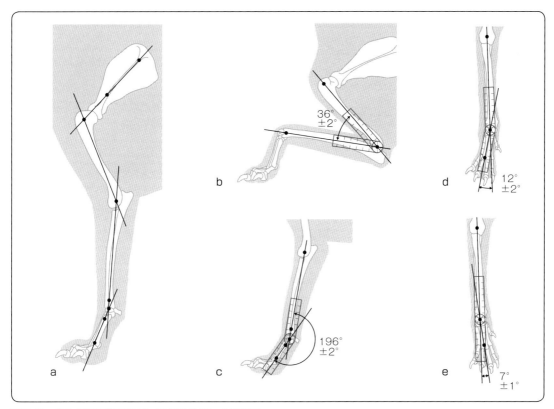

図5-5 犬の前肢関節可動域（ROM角度）の計測法
a. 駐立時の前肢関節可動域計測のためのランドマーク（黒点、本文参照）、b.肘関節屈曲角度計測法、c.手根関節伸展角度の計測法、d.手根部の外反角度の計測法、e.手根関節内反角度の計測法。

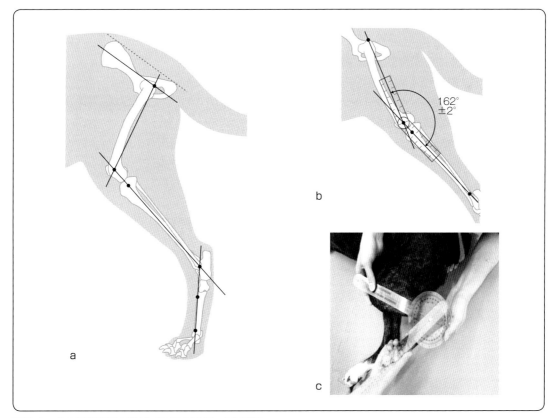

図5-6 犬の後肢関節可動域（ROM角度）の計測法
a.駐立時の後肢関節可動域計測のためのランドマーク（黒点、本文参照）、b.膝関節の伸展角度の計測法、c.足根関節の屈曲角度の計測法。

表5-5　関節の疼痛スコア

スコア	判定基準
0	患部関節の触診で痛みがない
1	関節の急速で大きな屈伸で痛みを訴える
2	関節可動域の軽い屈伸で痛みを訴える
3	関節可動域の狭い範囲の軽い屈伸で痛みを訴える
4	患部関節の触診を拒む

5-6a参照）。
膝関節：大腿骨外側上顆を中心にし、大転子を結ぶ線と脛骨骨幹の長軸とがなす角度（**図5-6b**）。
足根関節：足根関節腓骨外果を中心にし、腓骨骨幹長軸と第三または第四中足骨の長軸とがなす角度（**図5-6c**）。
足根関節の内反と外反の角度：手根関節と同じとします。

2）関節の動きの質的な評価

異常の背景には、関節軟骨面の摩耗や仮骨形成、靱帯の緩みや損傷、関節包の肥厚や緩み、関節液の変性などの存在が考えられます。

関節屈伸時に肢を保持した手に伝わってくる微妙な振動、関節面滑走（屈伸）時の引っかかりや摩擦音、回転・牽引時の違和感などについて評価します。

3）関節の緩みの評価

関節の形態、関節包の構造や性状の変化を評価します。関節の緩みは、亜脱臼、股関節形成不全症やレッグペルテス病などの発育不全、外傷、靱帯の障害などの結果として現れます。

まず完全に伸展させた状態で関節の左右・上下あるいは捻りや側屈などの動き、次いで、屈曲位での同様な動きを評価します。とくに痛みについては正確に評価し、そして経過を比較することが大切です（**表5-5**）。

以下に特異的な検査法を挙げます。
側副靱帯の損傷の評価：関節の側副を支えている靱帯の損傷では、関節に内・外のストレスを与えれば簡単に評価できます。発生しやすい関節は、踵関節、膝関節、手根関節、肘関節、肩関節および肢端部関節の側副靱帯です。
股関節の評価：股関節亜脱臼の評価法として、オルトラニーテストおよびベンヒップ法があります。
膝関節のゆるみの評価：十字靱帯損傷の検査法として、前方または後方ドローアーサインの評価が行われています。詳細は、第7章「整形外科学的検査法」を参照してください。

❹ 筋肉の評価

リハビリテーション開始後の経過における、筋肉の量、筋力、損傷に対する評価は、その効果を知るための有用な指標です。リハビリテーション開始前とその後の経過の所見を評価して記録し、比較することが大切です。

1）筋肉容量の評価

効果の経過観察および肢の使用状況の評価の指標になります。特定部位の筋肉容量は、X線画像、超音波画像、CT画像などで客観的に評価できますが、気軽にできる一般的検査ではありません。そのため、以下の簡易な方法で行うこともできます。
肢の周囲長の計測：肢の周囲長の計測法は筋肉量の変化を間接的に評価する、安価で簡便な方法でもあります（**図5-3参照**）。
ポイント：経過を評価するためには、常に計測時のポジションと計測箇所を一定にし、さらに計測するメジャーの牽引力を一定にする必要があります。牽引力の一定化のために、一方に張力バネが付いたメジャーを使用します。これを用いることで、短毛種では毛刈りの有無はそれほど影響しないといわれています。

2）筋力の評価

伸筋反射（**図5-7**）や屈筋反射（第8章参照）によって筋力の変化を主観的に推測できますが、今のところ動物で筋力を客観的に計測する方法は報告されていません。

3）筋損傷の評価

筋肉の触診上の弾力やしなやかさ、収縮力や痛みの推移などと、MRIおよびCTあるいは超音波による筋走行の画像所見の変化などを総合的に判断します。

❺ 痛みの評価

理学リハビリテーションの際には、痛みと不快感の評価を忘れてはなりません。痛みの発現は組織損傷の治癒過程で炎症が存在する証拠であり、ストレッチなどで加えられた力が組織の耐性を超えたときにみられます。動物は、1度痛みを覚えるとその行為を回避するように行動するため、その予兆を事前に見極め、痛みの発現が示唆されるような加重や加圧を行ってはなりません。痛みを示唆する最小の徴候とは、屈曲などに対して筋肉が緊張したり、肢を引いたり、鼻を動かしたり顔を向けたりする反応です。これらを決して見落としてはなりません。

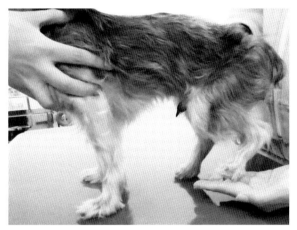

図5-7　伸筋反射を利用した筋力の評価
伸筋反射の押し返す力で筋力を推定する。

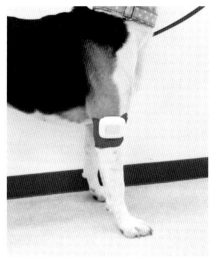

図5-8　犬用万歩計
粘着性伸縮包帯などで肢の運びに支障がないように取り付ける。

痛みを示唆する徴候

次のような徴候が現れた場合には、動物は痛みを訴えていると判断されます。動物医療に携わる専門家として、このような徴候を決して見逃してはなりません。

（1）安静時の痛みの徴候
- うなる
- 目つきが鋭くなる、いらいらする。
- じっとうずくまる、鳴く、耳を伏せる。
- 口ひげをピクピク動かす。
- 痛いところをかばう、頻繁に見る。
- 触れようとすると避ける／肢を引く。
- 痛い／疲れた筋肉がプルプル震える。

（2）動きに伴う痛みの症状
- 痛いところを動かさない。
- 痛い方向に曲げない、伸ばせない。
- 肢の受動的可動域運動で筋肉が緊張して屈伸運動に抵抗する。
- 痛いところを動かすと鳴く。
- 肢を地面に着けない（免重）。
- 起立や歩行をいやがる。
- 散歩の途中ですぐ座り込む。
- 家庭での活動性が落ちてくる。
- 遊びや階段の上り下りをしなくなった。

❻ 歩行距離や活動量による評価

歩行可能な症例であれば、散歩コースの距離と時間を記録して比較することで、体力や疼痛などの変化を評価することができます。

表5-6　リハビリテーション効果の評価につながる日常的な活動の変化

- 起立できないのに、いつもよりベッドやマットが乱れていた、向きが変わっていた。
- トイレまで自ら移動していたようだ。
- 排便時の糞の切れがよくなってきた。
- 腰を浮かして排尿ができるようになってきた。
- 補助なしで起立できるようになった。
- 歩様がしっかりしてきた。
- 遊ぶ時間が長くなった。
- 散歩時間と距離が長くなってきた。
- 走れるようになってきた。
- 激しい運動をいやがらなくなった。

犬の1日の活動量を知るための客観的な方法として、犬用の万歩計を1肢に取り付けて1日の歩数から運動量を数値化することがあります（図5-8）。万歩計の取り付けには、肢の動きに支障がなく、かつ外れないような工夫が必要です。

❼ 総合的評価

リハビリテーションの結果として、家庭での活動に現れてくるさまざまな変化を飼い主に詳細に観察・記録するように指導してください。活動性の変化は、日常的で経時的・段階的であるために、飼い主が気づかないこともあります。

たとえば表5-6のような小さな変化がリハビリテーションの評価につながることを飼い主に説明し、注意深く観察して記録することの重要性を伝えましょう。

このような家庭での日常生活のさまざまな動きの変化は、リハビリテーションの効果の重要な評価対象となります。

第6章 歩様検査

1. 犬の歩行に関わる身体機能の仕組み
2. 歩様の異常：跛行
3. 歩様検査

動物の姿勢や肢勢、さまざまな行動から動物全体としての健康状態が推測できますが、さらに歩様を詳しくみることによって、運動器の障害の部位と程度を推測することができます。すなわち、動物で最も要求される運動障害の改善を目指す理学リハビリテーションにおいて、経過中の歩様の変化は病態の変化同様、リハビリテーションプログラムの有効性を評価する材料であるとともに、飼い主に対するインフォームド・コンセントの有力で不可欠な情報となります。

本章では、犬を例に解説します。

❶ 犬の歩行に関わる身体機能の仕組み

1）犬の体の立体的な構成

犬の体を立体的にみるうえで必要な用語、およびその表す意味を理解しましょう。

姿　勢：動物全体の姿・形を「姿勢」といいます。検査に先立って動物全体がみられる位置で、筋の緊張や震え、被毛の毛並みや毛づやなど全体像を観察します（図6-1）。

肢　勢：四肢歩行動物では、起立状態を「肢勢」といい、各々の肢への体重の負荷状態、後述する肢軸の異常や肢端の位置から肢の状態がある程度推測できます（図6-2、3）。

肢　軸：前望による前肢は肩関節から、後望による後肢は坐骨結節から、それぞれ下ろした垂線がいずれも肢端のメインパッドの位置に至ります（図6-2、4）。また側望では標準的に、肩甲骨中央部から下ろした垂線が肢端中央部に、後望では坐骨結節から下ろした垂線が後肢端前縁に降ります。これらの垂線をそれぞれの「肢軸」といいます。ただし、肢端の位置は犬種によって違いがあります。

関節のアライメント：関節の骨と骨が向き合う角度を関節のアライメントといいます。骨、関節、靱帯などの障害により1関節の角度が変わると他の関節にも影響を与えます（図6-4）。他肢の影響により他肢の関節が異常を来すこともあります。

2）重心とバランス

重　心：犬の直立時には、体重の約60％が前肢、残りが後肢によって支えられています。身体の重心は肩関節の後脇部（ほぼ心臓の位置）にあり、主に後肢は推進力を、前肢は制動機能を有しています（図6-5）。

バランス：全身の筋骨格系と脳神経系が協調することにより、初めて正常な歩行が可能になります。重心は、上り坂では体の後方へ、下り坂では体の前方へ、凹凸のある地面では不規則な体の動きに応じて前後左右へも移動します（図6-6）。この重心の移動によって動物は体のバランスをとっています。

リハビリテーションにおける応用：上り坂は後肢の、下り坂は前肢および協調性歩行の改善に、凸凹の地面での歩行は固有位

図6-1　姿勢
変形性股関節症では犬座姿勢ができずに右後肢を投げ出す。

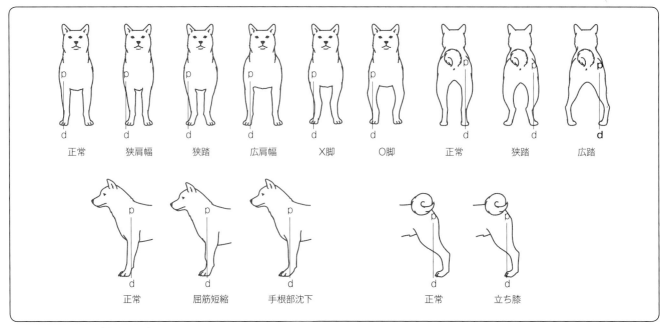

図6-2　前肢および後肢の肢勢

犬種ごとに特徴がある。(RA Kainer 他 著、日本獣医解剖学会監修、犬の解剖カラーリングアトラス、東京、学窓社、図版37・38、2007を引用改変)

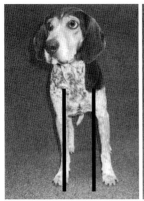

図6-3　犬の肢勢の異常

図の肢勢では、前望では右に傾き、後望では右後肢を後方に引いた肢勢をとっている。これは左後肢に体重がかけられないため、右前肢に体重を移動してバランスをとっているが、左後肢の外側に負重できないか、または左後肢股間などに肢を正常位に引きつけられない、何らかの原因がありそうである。(DL Millis, et al.: Canine rehabilitation and physical therapy, St. Louis, Saunders, Figure10-1を許可を得て転載、改変)

図6-4　犬の肢軸の異常

浅胸筋の拘縮のために肩関節が狭まり、肘関節が外弯し、肢端が外転している。

置感覚の刺激や協調性歩行、関節の強化などのエクササイズに利用できます。空気マット上などの不安定な床上での起立訓練は筋力の改善にも有効です。

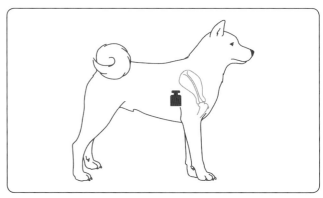

図6-5　犬の直立時の重心の位置

肩関節の後脇部、ほぼ心臓の位置にある。

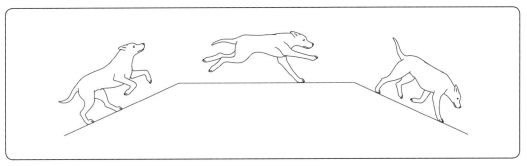

図6-6　重心の位置
路面の状況によって重心が移動する。重心は、上り坂では後方に、下り坂では前方に移動する。

図6-7　速歩時の歩様
淡色肢がスタンス期で、濃色肢がスイング期。

3）犬の歩様

　歩様とは歩き方のことで、具体的には肢の運び方や歩幅、速度などが含まれます。

（1）肢の運び方（図6-7）

運　歩（ストライド）：同一肢の負重・挙地から次の着地までの肢の運びを運歩またはストライドといい、この1サイクルを支持期と懸垂期の二つに区分します。

A．支持期（負重期、スタンス期）

　肢端が着地・負重している間をいい、その肢を支持肢といいます。常歩では肢端後方で、速歩では爪先で着地した後、足底のメインパッドで負重し、次に爪先で挙地して懸垂期（スイング期）に移行します。この支持期に異常歩様（跛行）を示す場合を支持跛行（支持跛、支柱跛、支跛）といいます。痛みなどにより体重を肢に十分にかけられないため、荷重がかかる支持期に顕著になる跛行です。

B．懸垂期（スイング期）

　肢端の挙地から同肢を前進させて肢端が着地するまでの、肢が宙に浮いた（スイング）時期をいい、その肢を挙揚肢といいます。この期に跛行を示す場合を懸垂跛行（懸垂跛、懸跛）といい、軽度の場合には肢の前への運びが遅れて早く着地し、重度の場合には肢端を引きずります。

（2）歩幅と肢の振り子運動（図6-8）

歩　幅：歩行時の1運歩の距離を1歩幅といい、正常であれば前・後肢および左・右の歩幅は以下の理由から等しくなります。跛行では跛肢の歩幅が短くなるため、歩様のリズムが乱れます。

振り子運動：スイング期の健常な挙揚肢の動きは、支柱肢を挟んだ振り子運動であり、挙地点（肢端が地面を離れる地点）から支柱肢までの距離（歩幅）、および支柱肢から着地点（肢端が地面に着く地点）までの距離（歩幅）は同じです。

歩幅の後方と前方：挙揚肢ストライドの前半は、支柱肢より後ろにあることから歩幅の「後方」、また後半は支柱肢より前にあることから歩幅の「前方」といいます。

（3）歩行速度と肢の運び方

　犬の歩行は、速度と肢の運び方によって次のように分類されます。

A．常歩（なみあし／ウォーク）

　ゆっくりとした4拍子のいわゆる歩き歩様で、右利きの犬の歩みの第1歩は左後肢に始まり、左前肢、右後肢、左前肢の順で連続します。

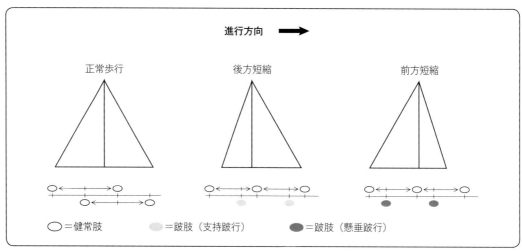

図6-8 正常の歩幅と歩幅の短縮
挙揚肢は健常肢を支柱肢とした振り子運動であり、支柱肢の前後の歩幅は等しい。支持跛行では、跛肢に十分に負重できないために健常肢を早く着地する。これにより健常な支柱肢からみて後方が短縮する（後方短縮）。一方、懸垂跛行では跛肢を十分に挙揚することができないため肢を遠く（前方）に運べず、早く着地する（前方短縮）。跛肢の歩幅は正常肢に比べて短いため、後肢であれば跛肢側に腰を振って歩幅を回復しようとする。

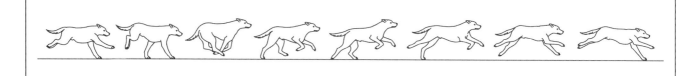

図6-9 右誘導の襲歩（ギャロップ）

B．速歩（はやあし／トロッロ）
　2拍子の対角の歩様です。ストライドの動きの中で、対角にある前肢と後肢が体重を支えるスタンス期では、その反対の対角にある前肢と後肢はスイング期となります。

C．駆足（かけあし／キャンター）
　一方の前肢が先となった（誘導肢）、3拍子の歩様で、まず対角する前肢と後肢が別々に動き、次いで他方の対角肢の前・後肢が同時に動きます。いわゆる、緩駆けで通常みられる走りで、犬ぞりなどの持久走でみられる。右前肢が誘導肢の犬が多いようです。

D．襲歩（しゅうほ／ギャロップ）
　高速走行の犬で一般にみられる歩様で、後肢による力強い推力と4拍子のリズムが特徴です。すべての肢に負重しているスタンス期とすべての肢が浮いたスイング期が、1ストライド期にそれぞれ2回ずつ存在しています（図6-9）。

E．対側速歩
　同一側の前肢と後肢がスイング期とスタンス期を同じくした2拍子の片側歩様になります。この歩様を示す犬の割合は高くありません。

❷ 歩様の異常：跛行

1）跛行の定義とその原因

（1）定　義
　病的状態や疼痛による四肢の機能障害に起因する四肢の異常歩様を跛行といいます。誤誘導、装具の誤装着、疲労、老齢などに起因する異常運動とは区別します。

（2）原　因
　運動・支持器官の帯痛性炎症を主因とし、四肢の機械的障害や神経・筋肉の麻痺などが原因となります（表6-1）。

表6-1　跛行の主な原因と跛行の特徴、および疾患名

跛行の原因となる異常（組織）		跛行の種類	疾患名
支持器官の帯痛性炎症	関節	支持跛行	骨関節症、関節炎、捻挫、脱臼、挫傷、腫瘍
	筋肉	混合跛行	癒着、筋炎、挫傷、筋断裂、腫瘍
	腱・靱帯・滑液包	混合跛行	癒着、腱炎、腱鞘炎、滑液包炎
	骨	支持跛行	骨折、骨挫傷、骨炎、骨膜炎、腫瘍
	神経	混合跛行	神経炎、神経腫
	皮膚・皮下織	混合跛行	皮膚炎、リンパ管炎、フレグモーネ、癒着、腫瘍
四肢の機械的障害	関節	支持跛行	変形性関節症、関節の拘縮
	筋・腱・靱帯	懸垂跛行	短縮、断裂、癒着、不動性萎縮
神経・筋肉の麻痺		懸垂跛行	椎間板ヘルニア、肩甲上神経・橈骨神経麻痺、坐骨神経・大腿神経・脛骨神経麻痺

※疾患が重度になると混合跛行を示しやすい。混合跛行では一般に支持跛行が優勢にみられる。

表6-2　常歩時における跛行の重症度の評価法

重症度	跛行の種類と評価基準	
	支持跛行	懸垂跛行
0	正常歩行	正常歩行
1	かすかに負重を忌避（速足で確認）	肢の運びがかすかに遅い（速足で確認）
2	わずかに負重を忌避	肢の運びがわずかに遅い
3	軽く負重	肢端の運びが遅く、まれに地に着く
4	間欠的な免重	肢端を時々引きずる
5	持続的な免重	肢端下垂のまま引きずる

※免重：肢を挙上したまま負重できない状態。

2）跛行の種類と重症度

（1）跛行の種類（表6-1、図6-8）

A．支持跛行（支持跛／支柱跛／支跛）

患肢の着地・負重時の関節の不安定や疼痛から負重時間が短くなり、そのため対側肢を早く着地する跛行をいいます。歩幅の「後方短縮」がみられます。

主な原因：神経麻痺、動脈塞栓、筋肉・靱帯・腱障害による関節固定障害、そして関節、腱、靱帯、腱鞘、骨などの障害による疼痛です。

B．懸垂跛行（懸垂跛／懸跛）

麻痺や痛みのために患肢が挙揚に支障をきたして、早く着地する跛行をいいます。歩幅の「前方短縮」がみられます。

主な原因：四肢上部の障害（後述する肩跛行・骨盤肢跛行など）、末梢神経麻痺、筋炎などが原因でみられます。

C．混合跛行（混合跛／混跛）

前述の疾患の重度な場合にみられやすく、支持跛行か懸垂跛行か判別がつかない跛行をいいます。当初は懸垂跛行の症状が現れることが多いですが、その後、支持跛行が優勢にみられるようになります。

主な原因：四肢上部の骨折、関節の炎症、脱臼、筋炎、神経の麻痺、動脈塞栓などが原因の場合があります。

（2）跛行の重症度

跛行の重症度は、支持跛行と懸垂跛行に分けてレベル0～5で評価します（表6-2）。

3）跛行の発症状況などによる分類

発生の状況に特色が認められる跛行があります。その分類や特徴と原因について表6-3にまとめました。診療受付時の電話の内容や稟告聴取によって跛行の原因を絞りこむことができる場合があります。

4）跛行の特徴

（1）前肢の跛行にみられる特徴

跛肢の短い歩幅に他の3肢の歩幅を合わせざるをえず、とぼとぼとした歩様になります。頭部の点頭運動がみられます。

点頭運動：前望で、健常では鼻端以外はほとんどぶれませんが、跛肢の着地時に重力による加重を逃そうとして頭部を上げる上下運動がみられるようになります。これを点頭運動といいます。

表6-3　跛行の発生状況などによる分類およびその特徴と原因

分　類	跛行の特徴と主な原因
突発性跛行	・運動中に突然発現する。 ・骨折、脱臼、捻挫、腱断裂、靱帯断裂、筋断裂などでみられる。
徐発性跛行	・慢性に徐々に発現。 ・変形性関節症などにみられる。
遊走性跛行	・1肢から他肢へ跛肢が移り変わる跛行。 ・リウマチなどでみられる。
間欠性跛行	・突然発現するが休養すると改善し、再び運動するとまた発現する。 ・大腿動脈塞栓などでみられる。
弛張性跛行	・増悪、軽快を繰り返す。 ・リウマチなどでみられる。
強拘歩様、粘着歩様	・動作がぎこちなく、緩慢で歩幅が短縮した跛行。木馬様歩行ともよばれる。 ・破傷風、筋肉リウマチなどでみられる。
朝方の強ばり	・朝方に関節や肢の強ばりがみられ、活動とともに軽減する。 ・関節リウマチや変形性関節症でみられる。

表6-4　稟告聴取の内容と順序

- 跛行発現後の経過日数と跛行状態の経過。
- 思い当たる原因の有無。
- 跛行初発現時の状況：家の中か散歩中か、常歩時か速歩時か、どんな動きをした時か、外傷や交通事故か、突発か徐発か、など。
- 跛行の程度、患肢の腫脹や熱感の状態とその経過。
- 跛行と関連があると思われる病歴：転倒・落下・外傷などの有無。
- 治療の有無とその内容、および効果の確認。

（2）後肢の跛行にみられる特徴

　懸垂跛行および支持跛行のいずれの場合も跛肢の歩幅が短縮するため、他の3肢に合わせて跛肢の歩幅を回復しようとします。このため背望または後望で跛肢側に腰と尾を振る腰尾運動がみられます。

腰尾運動：後肢に跛行があると、その歩幅を回復しようとして腰（尻・臀）や尾を患肢側に振って歩きます。歩行時に背方や後方から観察すると一目瞭然です。両側性の変形性股関節症などでは、前肢の歩幅に合わせようとして左右両側に大きく揺れます。

（3）複数肢の跛行にみられる特徴

両前肢の跛行の場合：長く負重できず、迅速に前進させると歩幅は短縮してぎこちない歩き方の緊張歩様を示します。

両後肢の跛行の場合－歩様の動揺：歩幅は短縮し、腰尾運動では左右両側に大きく揺れ、歩様が動揺したり、後退がスムースにできません。

対角肢の跛行の場合：1前肢／後肢が跛行すると対角後肢／前肢の歩様も乱れやすくなります。跛行が1肢のみか、対角の2肢に及ぶかを、点頭運動や腰尾運動がみられるか、後退歩行ができるか、などにより精査する必要があります。

同側肢の跛行：1前肢／後肢が跛行すると同側後肢／前肢の歩様も乱れやすくなります。精査については対角肢の場合と同じです。

❸ 歩様検査

　歩様検査までの流れとしては、①稟告聴取、②視診、③触診、そして④歩様検査となります。そして再度⑤触診して、跛肢と原因部位を決定します。その後、必要ならば精密検査である⑥X線検査、整形外科学的検査あるいは神経外科学的検査を経て、疾患の部位と病態の詳細を確定します。ただし、骨や関節に重大な障害（骨折や脱臼）が疑われる場合には、③の触診の後にX線検査が行われます。

1）稟告の聴取

　稟告は、**表6-4**の内容をこの順序で、わかりやすく質問して飼い主から聴取し、そして正確に記録してください。

表6-5　歩様検査における触診の要点

- 体表の熱感・冷感。
- 触診に対する忌避（部位）の有無。
- 腫脹、肢の震え。
- 筋萎縮による左右非対称性。
- 骨格構造の異常。
- 関節の軽い屈伸に伴う異常音の有無、動きの滑らかさ、他動運動に対する反応。

2）視　診

　駐立時の体型の虚弱、姿勢、肢勢、肢軸、四肢の位置、肢端の負重状態、肢の震え等の有無などについての視診を、次のことにとくに注目して進めてください。

外　貌（形態異常）：外傷、腫脹、筋の萎縮、関節の形状の変化などを見逃してはいけません。

肢　勢（負重状態）：跛肢は免重する傾向があります。不明瞭な場合には、肢端に掌を当てて上方へ押し上げて、反射による反発力の強さで症例の体重負荷の程度を推測することもできます（**図5-7**参照）。

3）触　診

　この段階で行う触診は、一般身体検査で行う簡単な触診であって、第7章に述べる整形外科的検査に従う必要はありません。健常肢と跛肢を対比しながら行い、また疼痛部と思われる部位は最後に行います。ここでの触診の要点は**表6-5**のとおりです。

　禀告や視診で骨折や脱臼が疑われる場合には簡単な触診にとどめ、仮固定してX線検査を行います。

4）歩様検査－跛肢の特定と重症度の判定

　駐立検査で跛肢が特定できない場合、歩様検査を次の順序で行います。
①速歩で跛肢と跛行の種類を特定します。
②常歩で運動障害の原因を探ります。
③常歩で跛行の重症度を評価します（**表6-2**参照）。

（1）跛肢の特定

　軽度の跛行では速歩で、中等度の跛行では常歩で歩様を観察します。これは、軽度の跛行は速歩で、中等度の跛行は常歩で現れやすいためです。

　まず歩様全体のリズムを確認します。左・右の側望では歩幅（前方・後方短縮）、支持跛行・懸垂跛行の有無、そして前望では点頭運動を、背望では同じく腰尾の振り方、後望では腰尾運動を確認します（**図6-10**）。

A．軽度跛行時の歩様検査

特徴の観察：常歩／速歩運動、坂道歩行、円運動の観察を1肢ずつ行い、前述の跛行の特徴をふまえて、次の順に評価します。

- 支持跛行、懸垂跛行の有無。
- 歩行時の点頭運動／腰尾運動の有無。
- 円運動／坂道歩行、後退歩行時の歩様。
- 後方短縮か、前方短縮か。

B．歩様検査の方法

速　歩

　常歩より速歩の方が着地時に体重が過剰にかかり、かつより速く肢を前方へ運ぶ必要があるため、支持跛行、懸垂跛行のいずれの跛行も目立ちます。

円運動

　犬の大きさによって異なりますが、中型犬で速歩による半径2～3mの円運動をさせると、内側肢により体重がかかるため、跛肢が内側になった場合に支持跛行が著明となります。また、外側肢はより遠くへ運ぶが必要があるため、跛肢が外側になった場合に懸垂跛行が著明となります。

坂道歩行

　重心の位置は、上り坂では後肢側へ、下り坂では前肢側へ移動します。この重心の移動が診断やリハビリテーションに利用されています。

下り坂：前肢に荷重するため、前肢の異常がわかりやすくなります。さらに、非協調性歩様がより明瞭になります。

上り坂：後肢に荷重するため、後肢の跛行が目立ちます。

（2）跛行の種類と重症度の確定（表6-1、2）

支柱跛行：負重時に疼痛を示します。後方短縮。
懸垂跛行：跛肢の挙揚、前進障害のほか、重度の場合は肢を引きずります。前方短縮。
混合跛行：重度障害、帯痛性障害によってよくみられます。

（3）跛肢患部の確定

　触診により患部を確定します。ここで行う触診は、第7章で解説する整形外科的検査を参考にしてください。

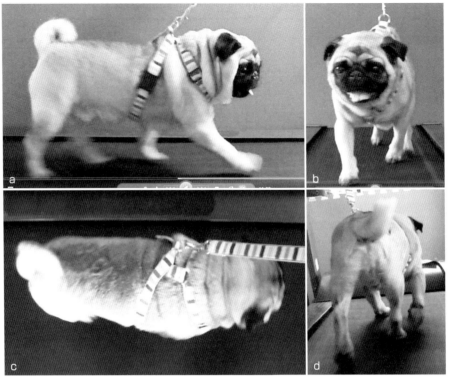

図6-10 歩様観察の要点
側望では歩幅(前方・後方短縮)、支持跛行・懸垂跛行の有無(a)、前望では頭の振り方(b)、背望では尻と尾の振り方(c)、後望で腰・臀・尾の動き(d)をみる。

跛肢が特定できたら、健常肢を対照にして再度跛肢の触診検査を行います。必要があれば確認のためにX線検査を行い、患部と病変を確認します。1度の検査で確認できない場合、または原因部位が判別可能であっても形態上構造が複雑で障害組織が特定できない場合には、原因部位名を用いた呼称／症候名を仮に用います。のちの精密検査で原因組織が判明すれば、固有病名に変更します。

跛行の原因部位による特殊な呼称
肩跛行：肩、上腕部領域の障害に起因する跛行の症候名。
骨盤肢跛行：小動物にみられる骨盤・股関節の障害に起因する跛行の症候名（腰痿）。

（4）繰り返し検査

前述の所見と跛行の程度の整合性に疑問があれば、再度、2）視診、3）触診、4）歩様検査を繰り返して精査します。その際は、稟告の内容、触診の所見、X線検査所見、および歩様検査所見に整合性があるか、という観点から最初の検査結果と比較します。

5）跛行部位および疾患の詳細を確定するためのさらなる検査

跛肢と患部および重症度を特定した後は、確定診断のために次のステップとしてさらに次の検査を続けます。

（1）X線検査

はじめから骨折や脱臼が疑われる場合には、稟告聴取および視診と簡単な触診の後、直ちにX線検査が行われるのが一般的です。そうでない場合は、歩様検査、整形外科的検査あるいは神経学的検査が終了した後、それらの所見との整合性を確認するためにX線検査が行われます。骨棘や関節内遊離骨片の診断には重要です。

（2）整形外科的検査（第7章参照）

（3）神経学的検査（第8章参照）

（4）超音波検査

筋、腱、靱帯の腫脹、出血、断裂などの軟部組織の形態的な異常、関節内遊離骨片など関節腔内小骨片の位置確認などには有効です。また、大型犬の椎間板ヘルニアの確認も可能な場合があります。

（5）その他の精密検査

関節液検査、関節内視鏡検査、CT検査、MRI検査、あるいは筋電図検査などが行われています。

第7章 整形外科学的検査

1. 全身的な評価
2. 前肢の検査要領と注目点
3. 後肢の検査要領と注目点
4. 頸背部の検査要領と注目点
5. 追加的検査

理学リハビリテーションの中で基本的で最も重要なテクニックである徒手療法を行うには、身体の解剖学的構造と生理学的な機能についての理解が不可欠です。触診を中心とする整形外科学的検査法をマスターすることにより、徒手療法の基礎である動物の身体構造の把握ができるようになり、生理学的機能への理解が深まります。さらに、徒手療法による「触診」の結果から身体の機能性を評価することができ、当日の施療プログラムにリアルタイムで反映させることができます。リハビリテーションの実践に直結する理論とテクニックを、検査法とともに身につけましょう。

❶ 全身的な評価

歩様検査の後、症例を診察台に駐立させて全身の視診・触診を次の要領で行います。

1）開始時の注意

検査開始に際して、全身にわたって毛流に沿った軽いタッチのストローキング（第9章参照）を行い、熱感や過敏な部位、あるいは変形の有無を見ます。この全身ストローキングは、「これから身体を触っていくよ」というシグナルにもなります（図7-1）。

2）視診・触診時の身体各領域における注目点

身体には障害の発生しやすい部位があり（図7-2）、また各々の領域ごとに形態とその動きに特徴があります。これを知ることによって、検査時における身体領域ごとの注目点、すなわちどの領域で何をすればよいかがわかり、動物に負担をかけずに短時間で正しい評価ができるようになります。その概要を表7-1にまとめましたので、これらのポイントを念頭に置いて検査を行ってください。

3）触診上の注意

触診は、まず異常が疑われない部位から左右対称に行い、除外確認をしていきます。帯痛性部位の詳細な触診は後で行います。

（1）対称性の評価

検査は左右の対称性をみながら、全体の対称性、相対的な筋肉量や体格の評価、筋萎縮の有無を調べます。左右同時または交互に触診を進め、筋萎縮については左右肢の対称性をとくに注意してください。左右を比較することで異常をみつけやすくなります。また各部位で、腫脹、熱感、萎縮、疼痛、腫瘤があればその移動性などについても調べます（図7-1）。

（2）全身の総合評価

病態の情報を見落とさないためだけではなく、繰り返し一貫した評価を行うためには、全身の評価が重要です。とくに、肢の周囲の計測、関節の可動域、触診時の感受性の比較などで判定が微妙な場合には、左右の比較対照所見が非常に有用になります。

❷ 前肢の検査要領と注目点（表7-1）

1）肢端と手根部（図7-3）

手根部では、手根前腕関節、手根中央関節、手根中手関節の腫脹、熱感、関節液の増量、関節可動域（ROM）の範囲、各関節の安定性、関節屈伸時の異常音、関節部の内・外側へのス

第2部　障害の評価

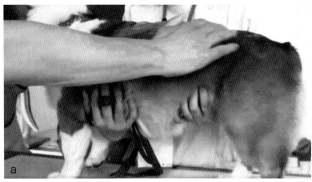

図7-1　触診上の注意
触診にあたって、全身ストローキングにより熱感や過敏な部位、あるいは変形の有無をみる（a）。全身ストローキングは「これから触るよ」という動物に対するシグナルでもある。各部位の触診はできるだけ左右対称に進め、併せて筋力などにも注意する（b）。

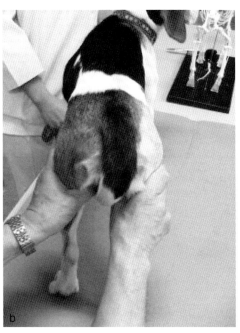

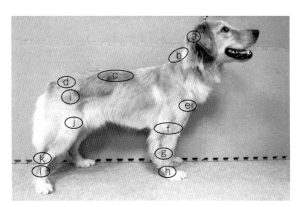

図7-2　障害の発生しやすい部位
脊柱のa. 環軸関節、b. 頸椎部、c. 胸腰椎部、d. 仙骨部、前肢のe. 肩関節、f. 肘関節、g. 手根関節、h. 中手指関節、後肢のi. 股関節、j. 膝関節、k. 足根関節、l. 中足趾関節で起こりやすい。

表7-1　整形外科学的検査における身体領域ごとの注目点

領域	注目点
関節	屈曲・伸展、内反・外反、内旋・外旋、およびその可動域 疼痛 動きの滑らかさ 異常音 熱感、腫脹 関節液の増量
頭・頸部	外貌と動きに対する反応 頸椎棘突起両側の圧痛
肩	肩甲骨の対称性、高さ 肩甲棘、肩甲骨の筋肉の萎縮 肩関節の動き 肩峰および上腕骨大結節の形態の異常 腫脹、腫瘤 萎縮
前肢	前肢全体の屈曲、前方または後方への伸展の異常 肘関節の動き、腫脹、熱感、疼痛、外形の異常 前腕部の圧痛、腫脹、萎縮 手根関節の動き、疼痛、外見の異常 肢端の形態上の異常、疼痛
体幹	筋肉の腫脹・腫瘤、萎縮 椎骨棘突起両側の圧痛 仙骨部および仙腸関節部の圧痛 腸骨翼の背側縁のラインと左右の対称性
腰背部	股関節の動きと疼痛 大転子と坐骨結節の位置と左右の対称性
後肢	大腿部の腫瘤・腫脹、筋の萎縮、疼痛、対称性 膝関節の左右対称性 膝蓋骨の位置、動き 関節の腫脹や熱感、形態的異常 アキレス腱の障害、その他下腿部以下については前肢と同様

トレス時の安定性や痛みの有無などについて評価します。

2）前腕部（図7-4）

外形の異常や弯曲、腫脹・腫瘤、疼痛の有無に注意します。橈骨・尺骨遠位端の内側・外側茎状突起周囲の触診は慎重に行ってください。

3）肘関節（図7-5）

肘関節は三つの骨から形成されているだけではなく、多くの靱帯や腱が起始あるいは終止しており、構造が複雑で評価が難しい部位です。全体的には、左右対称に外形の異常、腫脹、腫瘤、痛み、熱感などの有無を調べます。

図7-3　肢端および手根部の触診
指の1本1本、パッドの一つ一つ、各指関節の屈伸、捻りなどに対する反応をみる。

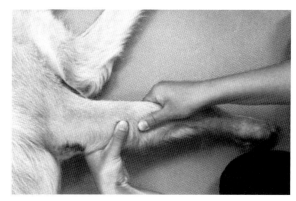

図7-4　前腕部の触診
橈骨・尺骨の、特に遠・近位端を慎重に触診する。

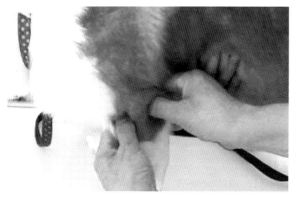

図7-5　肘関節の触診
肘関節は構造が複雑で、先天性・後天性いずれの障害の発生も多い。

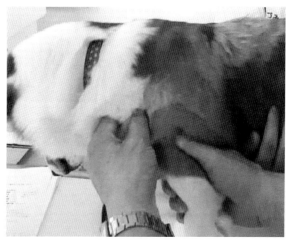

図7-6　上腕部の触診
全体にわたって触診するとともに、筋肉の萎縮の程度についても評価する。

（1）触　診

上腕骨内側上顆、外側上顆、橈骨頭、尺骨頭の注意深い触診により異常を確認してください。

腫脹がある場合：肘関節尾外側面に波動性の腫脹がある場合は、肘突起癒合不全による関節液の増量が疑われます。肘関節尾内側に波動性腫瘤がある場合は、上腕骨内側上顆離断性骨軟骨症や尺骨内側鉤状突起の離断が疑われます。

（2）動きの評価

関節を屈伸させて、その可動域、異常音を評価します。
　内・外側副靱帯の評価のため、肘関節を90°に曲げて前腕部の近位を保持し、内外に回転させて靱帯にストレスを加えて調べます。さらに前腕の遠位を回転させると、鉤状突起部に障害のある症例では痛みを示すことがあります。

4）上腕部（図7-6）

全体では汎骨炎や腫瘍に注意してください。遠位外側の触診時には、橈骨神経圧迫による人為的な発痛に注意が必要です。

5）肩関節と肩甲部（図7-7～9）

（1）触　診

関節部の腫脹、腫瘤、波動感のある関節部の腫脹、熱感などについて触診します。肩峰と上腕骨大結節の位置関係を確認し、正常でなければ脱臼が疑われます。肩甲棘で骨折や痛み、筋の萎縮の有無を調べます。

（2）動きの評価

肩関節を回転させ、あるいは内・外反させ、関節可動域（ROM）、関節の安定性、異常音、動きの滑らかさ、痛みなどを入念にチェックしてください。

図7-7　肩関節の触診①
下肢を保持して緩やかに動かしながら進める。

図7-8　肩関節の触診②
屈伸、回転、前方と後方への伸展などの動きで異常の有無を見極める。

図7-9　肩甲部の触診
肩甲棘突起だけではなく肩甲骨を固定する筋肉群の触診も行う。

図7-10　後肢端の触診
趾骨の1本ずつ、およびその関節、種子骨、足底のパッドなど、いずれも慎重に精査する。

外傷がなく関節の伸展で痛みが発現する場合は、上腕骨頭尾側面の離断性骨軟骨症の特徴的な所見かもしれません。離断性骨軟骨症では、屈曲しつつ内転すると痛みが発現することがあります。また、肩関節を屈曲させたまま肘関節を伸展させることによって発痛する場合には、上腕二頭筋腱滑膜炎の疑いがあります。

❸ 後肢の検査要領と注目点（表7-1）

1）肢　端（図7-10）

（1）触　診

趾を広げて趾間部、肉趾部、爪床などの感染病巣、腫脹、発赤、疼痛、外傷、皮膚病の有無を調べます。この部位にある骨、趾骨間、指節間関節、中足骨、中足趾関節の形態の異常、疼痛の有無、各関節の可動域と疼痛の有無等について評価します。趾底種子骨の疼痛の有無、増殖性変化や古い障害の有無にとくに注意して行います。

（2）動きの評価

腫脹・熱感・関節液の増量の有無、屈伸時の異常音、可動域、側副靱帯の安定性、関節の安定性、内反・外反・側弯時の疼痛の有無や安定性、靱帯付着部の腫脹や疼痛の有無などについて慎重に評価します。

2）足根関節（図7-11）

（1）触　診

関節の腫脹・熱感・疼痛、関節液の程度、不安定性の有無などを調べます。関節液の増量は、特に脛足根関節背面で触知されることが多いようです。各足根骨を触知し、それぞれの側副靱帯の帯痛性を慎重に見極めます。

（2）動きの評価

関節の動きの検査では、動きの制限、痛み、捻髪音などの有無、内反・外反時の安定性を調べます。

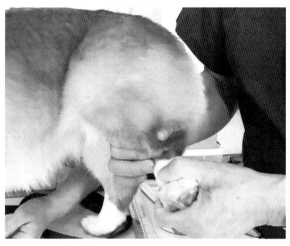

図7-11 足根関節の触診
関節の可動域や安定性を精査する。

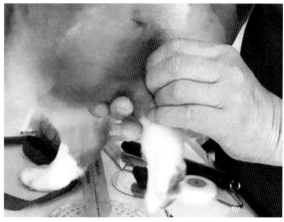

図7-12 踵骨・アキレス腱部の触診
関節の可動性を確認しながら、アキレス腱を慎重に触診する。

図7-13 下腿部の触診
脛骨および腓骨は皮下すぐに直接触診できる。

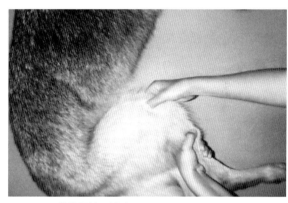

図7-14 膝蓋関節の触診
膝蓋骨の安定性や関節液の増量などに注意する。

3）踵骨およびアキレス腱（総踵骨腱）部（図7-12）

膝関節を伸展した状態で踵部分を屈曲させて、その安定性を調べます。過度な屈曲がみられる場合は、踵骨の骨折や腱の損傷が疑われます。腱の踵骨突起への付着部の詳細な触診により、硬化や腫脹、緩みなどを確認してください。

4）下腿部（図7-13）

この部位の触診は、骨を被う筋肉量が少ないため比較的容易です。骨幹・骨幹端をも含めて触診し、熱感、疼痛、外傷、さらには骨膜炎、汎骨炎、肥大性骨ジストロフィー、骨折、腫瘍などに注意して評価を行ってください。

5）膝関節（図7-14）

障害の発生の多い部位であり、また大型犬では筋の弛緩を得るためにしばしば鎮静が必要です。

（1）触　診

まず脛骨結節を触知し、次に膝蓋靭帯の走行に沿って近位に進み膝蓋骨に触れます。大腿骨の内・外側上顆および滑車稜の位置を確認します。骨棘形成や関節包の肥厚を触知することがあり、関節周囲の形態異常や圧痛の有無を確認します。

注　意：関節液が増量している場合は、膝蓋靭帯や膝蓋骨の触知が難しくなります。

（2）動きの評価

関節の屈伸により捻髪音、軋轢音（あつれき）、クリック音などの異常音があれば、変形性関節症、半月板損傷、あるいは関節不安定症

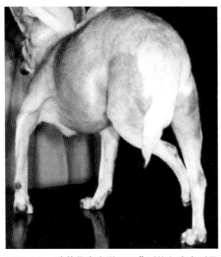

図7-15　膝蓋骨内方脱臼の典型的な臨床所見
初期は疼痛のため患肢端を内転して挙上し、免重する。

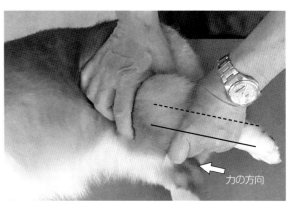

力の方向

図7-16　脛骨前滑り試験
左膝関節を検査する場合には、膝関節を軽く屈曲させて、一方の手で大腿部遠位をしっかりと保持し、人差し指を膝蓋骨上に置き、もう一方の手で下腿部をしっかりと保持して背頭側へ押し出す。前十字靱帯断裂があれば、脛骨頭側が前滑りを起こす（前方ドロアーサイン）。反対に後方へ引いて緩みがあれば（後方ドロアーサイン）、後十字靱帯の異常が疑われる。

表7-2　膝関節および股関節における特異的検査法

部位	検査目的	検査名	方　　法
膝関節	前十字靱帯断裂	脛骨前滑り試験（図7-16）	①膝関節を軽く屈曲させて、一方の手で大腿部をしっかりと保持し、人差し指を脛骨粗面上に置く。 ②他方の手で下腿部をしっかりと保持して背頭側へ押し出す。 ③前十字靱帯断裂があれば、脛骨頭側が前滑りを起こす。
		脛骨圧迫試験（図7-17）	①膝関節を約90°に屈曲し、一方の手を膝関節に置いてその人差し指を脛骨粗面の上に置く。 ②もう一方の手で手根部をゆっくりと屈曲させながら頭背側へ圧迫する。この動きで腓骨筋およびアキレス腱にテンションがかかり、大腿骨と脛骨へ圧迫が加わる ③前十字靱帯が断裂していると脛骨粗面が大腿遠位に対して頭側へずれ込む。
股関節	股関節形成不全／亜脱臼	オルトラニーテスト（図7-21）	仰臥位または横臥位で、大腿骨を脊柱と直角に位置させて内反または外反させ、寛骨臼からの脱臼の角度を調べることによって、寛骨臼の形成不全の程度を知る方法である。重度であれば鋭角で脱臼する。

などが疑われます。聴診器を使用するとより明瞭に聴こえます。後述の前十字靱帯断裂に伴う慢性変形性関節症では、膝関節の最大伸展時に激しい痛みを示します。

　A．膝蓋骨

　関節を伸展させて、内方・外方へ移動してその安定性を見極めます。また、内方または外方へ力を加えた状態で関節の屈伸を繰り返して、膝蓋骨の安定性を確認します。さらに、膝蓋骨が動くなら指先で滑車溝の深さを確認します（図7-15）。

　B．側副靱帯

　膝関節を伸展させた状態で足根部に外側または内側にストレスを加えます。断裂や部分断裂が疑われる場合は、関節の固定力が弱く、痛みを示します。

　C．前十字靱帯断裂が疑われる場合

　前十字靱帯断裂は、大型犬・小型犬ともに比較的多く発生する外傷性の損傷です。

検査方法：脛骨前滑り試験（表7-2、図7-16）または脛骨圧迫試験（表7-2、図7-17）によって行います。大型犬では、多くの場合鎮静を必要とします。

判　定：正常であれば、不安定感はありませんが、断裂している場合はその程度に応じて不安定になります。完全断裂の場合には、脛骨頭が大きく前方へ押し出され、腓骨近位が頭側へ前滑りする状態（前方ドロアーサイン）がみられます。完全断裂では、膝関節を伸展させた場合においてもドロアーサインがみられることが多いようです。

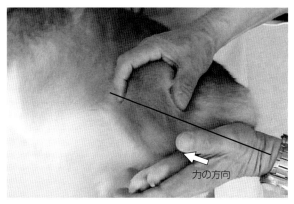

図7-17 脛骨圧迫試験
膝関節を約90°に屈曲させて一方の手で大腿部を保持し、その人差し指を脛骨粗面の上に置く。もう一方の手で手根部をゆっくりと屈曲させながら頭背側へ圧迫する。この動きで腓骨筋およびアキレス腱にテンションがかかり、大腿骨と脛骨へ圧迫が加わる。この力により、前十字靱帯が断裂していると脛骨結節が大腿遠位に対して頭側へずれ込む。

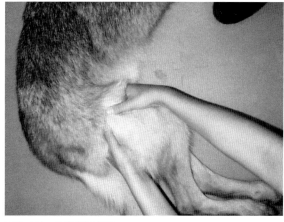

図7-18 大腿部の触診
筋萎縮の程度を左右対称に精査する。

D．後十字靱帯断裂が疑われる場合

腓骨が前十字靱帯断裂の場合と逆の動きをします。障害はまれですが、そのほとんどが外傷性です。後十字靱帯に障害がみられる場合には、多くは前十字靱帯や内側側副靱帯や半月板などの損傷を伴います。

7）大腿部（図7-18）

触 診

まず、大腿四頭筋、大腿二頭筋、半膜様筋などを触診して、腫脹、腫瘤、熱感、疼痛、あるいは萎縮などの異常を評価します。内側の筋腹の間から大腿骨幹に触れ、圧迫による痛覚の有無で骨膜炎の有無を確認します。

骨肉腫が疑われる場合：大型犬で大腿骨遠位端部や上腕骨端に腫脹があり、圧痛を訴える場合には骨肉腫が疑われます。

8）股関節・骨盤（図7-19）

股関節には、外傷による骨盤骨折や脱臼などの他、大型犬に発生が多い股関節形成不全や高齢犬に多い変形性股関節症など、やっかいな疾患が多発します。

（1）触 診

仙骨、腸骨、坐骨および腹側の恥骨を圧迫しながら動揺感や疼痛感を評価します。骨盤骨の圧迫で違和感や痛みがあれば、骨折や骨盤骨結合の緩みが疑われます。

（2）動きの評価

仰臥位または横臥位での股関節の伸展、屈曲、回転などによる可動域の評価と、痛みや摩擦音の有無などに注意します。仰臥位で両後肢を伸展させた際、脱臼や骨折があると痛みとともに両後肢の長さに違いがみられます。屈伸や回転で痛みがあれば、関節の異常が疑われます。

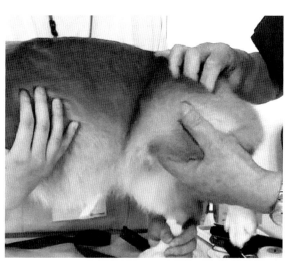

図7-19 股関節・骨盤の触診
筋萎縮の程度を左右対称に精査する。骨盤の形、股関節の動きなどを精査する。

A．股関節脱臼が疑われる場合

頭背側腸骨棘、坐骨結節および大転子に対してそれぞれ指を置き、頭背側腸骨棘と坐骨結節の位置で仮想ラインを引くと、大転子の位置はそれより下にきます（図7-20）。この位置関係がずれていると股関節の脱臼が疑われます。次に、大転子と仙骨隆起の間のくぼみに親指を当てた状態で大腿骨を外転させると、正常であれば大腿骨を外転させるにしたがって親指がくぼみから押し出されますが、脱臼しているとこのような状態になりません。

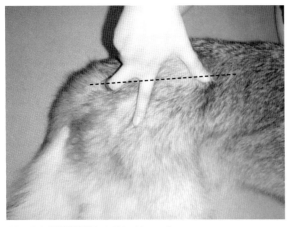

図7-20 股関節脱臼のランドマーク
頭背側腸骨棘（親指）、大転子（人差し指）および坐骨結節（中指）を示す。

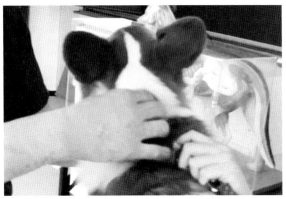

図7-22 頭頸部の触診
環軸関節の検査では、とくに動きを慎重に確認する。

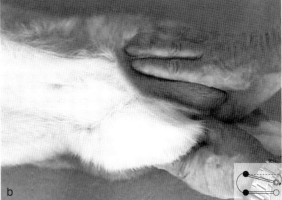

図7-21 オルトラニーテスト
仰臥位で大腿骨を脊柱に対して垂直に立て（a）、左後肢を内側にゆっくりと倒して、カクンと脱臼したときの大腿骨の垂直からの角度を記録する（b）。次いで、膝を外方にゆっくり外転させ脱臼したときの大腿骨の垂直からの角度を記録する（C）。正常であれば、脱臼はしない。図の●は股関節、○は膝関節、＝は大腿骨、◎は股関節が脱臼したときの膝関節の位置を示す。

B．股関節形成不全症が疑われる場合

大型犬の若齢時にみられ、股（関節）異形成ともよばれます。関節が不安定になり、脱臼や変形性股関節症を継発し、放置しておくと歩行困難になることがあります。診断はオルトラニーテストで行われます（**表7-2**、**図7-21**）。

❹頸背部の検査要領と注目点 (表7-1参照)

1）頸 部

（1）触 診

椎骨棘突起の左右両側の椎間孔部を親指と人差し指で徐々に圧迫して反応を評価します（**図7-22**）。

（2）動きの評価

環軸関節部の可動性を評価します。頸を保定して他方の手で口部を保持し、慎重に頭部を上下、左右に動かし、さらに回転させて違和感や痛みを調べます。環軸亜脱臼が疑われる場合には、頸髄を圧迫しないようにし、下方に強く屈曲させてはいけません。

2）背腰部

椎骨棘突起の左右両側の椎間孔部を親指と人差し指で徐々に圧迫して反応を評価します（**図7-23**）。椎間板ヘルニアなど

図7-23　背腰部の触診
頸骨から尾骨までの棘突起の両側を、椎間孔部に親指と人差し指で圧を加えながら圧痛の有無を調べる。

図7-24　仙骨と仙腸関節部の触診
左右の親指で慎重に圧を加えながら、圧痛や腰の落ち込みに注意して行う。

表7-3　犬の関節疾患における滑液中の細胞所見

病態	有核細胞数/μℓ	単核細胞（％）	好中球（％）
正常	<200	94〜100	0〜6
変形性関節症	1,000〜5,000	88〜100	0〜12
リウマチ性関節炎	8,000〜38,000	20〜80	20〜80
非びらん性関節炎	4,400〜371,000	5〜85	15〜95
敗血症	40,000〜267,000	1〜10	90〜99

有核細胞数200〜1,000μℓ：要観察
赤血球の多数出現：採材手技不備、関節炎、関節包内膜の損傷
（DL Piermattei, GL Figurelo: Brinker, Piermattei, and Figurelo's handbook of small animal orthopedics and fracture repair., ed 3, Philadelphia, WB Saunders, 1997 より引用・改変）

の背部痛の検査に行われ、軽微な違和感の場合には圧迫を避けるように背部を弯曲させますが、痛みがあるとすぐに腰を落とすか、振り向いて痛みを訴えます。

3）仙骨および尾部

仙骨および仙腸関節部を指で徐々に圧迫して反応を評価します（図7-24）。不安定であれば疼痛反応を示し、違和感があれば腰を落とします。馬尾神経の障害時などに異常反応がみられます。

尾は、尾骨ごとに圧迫牽引して反応を評価するとともに、尾根部に軽く回転運動を加えても緊張などの反応がまったくない場合には、脊髄や馬尾神経に障害が疑われます。

❺ 追加的検査

必要に応じて、あるいは確認のために以下のような追加的検査が行われます。

1）X線検査

整形外科的疾患では、一般的に歩様検査や整形外科学的検査とセットで実施されます。

2）神経学的検査

神経学的な疑問が生じた場合に行われます。第8章を参照してください。

3）診断的麻酔

跛行や運動障害に複数関節の関与が疑われる場合、まれに神経ブロックが適用されます。ブロックする神経はより末梢から始めます。

4）関節液検査（表7-3）

関節液の増量、感染性関節炎などが疑われる場合に、関節液の採取をして細胞や成分を検査します。感染を誘導しないように、きわめて慎重に行わなければなりません。

正常関節液は無色透明で、タンパク濃度は低いもののヒアルロン酸による粘稠性が強く、細胞成分はわずかです。一方関節炎が生じている場合は、混濁し、ヒアルロン酸濃度の低下により粘稠性が低下し、血漿タンパクやフィブリンの滲出によりタンパク濃度が上がります。また、細胞成分は増高します。

5）関節腔内視鏡検査

全身麻酔下で術野の完全滅菌後に関節腔内の視覚的検査とともに、滑膜・軟骨の生検を行うことができます。

6）CT検査

骨の画像診断に適していますが、軟骨は画像化されません。なお、断層の筋肉量や脂肪織量の評価を簡単に行うことができます。

7）MRI検査

椎間板ヘルニアにおける圧迫脊髄の描出に優れているほか、軟部組織や軟骨の評価も可能です。

第8章 神経学的検査

1. 神経機能障害による症状発現の原則
2. 神経学的検査に関わる手順
3. 姿勢（肢勢）反応の検査
4. 脊髄反射の検査
5. 知覚神経反射の検査
6. 脳神経系検査

　脊髄の伝導障害を起こす椎間板ヘルニアなどや外傷による末梢神経麻痺症では、多様な神経症状が現れます。その症状を評価する神経学的検査によって得られる障害の部位と程度に関する情報は、治療やリハビリテーションプログラムの計画に必須です。これらの情報は、リハビリテーションの過程で現れる症状の変化、すなわち神経反応の変化から治療効果の読み取りを容易にし、また、他の検査結果同様、飼い主に対するインフォームド・コンセントに際しては貴重な資料となります。

❶ 神経機能障害による症状発現の原則
（図8-1）

1）上位運動ニューロン（upper motor neuron：UMN）障害

　脊髄に障害があると、抑制解除による下位神経機能の過剰反応である筋の強直、反射性の亢進などのUMNサインとよばれる諸症状がみられます。
臨床徴候：UMN障害による筋の攣縮や脊髄反射の亢進などがみられます。
UMN障害の進行：最初に意識下の固有位置感覚（プロプリオセプション、conscious proprioception：CP）の消失が起こり、続いて運動機能の消失がみられ、重度の場合には深部痛覚の消失へと進行します。
UMN障害の回復：進行する場合とは反対に、はじめに深部痛覚の回復がみられ、続いて運動機能がいくらか回復し、運動機能がほぼ回復した状態になってから、最後に固有位置感覚が戻ります。

2）下位運動ニューロン（lower motor neuron：LMN）障害

　末梢神経に障害があると、知覚・運動の伝達障害、反射の減退・消失、局所の血流・栄養補給の低下、筋の萎縮と変性などのLMNサインとよばれる諸症状が現れます。
臨床徴候：一般的に反射低下、筋虚脱、休止時の筋緊張の低下などがみられます。

3）反射弓と脊髄反射（図8-2）

（1）反射弓

　生理学上の反射に際して神経信号が通る全経路を反射弓といいます。正常時の末梢への刺激は、感覚神経、そして脊髄背根から脊髄を上行し、あるいは脳神経を経て脳に到達します（求心経路）。すると今度は、脳の反射中枢で形成された神経インパルスが脊髄、脊髄腹根、運動神経を経て筋肉や腺に達して（遠心経路）、効果を発揮します。

（2）脊髄反射

　脊髄障害が存在する場合、脊髄背根の感覚神経から入力した刺激信号は、障害を受けた脊髄部を上行できないため、脊髄灰白質にある介在ニューロンを介して運動神経に伝わる脊髄反射弓を形成し、強調された反応がUMNサインとして現れます。

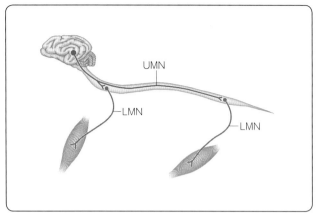

図8-1 中枢神経（脳・脊髄）と末梢神経系
上位運動ニューロン（UMN）と下位運動ニューロン（LMN）の関係を示す。（上野博史：椎間板ヘルニアの診断法 神経学的検査、Technical magazine for veterinary surgeons、14(5)、17-32、図3Aを許可を得て転載）

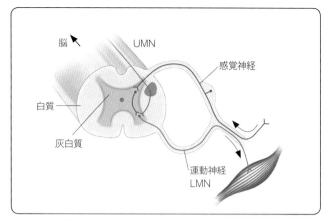

図8-2 反射弓
正常であれば、感覚神経－脊髄－脳－脊髄－運動神経（LMN）で反射弓が構成される。脊髄に障害があれば、通常は感覚神経－介在ニューロン－運動神経（LMN）で脊髄反射弓が構成される。（上野博史：椎間板ヘルニアの診断法 神経学的検査、Technical magazine for veterinary surgeons、14(5)、17-32より図3Bを許可を得て転載）

表8-1 病変部である脊髄分節の位置による脊髄反射の違い

病変の存在部位	C1-C5	C6-T2	T3-L3	L4-L6	L6-S3
前肢の脊髄反射	正常／亢進	減弱／消失	正常	正常	正常
後肢の脊髄反射	正常／亢進	正常／亢進	正常／亢進	＊1	＊2

C：頸髄、T：胸髄、L：腰髄、S：仙髄
＊1：膝蓋腱反射の減弱／消失、屈曲反射正常
＊2：膝蓋腱反射の偽亢進、屈曲反射の減弱／消失
（上野博史：椎間板ヘルニアの診断法 神経学的検査、Technical magazine for veterinary surgeons、14(5)、17-32、表2を引用改変）

4）脊髄分節の障害の位置による特徴（表8-1）

障害を受けた脊髄分節の位置によって、異常の表出のしかたが異なります。

C1-C5領域：第一～第五頸髄。脊髄や神経に障害がある場合、四肢すべてにUMNサインがみられます。

C6-T2領域：第六頸髄～第二胸髄。脊髄や神経に障害がある場合には、前肢にLMNサインがみられると同時に後肢にUMNサインがみられます。

T3より尾方：多くの場合、前肢は正常です。

T3-L3領域：第三胸髄～第三腰髄。UMNサインがみられます。

L4-S3領域：第四腰髄～第三仙髄。LMNサインがみられます。

❷ 神経学的検査に関わる手順

1）神経学的検査の手順

神経学的検査表（図8-3。獣医神経病学会編）にしたがって行います。手順は、①稟告の聴取、②一般身体検査、③神経学的検査（姿勢反応の検査、脊髄反射の検査、知覚神経反射の検査、脳神経系の検査）、④病変部位の特定と重症度の判定となります。さらに必要があれば、⑤追加的検査／鑑別検査を行います。

2）一般身体検査

障害部位を絞り込む前に、まず視診により動物全体を見て以下の項目を確認します。

外　貌：形態的異常などの有無、行動、随意運動、姿勢、肢勢などを評価します。

感　情：態度・性格、攻撃性、興奮性、無関心・抑うつなどについて評価します。

脳機能：姿勢や肢勢が自覚的に制御可能かどうか、および頭部傾斜や振戦、旋回運動や傾斜転倒などについて評価します。

歩行困難症例：完全麻痺か不完全麻痺か、随意運動の有無などについて評価します。整形外科的疾患との鑑別が必要になります。

第8章 神経学的検査

神経学的検査表 neurological examination　　検査日時 ＿＿＿＿＿＿＿＿＿ ＿＿＿：＿＿

名前 ＿＿＿＿＿＿＿＿＿＿＿＿＿＿＿＿＿＿＿＿＿＿＿　　体重 ＿＿＿＿＿＿kg
犬種 ＿＿＿＿＿＿＿＿＿＿＿＿＿＿＿＿＿＿＿＿＿＿＿　　発症時期 ＿＿＿＿＿＿＿＿＿＿ 急・徐々
性別 ＿＿＿＿＿＿＿＿＿＿＿＿＿＿＿＿＿＿＿＿＿＿＿　　進行の程度 ＿＿＿＿＿＿＿＿＿＿＿＿
生年月日 ＿＿＿＿＿＿＿＿＿＿＿＿＿＿＿＿＿＿＿＿＿　　てんかん発作　有・無 ＿＿＿＿＿＿＿

現在の治療 current treatment：

既往歴 history　　初発・再発、過去の治療の有無：

観察 observation
　意識状態 mental status：正常・傾眠 somnolent・昏迷 stuporous・昏睡 comatose ＿＿＿＿＿＿＿
　知性・行動 intellecutual・behavior：正常・異常 ＿＿＿＿＿＿＿＿＿＿＿＿＿＿＿＿＿＿＿＿＿
　姿勢 posture：正常・捻転斜頸 head tilt・横臥・腹臥・座位・頭位回旋 turning ＿＿＿＿＿＿＿
　歩様 gait：正常、自力起立、自力歩行、運動失調 ataxia、不全麻痺 paresis、麻痺 plegia（tetra、para、mono、hemi）、
　　　　　旋回 circling、測定障害 dysmetric、その他の異常 ＿＿＿＿＿＿＿＿＿＿＿＿＿＿＿
　不随意運動の有無：振戦 tremor、ミオクローヌス myoclonus、その他 ＿＿＿＿＿＿＿＿＿＿＿

触診 palpation
　筋肉：萎縮 atrophy・緊張 tone 亢進／低下 ＿＿＿＿＿＿＿＿＿＿＿＿＿＿＿＿＿＿＿＿＿＿
　骨・関節

姿勢反応 postural reactions		LF	RF	LR	RR
固有位置感覚 proprioception	knucking				
	paper slide test				
踏み直り反応 placing	触覚性 tactile				
	視覚性 visual				
跳び直り反応 hopping					
立ち直り反応 righting					
手押し車反応 wheelbarrowing					
姿勢性伸筋突伸反応 extensor postural thrust					

脊髄反射 spinal reflexes		LF	RF	LR	RR
膝蓋腱（四頭筋）反射 patella	大腿神経；L4、L5、L6				
前脛骨筋反射 cranial tibialis	坐骨神経の腓骨神経；L6、L7				
腓腹筋反射 gastrocnemius	坐骨神経の脛骨神経；L7、S1				
橈側手根伸筋反射 ext.carpi radialis	橈骨神経；C7、C8、T1				
二頭筋反射 biceps	筋皮神経；C6、C7、C8				
三頭筋反射 triceps	橈骨神経；C7、C8、T1				
屈曲（引っこめ）反射 Flexor／withdrawal　C6-T2／L6-S1					
交叉伸展反射 crossed extensor					
会陰反射 perineal　S1-2					
皮筋反射 panniculus reflex		Lt		Rt	

NE＝not examined 検査せず、0＝absent 消失、1＝depressed 低下、2＝normal 正常、3＝hyper 亢進、4＝hyper with clonus クローヌスを伴う

図8-3　神経学的検査表

（獣医神経病学会ホームページより）

第2部 障害の評価

脳神経 cranial nerves		L	R	
顔面の対称性 facial symmetry	表情筋			顔面 facial [7]
	側頭筋、咬筋			三叉 trigeminal [5]
眼瞼反射 palpebral				三叉 [5] 眼枝 ophthalmic→顔面 [7]
角膜反射 corneal				三叉 [5] 眼枝 ophthalmic→外転 [6]
威嚇まばたき反応 menace				視 optic [2] →顔面 [7]（小脳）
瞳孔の対称性 pupil size	S M L			動眼 oculomotor [3]
斜視 strabismus	正常位			動眼 [3]、滑車 trochlear [4]、外転 abducent [6]
	頭位変換（誘発）			前庭 vestibular [8]
眼振 nystagmus	正常位			前庭 [8]（小脳）
	頭位変換（誘発）			前庭 [8]
生理的眼振 phys.nystagmus				動眼 [3]、滑車 [4]、外転 [6]、前庭 [8]
対光反射 pupillary light	左刺激			視 [2] →動眼 [3]
	右刺激			視 [2] →動眼 [3]
知覚 sensation	（鼻、）上顎			三叉 [5] 上顎枝→顔面 [7]
	下顎			三叉 [5] 下顎枝→顔面 [7]
開口時の筋緊張				三叉 [5]
舌の動き・位置・対称性 tongue				舌下 hypoglossal [12]
飲み込み swallowing				舌咽 glossopharyhgeal [9]、迷走 vagus [10]
僧帽筋、胸骨上腕頭筋の対称性				副 accessory [11]
綿球落下テスト				視 optic [2]
嗅覚 olfaction				嗅 olfactory [1]

知覚 sensation	LF	RF	LR	RR
表在痛覚 superficial pain				
深部痛覚 deep pain				
知覚過敏 hypersthesia	有無			

排尿機能 urinary function
　自発排尿　有・無 ＿＿＿＿＿＿＿＿＿＿＿＿＿＿＿
　膀胱　　　膨満・圧迫排尿容易 ＿＿＿＿＿＿＿＿

病変の位置決め lesion localization とその理由
1. 末梢神経 ＿＿＿＿＿＿＿＿＿＿＿＿＿＿＿
2. 脊髄：C1-C5、C6-T2、T3-L3、L4-S3
3. 脳：前脳（大脳・間脳）、脳幹（中脳・橋・延髄）、小脳、前庭（中枢・末梢）
4. 全身性神経筋疾患 ＿＿＿＿＿＿＿＿＿＿＿
5. 正常

鑑別診断リスト differential diagnosis

コメント comments

推奨される検査 recommended test

検査者名：＿＿＿＿＿＿＿＿＿＿＿＿＿＿＿＿＿＿＿＿

図8-3　神経学的検査表（つづき）

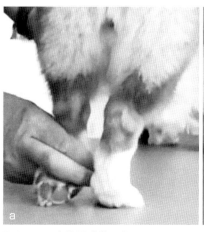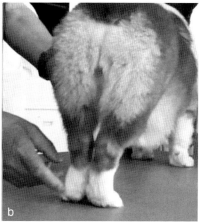

図8-4　固有位置感覚反応

肢端を曲げて背側を床に付けると（a）、正常であれば、直ちに踏み直して足底で着地する（b）。異常があれば踏み直しができない（cの右肢）。

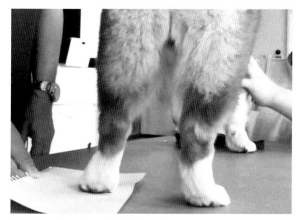

図8-5　ペーパースライドテスト

患肢の下に紙を敷き、その紙を静かに引っぱると、正常であればすぐに肢を上げて重心直下で再び負重し直す。足底の知覚や軽度の固有位置感覚障害や跳び直り反応障害の判定に利用できる。

❸ 姿勢（肢勢）反応の検査

姿勢反応とは、動物が四肢で自然に駐立した肢勢を維持するために体が示す反応です。

検査の目的

姿勢反応から、脳、脊髄、末梢神経の総合的な調和能がわかり、各脊髄神経から発する運動神経の異常の有無を評価することができます。つまりここに挙げる反応を評価することによって、脊髄あるいは末梢神経の異常部位を推測することができます。

病変部位との関係

一般に、全身性完全麻痺がみられる場合は基底核脳病変、局所性両側麻痺（対麻痺）がみられる場合は脊髄病変、局所性麻痺がみられる場合は末梢神経性病変の存在が疑われます。

反応と検査法

姿勢反応には以下に挙げるようなものがあります。症例によっては筋肉の萎縮が進み、筋力が低下しているために反応がみられないことがあるので、検査の際は体躯を保持して検肢への体重の負荷をできるだけ避けなければなりません。

1）固有位置感覚反応（図8-4、5）

視覚の信号なしに空間の中での自身の肢の位置を認知する能力（重心に対して肢を正しく位置させることができるかどうか）のことです。意識的な固有姿勢反応または固有知覚反応ともよばれます。これを評価することは、整形外科学的疾患との鑑別に有用です。

検査法：自然に駐立した状態で検査者が体重を支え、検肢端を反転させて背側面で床に負重させると、正常であれば直ちに反転させて足底で着地します。

判　定：肢端の位置を踏み直さない場合には、中枢または末梢神経経路に障害のあることを意味します。

2）跳び直り（ホッピング）反応（図8-6）

固有位置感覚反応、および正しい位置に肢を移動できるかどうかの運動機能をみるための検査法です。

検査法：動物の身体を持ち上げて一肢で負重させ、身体を横や前後に強制的に移動させます。正常であれば自身で跳んで、体の重心直下で負重します。

判　定：跳び直り反応の遅れがあれば固有位置感覚反応の低下が、不適切な位置への肢の移動がみられれば運動系の異常が、反応の非対称性がある場合は病変の偏在が疑われます。

図8-6　跳び直り反応

図8-7　手押し車反応

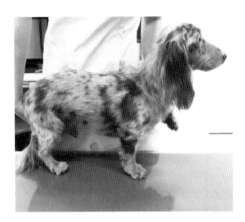

図8-8　片側歩き反応

3）手押し車反応（図8-7）

　頸髄、脳幹または大脳の病巣の存在を評価します。同時に筋力をも評価できます。

検査法：動物の後躯を後ろから持ち上げ、両前肢を着地させて前・後に動かします。

判　定：前肢をゆっくりと移動させる場合は、頸髄またはその上部に障害の存在が疑われます。

4）片側歩き反応（図8-8）

　手押し車反応と同様、頸部脊髄、脳幹または大脳の病巣の存在を評価します。同時に筋力も評価できます。

検査法：動物の片側の前・後肢を持ち上げて、対側の肢だけで歩かせます。

判　定：手押し車反応と同様、前肢をゆっくりと移動させる場合は、頸髄またはその上部に障害の存在が疑われます。

5）踏み直り反応（図8-9）

　大脳皮質系、運動神経系、知覚・触覚神経系の関与を評価します。

検査法：動物の身体を持ち上げた状態で、1肢の肢端背側をテーブルに近づけて触れさせます。これを1肢ずつ行います。

判　定：正常であれば、いったん肢端をテーブルから離した後、正しい位置で肢端を着地します。

6）姿勢性伸筋突伸反応（図8-10）

　前庭系の障害、固有位置感覚、あるいは後肢への運動神経径路の障害などを評価します。

検査法：両脇を持って身体全体を持ち上げ、ゆっくりと下ろしていきます。

判　定：正常であれば、後肢端が床に触れると後肢を後ろにずらして体重を載せます。反応が欠如する場合には、尻もちをついたままになります。

◆ 脊髄反射の検査（表8-1、図8-11）

　脊髄反射とは、知覚神経（求心（経）路）からの情報が大脳を介することなく、脊髄に達すると直ちに運動神経（遠心（経）路）によって伝えられて起こる反応をいいます。

検査の目的

　末梢神経である求心経路の知覚神経と脊髄、そして遠心経路である運動神経の反射弓の構成要素を検査し、脊髄の障害部位と程度を評価します。

検査法

　体の末梢に刺激を与えることにより、脊髄の反射を評価します。原則として動物を横臥位にしてリラックスした状態で実施することが大切です。

図8-9 踏み直り反応

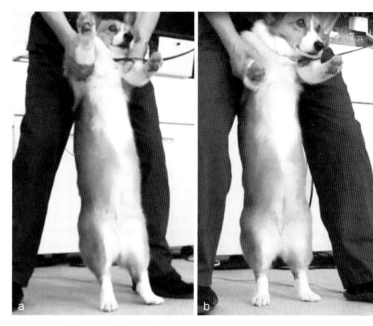

図8-10 姿勢性伸筋突伸反応

脇を抱えて後肢をゆっくりと地面に下ろすと（a）、後肢を交互に後ろにずらして自重の真下に後肢を移動する（b）。後肢肢端の位置に注目。

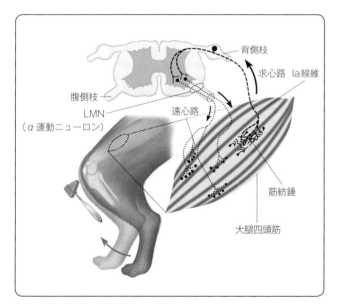

図8-11 膝蓋反射における反射弓（L5-6脊髄分節）

膝蓋腱反射は介在ニューロンが存在しない単シナプス反射である。筋紡錘から求心性の知覚ニューロン（Ia線維：破線）、そして脊髄分節を経て遠心性の下位運動ニューロン（LMN：点線）から筋肉へと興奮が伝わり、大腿四頭筋が収縮して下肢が伸展する。（上野博史：椎間板ヘルニアの診断法 神経学的検査、Technical magazine for veterinary surgeons、14（5）、17-32より図4を許可を得て転載）

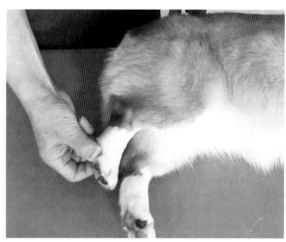

図8-12 屈筋反射（引っ込め反射）

肢端に疼痛刺激を与えると、正常であれば肢を屈曲する。1肢を屈曲させて屈筋反射検査を行い、その対側肢が伸展すれば、UMNの障害が疑われる（交叉性伸展反射）。

判　定

反射が亢進：LMNより上位の脊髄や脳における抑制神経異常を意味するUMN障害が考えられます。

反射が正常：刺激部位の支配する反射弓内には神経系の異常はない、すなわち、脊髄には障害はないと考えられます。

反射の低下や消失：その部位を支配する知覚神経や運動神経機能の部分的または完全な消失を意味するLMN障害が疑われます。

1）屈筋反射（引っ込め反射）（図8-12）

動物が肢への有害刺激に対して反射的に身を守るために肢を引っ込める反応です。これは前後肢に共通の反応です。この反

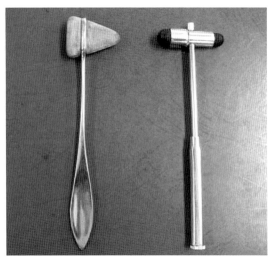

図8-13 打診槌（ハンマー）
ヒト用のため小型犬には打診部が大きすぎる。（上野博史：椎間板ヘルニアの診断法 神経学的検査、Technical magazine for veterinary surgeons、14(5)、17-32より図10を許可を得て転載）

図8-14 膝蓋腱反射
小型犬では、検査対象部位に指を置いてその上を打診槌でたたくと確実に反応がみられる。

応は筋力を推測することに利用でき、また理学リハビリテーションにおいては、他動運動の脊髄反射刺激操作および筋力改善刺激運動としても利用されています。
検査法：横臥位でリラックスさせ、パットや指間をつまむなど肢端に有害刺激を与えます。正常であれば、前肢は肩以下の関節、後肢は股関節以下の全関節を屈曲します（引っ込める）。
判　定：前肢ではC8-T2脊髄分節より上位に、後肢ではL4-S2脊髄分節より上位に障害がみられると反射は亢進します。

2）筋伸展反射

刺激に対するこの反射は、大脳からの機能に依存せず、筋肉の伸展に反応する知覚神経と、それに続いて筋肉の収縮を起こす運動神経から成りたっています。
検査法：打診槌（図8-13）などで叩いて筋肉を急激に伸展させ、その筋肉にすぐに収縮が引き起こされる（筋伸展反射）か否かを評価します。
判　定：反射消失が片側の場合には末梢性、両側の場合には脊髄損傷が疑われます。反射亢進の場合は脊髄損傷が疑われます。

（1）膝蓋腱反射（図8-14）

検査法：横臥位または抱きかかえて患肢をリラックスした状態にし、膝蓋骨と脛骨粗面の間の膝蓋腱を打診槌（図8-13）で軽くポンと叩きます。小型犬では、当該部位に検査者の指を当て、その指を叩くと検査が正確に行えます。
判　定：槌で叩くことで大腿四頭筋が急伸するため、正常であれば膝が軽く伸びます。反射が亢進していれば脊髄反射弓を介した膝の強い伸展が起こります。

　亢　進：UMN障害と考えられ、障害部位はL4脊髄分節より上位と考えられます。
　低下／消失：LMNに何らかの伝導障害があり、両側性であればその障害部位はL4-L6脊髄分節の間か、片側性であれば末梢の知覚神経や運動神経に障害があると考えられます。

（2）上腕三頭筋反射（図8-15）

検査法：肘関節を軽く屈曲させて上腕三頭筋の腱を打診します。膝蓋腱反射同様、小型犬の場合は当該部位に検査者の指を当て、その指を叩くと検査が正確に行えます。
判　定：正常であれば肘関節がわずかに動きます。反射が亢進している場合はC7-T2脊髄分節より上位のUMN障害が、反射が低下している場合はLMN障害の知覚神経や橈骨神経に障害があると考えられます。

（3）その他の筋伸展反射

上腕二頭筋、腓腹筋、坐骨神経、下腿三頭筋、大腿二頭筋などの筋伸展反射も診断に用いることができるといわれますが、腱を正確に打診する必要があり、一般的に反射の評価としては安定性が低いといわれています。目的の腱を正確に打つには図8-15のように、その部位に指などを当てて行います。

3）伸筋反射

前または後肢足底側面を押し上げると、反対に押し戻そうとする反応です。前肢では橈骨神経、後肢では大腿神経と脛骨神

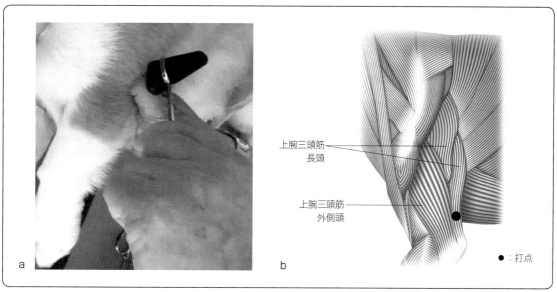

図8-15　上腕三頭筋反射
上腕三頭筋長頭終止部腱を親指先で正確に押さえてその上を打診する。（b：上野博史：椎間板ヘルニアの診断法　神経学的検査、Technical magazine for veterinary surgeons、14(5)、17-32より図14Aを許可を得て転載）

経が関与しています。またこの反応は、筋力を推測する検査として利用されるとともに、運動として行うことで筋力の改善にも有効なことから、リハビリテーションにも応用されています。
検査法：第2章および図5-7参照。
判　定：正常であれば足底面は押し戻されます。

4）交叉性伸展反射（図8-12）

1肢に屈筋反射を起こさせたとき、その対側肢に伸展が認められる反応。
検査法：動物を横臥位でリラックスさせて屈筋反射の検査を行い、対側肢をみます。
判　定：刺激を与えた肢の対側肢に伸展がみられる場合は、抑制神経路またはUMNの障害が疑われます。

5）会陰（肛門）反射（図8-16）

会陰部への牽引刺激により誘発される、肛門括約筋が収縮する反応。この反応の知覚神経系と運動神経系は陰部神経に支配されています。
判　定：正常であれば肛門括約筋が収縮し、尾が腹側へ屈曲します。反応の消失や減少がみられる場合は、陰部神経や脊髄仙部S1-S3間に障害があると考えられます。

6）体幹皮筋反射

T2-L5脊髄分節レベルの皮膚を有鉤止血鉗子でつまむなどして刺激すると起きる体幹皮膚の反応。

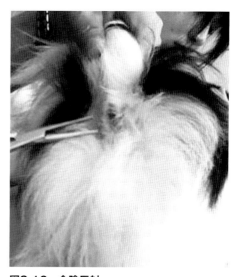

図8-16　会陰反射

判　定：正常であれば、刺激部位より近位の皮膚がピクピクと震えます。両側性か片側性かを見極めます。両側性に陰性であれば、刺激部位のデルマトームを支配する脊髄分節の異常を推測することができます。片側性であれば、支配する末梢神経の障害が疑われます。
注　意：体幹皮筋反射は、胸から腰部脊髄分節付近で存在し、その上位である頸部や下位である仙椎部以下では欠如しています。検査は腸骨部領域から上方に向かって進めますが、より下部で存在すればその部分より上方の検査は不要です。

❺ 知覚神経反射の検査

脊髄反射での判断が困難な場合には、特に皮膚の知覚異常の検出が有用です。痛覚の評価は痛みを伴うため、神経学的検査の最後に行います。

1）知覚神経に関わる基本的事項

知覚神経の機能の有無：肢が動いているということは知覚神経が機能していることを意味します。

疼痛と脊髄障害の関連性：痛覚の消失があるにもかかわらず末梢神経系に障害が認められない場合には、随意運動を消失させる重度の脊髄障害の存在が疑われます。

深部痛覚の消失：肢の麻痺した動物では、痛覚の有無が予後判定上重要となります。もし深部痛覚が消失していれば、脊髄に重大な損傷があることを意味します。

2）知覚神経の分布とデルマトーム

（1）知覚神経の分布（第2章参照）

末梢の皮膚知覚は、脊髄分節から派出する末梢神経によって支配されています。この脊髄神経の支配する領域はそれぞれ特定されており、皮膚知覚帯（デルマトーム）とよばれます。

（2）知覚刺激に対する反応

刺激に対する反応からその部位の支配神経、すなわち脊髄分節の障害を推測することができます。

（3）神経支配

体　表：体表の末梢神経を支配する脊髄分節は、**図2-12**のデルマトーム図に示されています。

前　肢：肢の背側面；橈骨神経（C7-T1）
　　　　前腕内側面；正中神経（C8-T1）
　　　　尾外側面；尺骨神経（C8-T2）
　　　　に、それぞれ支配されています（**図2-20**参照）。

後　肢：肢端部内側面；伏在神経と大腿神経分枝（L4-L6）
　　　　その他；坐骨神経（L6-S1）
　　　　に支配されています（**図2-29**参照）。

3）皮膚の表在性（浅部）痛覚（図8-17）

（1）検査法と機序

皮膚を有鉤止血鉗子で挟むと、その領域を支配する表在脊髄神経が疼痛刺激を受けて運動神経反射が引き起こされます。これにより体幹皮筋反射が起きるとともに、怒ったり、鳴いたり、避けようとする大脳での疼痛の認識反応（上位の疼痛反応）がみられます。

判　定：脊髄に障害があれば、その分節が支配するデルマトーム（**図2-12**参照）より末梢部の反応は陰性になります。また

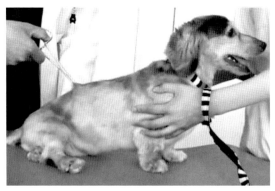

図8-17　体幹皮膚反射および表在性痛覚の検査
皮膚の表在性痛覚の分布を評価する。この症例は、体幹皮筋反射および深部痛覚が麻痺し、表在性痛覚も麻痺している。

刺激部位を支配する末梢神経に麻痺がある場合も、反応は陰性となります。反応は基本的に左右対象であり、左右の反応に違いがあれば、末梢神経障害が疑われます。

注　意：前述の体幹皮筋反射とは区別しなければなりません。また、4指（趾）すべての皮膚の痛覚が同じとは限りません。

4）深部痛覚（図8-18）

深部痛覚は、無髄の細い神経線維により脊髄白質深層を多くのネットワークを介して伝達するため、脊髄障害時に最後まで残存する感覚といわれています。いいかえると、麻痺のある動物における深部痛覚の消失は、浮腫などによる一時的な脊髄の急性伝導障害、あるいは脊髄の重大な損傷を意味します。脊髄障害の最も重要な予後判定因子で、消失が1カ月以上みられる場合は脊髄機能の回復は難しいといわれています。

検査法：指（趾）骨や爪根を鉗圧することで、骨膜に痛覚を発生させて評価します。鉗圧は、屈筋反射が出た後、さらに犬の表情を注意深く観察しながら徐々に強めていきます。

適　応：脊髄障害が疑われ、かつ肢の表在性痛覚陰性の症例に対して行います。

判定と注意：痛覚の有無は、刺激に対して顔を向けたり、逃げたり、鳴き声を出すなどの上位の疼痛反応で評価します。4指（趾）すべてが同じレベルの反応を示すとは限りません。屈筋反射とは明確に区別しなければなりません。

❻ 脳神経系検査

脳神経は脳の底部から派出する12対の末梢神経であり、第十脳神経である迷走神経を除いて主に頭部の機能を支配しています（**表8-2**）。

検査は、下記の順で系統的に行ってください。

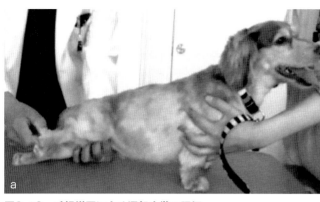
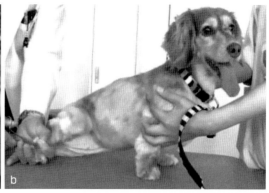

図8-18 爪根鉗圧による深部痛覚の評価
右後肢端のメインパッド圧迫によって屈筋反射はみられる（a）が、同肢爪根の鉗圧とともに同じく屈筋反射が現れるものの、さらに鉗圧を強めても疼痛反応を示さない深部痛覚陰性の症例（b）。

表8-2 脳神経とその機能

脳神経	神経名	分布と機能
Ⅰ	嗅神経	嗅覚の知覚神経
Ⅱ	視神経	視覚および対光瞳孔反射機能の知覚神経径路
Ⅲ	動眼神経	・外側直筋、眼球牽引筋、背側斜筋を除く外眼筋の運動神経系経路 ・瞳孔収縮をつかさどる運動神経経路
Ⅳ	滑車神経	眼背側斜筋の運動神経経路
Ⅴ	三叉神経	・咀嚼筋の運動神経径路 ・口と顔面の知覚神経経路
Ⅵ	外転神経	眼外側直筋および背側斜筋の運動神経径路
Ⅶ	顔面神経	・顔面・眼瞼・耳の運動神経径路 ・舌吻側2/3の部分の味覚と口蓋の知覚神経経路
Ⅷ	内耳神経	・前庭部分：平行と姿勢の意識固有知覚神経経路 ・蝸牛部分：聴覚の知覚神経径路
Ⅸ	舌咽神経	・嚥下、咽頭反射、喉頭機能、発声の知覚神経経路と運動神経径路 ・舌吻側1/3の部分の味覚神経経路
Ⅹ	迷走神経	嚥下、咽頭反射、喉頭機能、発声の知覚神経経路と運動神経径路
Ⅺ	副神経	この神経の大部分は頸髄から分枝し、頸・肩部筋肉の運動神経径路
Ⅻ	舌下神経	舌の運動神経支配

1）頭 部

検査法：視診と触診により、萎縮と顎緊張の有無を評価します。
判 定：萎縮がみられる場合は第七脳神経の顔面神経、顎緊張がみられる場合は第五脳神経の三叉神経の異常が疑われます。

2）顔面−触覚

検査法：目を覆った状態で、耳、眼、鼻の周りを刺激して、顔面の動きや皮膚の引きつりの有無をみます。
判 定：反応がなければ、支配神経である第五神経の三叉神経、第七脳神経の顔面神経の異常が疑われます。

3）眼−瞬き反射、威嚇反射

検査法：左右の眼の内眼角および外眼角を刺激して瞬き反射を評価します（瞬き反射）。また、目を開けた状態で手を急に近付けて、そのときの眼瞼の反応（威嚇反射）を調べます。正常であればいずれも瞬きをするか、または目を閉じます（図8-19）。
判 定：反応がみられなければ、第二脳神経の視神経、および第七脳神経の顔面神経の異常が疑われます。眼球に損傷があると一時的に目が閉じた状態になるので、注意が必要です。

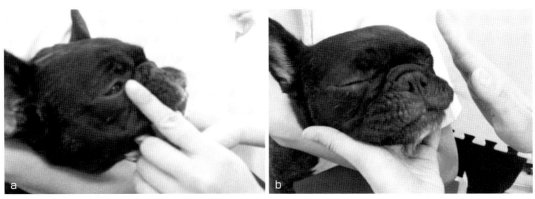

図8-19 瞬き反射（a）と威嚇反射（b）

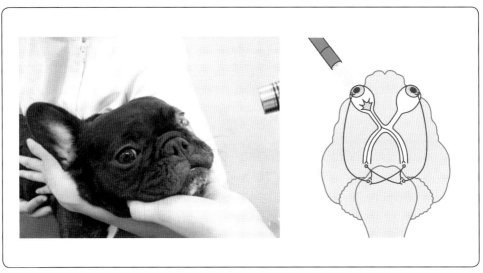

図8-20 瞳孔の対光反射
視神経は交叉しているため、併せて共感性対光反射も評価する。

4）瞳孔－対光反射

検査法：目を開けた状態で眼球にペンライトを当てたときの瞳孔の反応（対光反射）を観察します。直接対光反射だけではなく、対側眼の瞳孔の反応（共感性対光反射）を合わせて評価します（図8-20）。正常であれば両眼とも瞳孔は収縮します。

判　定：反応がみられなければ、第二脳神経の視神経および第三脳神経の動眼神経の異常が疑われます。

5）眼球－眼振反射

検査法：頭を左右にゆっくりと動かして眼振を観察します。正常（生理的眼振反射）では、頭が動く方向と同じ方向への眼振は反対方向への眼振に比べて速くなります。

判　定：反応がみられなければ、第三脳神経の動眼神経、第四脳神経の滑車神経、第六脳神経の外転神経、第七脳神経の顔面神経の異常が疑われます。

6）口－咽頭反射

検査法：咽頭部を刺激して咽頭反射の有無をみます。

判　定：反応がみられない場合は、第九脳神経の舌咽神経、第十脳神経の迷走神経、第十二脳神経の舌下神経の異常が疑われます。

7）頸部－筋の萎縮

検査法：触診によって頸部筋肉の萎縮を評価します。

判　定：反応がみられない場合は、第十一脳神経の副神経の異常が疑われます。

8）鼻－触覚

検査法：鼻を擦って刺激します。正常であれば鼻を舐める反応がみられます。

判　定：反応がみられない場合は、第十二脳神経の舌下神経の

異常が疑われます。

9）臭　感
検査法：好物の食べ物を鼻の近くに置き、鼻で臭いを嗅ぐ反応をみます。正常であれば、目を輝かせ、舌なめずりをします。
判　定：反応がみられなければ、第一脳神経の嗅神経の異常が疑われます。

第3部

リハビリテーションと理学療法

リハビリテーションを必要とする動物に対して、
第2部で紹介した様々な方法でその病態を評価することができます。
その結果に基づいて、最適なリハビリテーションプログラムが策定されます。
第3部では、プログラムを構成する理学リハビリテーションについて、
その基礎知識と様々なテクニックについて解説します。

◆序　　理学療法概論
◆第9章　徒手療法
◆第10章　運動（エクササイズ）療法
◆第11章　物理療法

序 理学療法概論

1. 動物のリハビリテーションと理学療法
2. 理学療法の治療効果と治療法

リハビリテーションにおける理学療法の位置づけと、理学療法の骨格をなす徒手療法、運動療法および物理療法の治療効果と臨床的効果について解説します。さらに、理学療法の実践にあたっては、
① どのような病態に対して
② どのような目的で
③ どのテクニックを
④ どのように適応するか
その基礎的事項を理解することが大切です。

---

❶ 動物のリハビリテーションと理学療法

1）リハビリテーションとは（第1章参照）

（1）ヒトのリハビリテーション
「全人的復権」を目的としたアプローチと定義されています。すなわち、運動機能だけでなく、聴視覚・言語障害の改善、これらのハンディキャップゆえに阻まれる社会生活への復帰のための様々な訓練をも含みます。

（2）動物のリハビリテーション
整形外科学疾患、神経学的疾患、手術後、あるいは内科学的重症疾患などで萎縮した筋肉や拘縮した関節の機能を改善して、運動機能を回復させ、伴侶動物としての活動を取り戻すためのさまざまなアプローチをいいます。

ちなみに、野生動物では自然復帰させるためのアプローチをリハビリテーションといっています。例として、油汚染の野鳥などでは油の洗浄を行い、自然に放鳥できるようになるまで世話をし、体力を回復させることをいいます。

（3）アプローチの方法
動物のリハビリテーションにおいて、アプローチの主たる方法は理学療法です。そのため動物では、実質的には理学療法というべき治療法が、リハビリテーションと同義語のように使われていますが、広義のリハビリテーションと区別するためにも、より正しくは理学リハビリテーションとよぶべきでしょう。

2）理学療法とその分類

（1）理学療法 physiotherapy
身体に障害のある動物に対し、マッサージ、他動運動、補助・自発運動、冷却・温熱あるいは電気などの物理学的手段による刺激を加えることによって、その運動能力の回復を図る治療法をいい、リハビリテーションの一手段です。

（2）理学療法の分類（表9-1）
理学療法は、表9-1に示すとおり、徒手療法、運動（エクササイズ）療法、および物理療法の三つに大きく分けられ、各々にさまざまな治療法があります。このうち、徒手療法と運動療法は理学療法の基本をなすテクニックです。水中運動療法以外ではそれほど費用はかかりません。さらに、これらは日常診療におけるワンランク上の看護療法として極めて有用です。

表9-1 理学療法の種類

療法	種類	
徒手療法	マッサージ	
	関節の他動的可動域（PROM）運動	
	関節モビライゼーション	
	ストレッチ	
	脊髄反射刺激操作	
運動（エクササイズ）療法	陸上運動	補助
		自発
	水中運動	
物理療法	冷却療法、温熱療法	
	低レベルレーザー療法	
	低周波電気療法	
	超音波療法	
	電気鍼療法	

表9-2 理学療法における負荷の種類とその作用および治療法の関係

負荷の種類	作用	治療法
運動	組織伸縮	徒手療法、運動療法
	超音波振動	超音波療法
	筋痙攣運動	低周波電気療法、電気鍼療法
温度	輻射熱	赤外線療法
	伝導熱	冷却療法、温熱療法、温泉療法
	転換熱	高周波療法、超音波療法、低レベルレーザー療法
刺激	電気刺激	感電流療法、低周波電気療法、定電流療法、電気鍼療法
	温度刺激	冷却療法、温熱療法、超音波療法、灸療法、低レベルレーザー療法
	鍼刺激	鍼療法
	神経刺激	脊髄反射刺激操作、低レベルレーザー療法、徒手療法、補助運動療法、鍼療法
生物学的	免疫担当細胞等の活性化	低レベルレーザー療法、超音波療法
	細胞膜透過性の亢進	低周波電気療法
	代謝の活性化	低レベルレーザー療法、低周波電気療法、超音波療法

表9-3 治療効果とその機序および適応される治療法

治療効果	作用など		治療法
リラックス効果	弛緩	全身	マッサージ療法、温泉療法
		局所	マッサージ療法、温熱療法、超音波療法
疼痛緩和・抑制効果	消炎		冷却療法
	弛緩		温熱療法、マッサージ療法
関節可動域（ROM）改善効果	組織弛緩		温熱療法、マッサージ療法、ストレッチ療法、運動療法
筋肉増強効果	組織伸縮		他動運動、低周波電気療法、
			補助運動、陸上運動、水中運動
	組織振動・痙攣		低周波電気療法、電気鍼療法、超音波療法
神経代償性機能賦活効果	神経刺激		脊髄反射刺激操作、マッサージ・補助運動療法、電気鍼療法、低レベルレーザー療法
創傷治癒促進・改善効果	生物学的		低レベルレーザー療法、低周波電気療法、屈伸運動・マッサージ療法

❷ 理学療法の治療効果と治療法

1）負荷の種類とその主な作用および治療法の関係（表9-2）

治療に適応されるエネルギーである負荷の種類とその主な作用、および治療法は**表9-2**のようにまとめられますが、各々の治療法が有する機序や効果は一つに留まりません。例えば低レベルレーザー療法は、主として鎮痛を目的として適応されていますが、他にも神経刺激、生物学的あるいは温熱刺激などの機序を有していて、次項に述べるように結果的に多様な効果を現します。

2）治療効果による分類とその内容（表9-3）

動物に与えられるいろいろな負荷操作とその主な作用から、さまざまな治療効果が生み出されます。その概要を**表9-3**にまとめました。

治療効果は、①リラックス効果、②疼痛緩和・抑制効果、③関節可動域（ROM）改善効果、④筋肉増強効果、⑤神経代償性機能賦活効果、⑥創傷治癒促進・改善効果の六つに大きく分

けられます。各々のテクニックに対する治療効果は一つずつということではなく、前述のように多くのテクニックが複数の治療効果を有しています。それらの詳細については次章以降に解説しますが、この表に示された概要を理解し、どのような病態にはどのような治療法とテクニックを選択すべきかについて理解を深めてください。

3）治療法の選択

第2部の病態評価の結果から、その症例のその時点で必要な理学リハビリテーションは何かを考え、**表9-3**を参考にして的確に選択して、リハビリテーションプログラムを組み立てることが大切です。そのためには、各々の理学療法のテクニックに精通することが求められます。それらの効果を有機的に組み合わせてプログラムを構成することによって、よりいっそうの治療効果が期待されます。

第9章 徒手療法

1. マッサージ
2. 関節の可動域運動
3. 関節モビライゼーション
4. ストレッチ運動
5. 神経機能回復刺激操作

　理学療法の基本である徒手療法は理学療法の一テクニックではありますが、ある動物に初めて接する際のきっかけとして、また術後や入院中の緊張した、あるいは強ばった動物の身体をリラックスさせる手段として、是非ともマスターしておきたい「看護テクニック」でもあります。徒手療法は、費用もあまりかからず、飼い主に指導することによって家庭でも実施可能です。また、筋肉を弛緩させて関節の可動域を改善し、組織の可動性を高めて患肢および患部関節の運動機能を改善するなど、効果が目に見えて出てくることから、飼い主に希望と励みを与えます。ただし、痛みの再発や組織の再破綻を引き起こすような過剰な他動運動は決してしてはなりません。

❶ マッサージ

　身体の軟部組織に対して、人の手で圧迫、牽引、屈曲、伸長、滑走（スライド）などの負荷を与えることをさします。これによって、後述するさまざまな効果が発揮されます。

1）マッサージの局所的および全身的な作用と効果

（1）循環の活性化と組織の賦活
循環の活性化：リンパや静脈は遠位から近位へ向かって流れるため、マッサージの方向も末梢から近位へ向かって、あるいは体表の所属リンパ節に向かって繰り返し行います。これにより循環が刺激・促進されて代謝が亢進し、組織の賦活が活性化します。
ドレナージ（排液）：マッサージによる繰り返しの圧迫は、リンパ管や血管と組織間隙で圧力の勾配を作り、体液が末梢から体幹へ移動します。これを排液（ドレナージ）といいます。

（2）組織の癒着予防と柔軟性の回復
癒着の原因：炎症による血管透過性亢進のため、フィブリンを含む血漿が組織間へ滲出し、これが癒着の原因となります。
運動域の制限：癒着により線維組織間の正常なスライドの動きが妨げられる結果、痛みが出たり、運動域が制限されたりします。
組織の可動化：マッサージは、組織をさまざまな方向へ引き伸ばし、隣接する結合組織の原線維を可動化させる効果があります。
柔軟性の回復：線維間の癒合が引き伸ばされることで、線維部と癒着部にある線維性架橋結合の部位で可動性が増大します。これにより、組織境界では、広がりやスライドが起こり、線維の縦への伸張によって柔軟性の増大が助長されます。

（3）筋肉に対する作用
柔軟性の増大：マッサージは、筋肉束周囲の結合組織に対して柔軟性を増大させ、さらに筋肉内境界面の可動性を高めて組織の線維性癒着や瘢痕形成を遅延させる効果を持ちます。
緊張緩和：緊張や痙縮の状態にある筋肉に対して、マッサージはその緊張を軽減して運動筋の痛みや圧痛を改善させます。また、運動前のウォーミングアップとして、筋肉に運動の準備を促すマッサージは効果的です。
筋肉痛の軽減：運動後に筋肉を伸張させた状態で痛みがあるのは、筋肉の損傷というよりも結合組織の炎症によるものと考えられています。マッサージにはこの炎症を鎮める効果があります。

(4) 結合組織・瘢痕組織に対する作用

結合組織の弛緩：結合組織は、液体が持つ粘性と固体が持つ弾性の両者を合わせた粘弾性という特性を持っています。粘弾性が高く硬直した組織では、軽度な負荷を長時間かけて繰り返しマッサージを行うことで、組織は伸張、すなわち弛緩します。

瘢痕組織の可動化：一つの方法は深部摩擦です。個々の線維に対して直角になるようにして行うことで、その部位に可動性が生み出され、反応性充血が起こり、線維間の架橋結合が引き伸ばされ、そしてその部位の癒着も引き伸ばされます。腱の線維性瘢痕化とその境界面は、マッサージによりさらに柔軟にすることができます。

過剰負荷による損傷：急速で過重な負荷をかけると、組織では弾性限界に近づくにつれて微小損傷が起き始め、ついには不可逆的な断裂を引き起こすことになります。すなわち、強すぎてはいけません。

(5) 神経に対する作用

神経賦活刺激：マッサージは、脳に疼痛の緩和やリラックス感、あるいは痛みなどの刺激を与えていることがわかっています。これまであまり指摘されてきませんでしたが、これはすなわち障害神経の賦活刺激に繋がる、と著者は考えています。

代償機能の賦活：椎間板ヘルニアの後遺症である後肢麻痺や末梢神経麻痺などは、残存組織の軸索機能が代償されることで神経機能が回復することがあります。この代償機能の賦活に、術後や受傷早期のマッサージや屈伸運動などがきわめて有用であろうと考えられます。

(6) 痛みに対する作用

循環改善：結合組織の炎症によって二次的に筋肉の痛みが発現している状態では、その周囲の組織の循環改善による洗い流し効果であるドレナージによって、炎症（疼痛）物質が早期に消散するため、炎症が抑制されて疼痛が軽減されます。

痛みの域値の上昇：マッサージをすることで痛みの閾値レベルが大きく上がり、疼痛感が軽減されます。痛みが治まれば、障害の原因に対応したさまざまな処置がしやすくなります。

(7) ストレスの解消

小動物自身がマッサージを受けることを楽しむ傾向があり、筋肉の弛緩、痛みの緩和、緊張の軽減、可動性の増大、神経系の鎮静などを促進し、血液やリンパ液の循環を改善して、ストレス・不安・不快感を和らげるというような、全身的効果が認められています。実験的研究から、マッサージによって副腎皮質ホルモンの分泌が低下し、ヘマトクリット値の低下と血液の粘性低下などが観察されています。

2) マッサージの適応病態

マッサージは、次のような症例や病態に有効です。

(1) 外科手術・受傷後

早期開始の必要性：一定期間の運動制限や関節の固定などの不動化により、廃用性萎縮や緊張をきたした筋肉に対して、早期にマッサージを適用することにより、関節や軟部組織の疼痛緩和と柔軟性を維持することができ、機能の衰退を防ぎます。

癒着の防止：受傷後の炎症部位あるいは手術部位では、炎症による血管透過性亢進のためにフィブリンを含む血漿が組織間へ滲出し、これが癒着の原因となります。したがって、早期から関節の屈伸運動による滑走運動（スライディング）を行い、癒着の防止を図ります。

炎症による組織の脆弱化と疼痛：炎症時には、組織は脆弱で疼痛が存在するため、冷却療法に加えて、必要があれば非ステロイド性抗炎症薬（NSAID）投与による疼痛管理下でマッサージを行い、修復途上の組織の運動などによる再破綻や発痛を予防します。

他動運動時の注意：他動運動に対する筋の緊張は痛みの存在を意味するため、痛みと炎症が併存する場合には、筋の緊張に逆らった圧迫や屈伸運動を決して行ってはいけません。組織の破綻を起こしてはなりません。他動運動に痛みを伴う変形性関節症の場合は、この状況とは異なります。

亜急性期：組織の再構築を促進して治癒を促すため、マッサージは有効です。熱感があれば、後に冷却療法を行います。

痛み：マッサージによる心理的なリラックスも痛みの緩和と障害からの回復の助けとなります。

(2) 神経麻痺

椎間板ヘルニアなどの手術直後から麻痺肢のマッサージや関節の屈伸運動を行うことは、障害を受けた脊髄伝導系の代償機能の賦活に非常に有効と考えられます。

(3) 二次的障害

慢性的な筋骨格系疾患では、歩様や関節のアライメント、肢軸などの体型が二次的に変化することがあります。その結果現れる痛みや関節の可動制限に対して、マッサージは有効です。

(4) 慢性疾患

変形性関節症などでは、緊縮した関節周囲の軟部組織のマッサージや関節の屈伸運動をすることにより、筋緊張の緩和や不快感を軽減して筋肉が活動しやすくなります。

(5) その他

トレーニング開始前の準備にも、終了後の疲労回復や緊張緩和にも有効です。オーバートレーニングに対しては冷却療法と組み合わせます。いわゆるウォーミングアップやクールダウンは動物にとっても重要です。

3) マッサージを始めるにあたっての体勢と手順

実際にマッサージを始めるにあたっての体勢や手順について

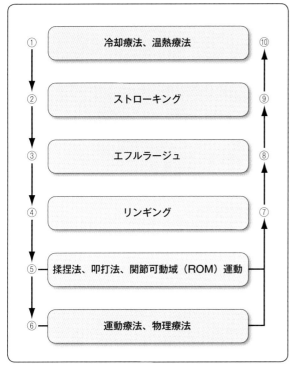

図9-1 理学リハビリテーション全体の流れ
病態により、まずウォーミングアップとして、①患部の炎症の有無に応じて冷却または温熱療法を施し、ついで②〜④の導入マッサージを行い、そして必要な⑤の徒手療法、さらには⑥の運動療法などをエクササイズとして施した後、今度はクールダウンとして⑦から逆に行い、⑩の冷却療法で終わる。

述べ、次いでマッサージの各々のテクニックについて解説します。

（1）マッサージ時の姿勢と体勢
まず施療者自身が無理のない安定した姿勢をとり、リラックスした雰囲気で行うことが大切です。動物に対する施術者の目の位置も真上からよりも横からになるように座って動物をリラックスさせ、動物と心を通わせることでさらにマッサージ効果が高まります。

（2）開始の合図
マッサージの対象とする部位である患部にアプローチする前に、常に次に述べる軽擦法によって全身や患部周囲のマッサージを行います。これにより、動物はリラックスし、患部のマッサージを受け入れやすくなります。ただし、過剰な圧や振動によって、動物が不快にならないように注意します。

（3）マッサージの流れ
理学リハビリテーション実施の全体の流れはとしては**図9-1**（全体の説明は第4部参照）のようになります。マッサージとしては、①の次に原則として全身的かつ穏やかに軽擦法である②のストローキングで開始し、動物の示す違和感や不快感を見極めながら徐々に患部に近づき、③エフルラージュ、次いで④

リンギングを動物の反応をみながら加える圧や力を強めて行っていきます。そのあとに⑤揉捏法、叩打法あるいは関節可動域運動などの必要な徒手療法を行い（さらには、必要な⑥運動療法や物理療法を行った後）、今度は逆の順序で再び⑦リンギング、⑧エフルラージュを行い、そして⑨ストローキングで終了となります。冷却療法は必要に応じて行います。

4）マッサージのテクニックとその効果
マッサージの基本的なテクニックとして下記のようなテクニックを挙げましたが、その他さまざまなバリエーションも行われています。

（1）軽擦法

A. ストローキング stroking（なでる）（図9-2）
マッサージを行うポジショニングにして最初に行うテクニックです。

方　法：指先あるいは手の甲を、はじめはほんの軽いタッチで身体の全体表面をゆっくりと滑らせます。頭から尾へ、前胸部、右前肢から左後肢へと、近位から遠位に向かって毛流に沿って、指先を犬の体表から離さず長いストロークで進めていきます。

効　果：動物をリラックスさせると同時に、触診による筋肉の緊張、腫脹、温度、敏感度や痛みなどが評価できます。動物に対して「これから身体を触りますよ」という「挨拶」でもあります。

B. エフルラージュ efflerage（さする）（図9-3）

方　法：中等度の圧を加えながら、四肢遠位から近位へと手掌によるマッサージを続けます。筋線維に沿って遠位から近位に向かって、あるいは所属リンパ節に向かってリンパ液を集めるように進めます。また、部位の移動やマッサージの手技を変更する前後、あるいは手技中にも10〜20秒ごとに行うとより効果的です。

エフルラージュを進めていく過程で、筋肉の緊張や拘縮が認められた場合には、痛みをコントロールしながらゆっくりとさらなる圧迫ともみを加えます。

効　果：血液循環を促し、体組織液のリンパ行への環流を促します。この操作がドレナージ（排液）とよばれます。

C. リンギング wringing（図9-4）

方　法：エフルラージュに続いて、左右の手掌を交互に動かして軽く圧を加えながら皮膚を筋肉の上から揺り動かします。

効　果：循環を促し、身体を温める効果があり、また皮下や筋肉の知覚異常、熱感、痛みあるいは腫瘤や浮腫が評価できます。

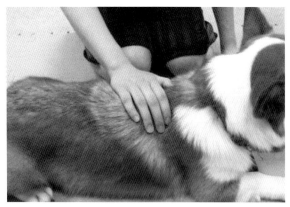
図9-2　軽擦法：ストローキング

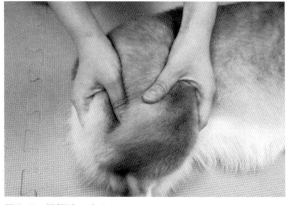
図9-5　揉捏法：もみ

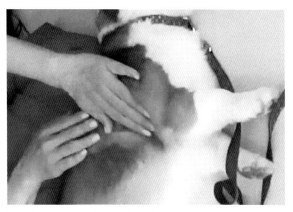
図9-3　軽擦法：エフルラージュ

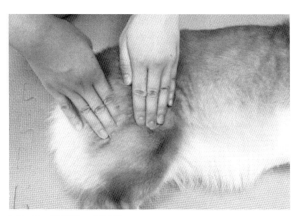
図9-6　揉捏法：圧迫法

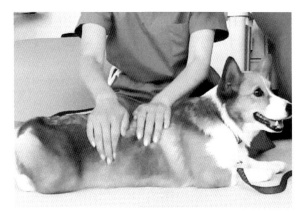
図9-4　軽擦法：リンギング

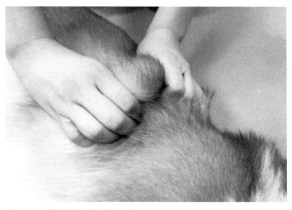
図9-7　揉捏法：筋肉しぼり

（2）揉捏法 petrissage（ペトリサージュ、もみ）

「もみ」はマッサージの基本であり、①もみに加えて、②圧をかける、③筋肉をしぼる、④しぼり上げる、⑤スキンローリング（皮膚転がし）などのテクニックがあります。

A．ポイント

遠位より近位に向かって進め、圧迫により循環を促して筋の緊張を緩和します。熱感のある部位では痛みを伴うために加える圧を軽くし、筋肉の緊張や拘縮が強い場合には後述のフリクションや叩打法を施します。

B．種類と方法および効果

①もみ（図9-5）

指の腹を使って、パン生地をこねるようにリズミカルに親指と他の指の間に挟んだ組織をもみます。循環を促し、組織の緊張を改善して柔軟性を高めます。

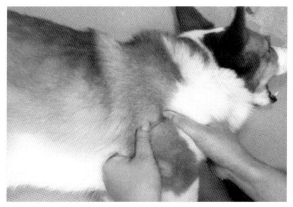

図9-8　揉捏法：しぼり上げ

図9-10　バイブレーション（振動法）

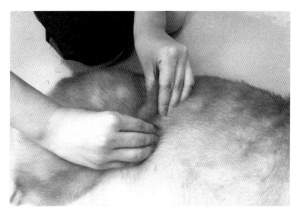

図9-9　揉捏法：スキンローリング

②圧迫法（図9-6）

　臀部のような大きな筋肉群をもむ際に用いるテクニックで、両手の握り拳の腹面やそろえた指の腹で大腿部筋肉を強く圧迫してゆらします。循環を促し、筋肉の緊張を改善します。

③筋肉しぼり（図9-7）

　手掌全体を筋肉に押しつけて親指と他の指と手掌で筋肉を軽くつかんでしぼります。循環を刺激するとともに、筋肉のウォーミングアップに適しています。

④しぼり上げ（図9-8）

　首、肩、背、腰、大腿などの広い部位に行う方法です。親指と手掌を直角にして体表に当て、濡れタオルをゆっくりとしぼり上げていくように圧迫します。はじめは軽く、徐々に加圧します。循環が刺激されて炎症を抑制します。

⑤スキンローリング（皮膚転がし、図9-9）

　体幹部のような皮膚のゆとりがある部位に適用します。親指と他の指で大きく皮膚をつかんで持ち上げ、表層組織を押し上げながら、波が進んでいくように移動させていきます。循環を促し、皮膚の弾力を維持し、癒着の形成を防止します。

（3）バイブレーション vibration（振動法、図9-10）

方　法：表層組織から下部の筋肉あるいは関節などのより深い組織に対して行います。はじめは手自体の重さの圧に留め、指を広げて手を小さく振るわせながら圧を1～2kgぐらいまで徐々にかけていきます。

効　果：強い神経反射を伴う鎮静効果があります。

（4）シェイキング shaking（ゆさぶり法）

　スポーツマッサージなどで体表組織に行われるマッサージで、指だけまたは手掌全体で行います。1秒に1回程度のゆさぶりは鎮静効果をもたらし、1秒に2～3回では刺激効果に変わります。

（5）フリクション friction（摩擦法、図9-11）

方　法：部位の広さに応じて、親指1指だけから小指を除く4指までを束ねて行います。線維の走行に対して横断する圧を、はじめは軽く、そして動物の反応に応じて徐々に加えながら、指を軽く揺すります。瘢痕組織や癒着部位では、後述する温熱療法を事前に行い、終了後には冷却療法を適用すると効果的です。

効　果：いわゆる指圧であり、筋線維、腱、靭帯、腱膜などの緊張や硬結、癒着などに適用し、それらの組織を弛緩あるいは伸展させ、あるいは柔軟性などを回復させます。

応　用

　フリクションの応用として、下記の方法があります。

①発痛点の治療（図9-12）

　筋腹に小さな痙縮をみる場合には、その発現部位である小さな結節部位に施す方法を「発痛点治療」といいます。痙縮の中心部を指先で虚血性の圧迫を20秒ほど続け、10秒ほど間隔をおいて3～4回繰り返します。動物の反応をみながら加圧していきます。

②深部横摩擦法（図9-13）

第3部 リハビリテーションと理学療法

図9-11　フリクション（摩擦法）
親指の腹で筋走行に垂直に圧を加える。

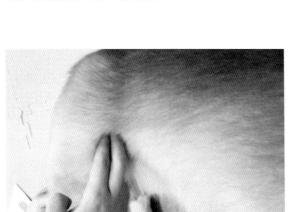

図9-12　フリクション：発痛点の治療

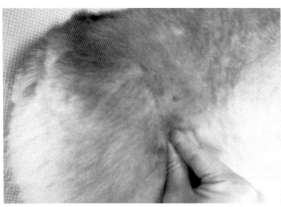

図9-13　フリクション：深部横摩擦法
深部のフリクション。

損傷後に、筋肉内に大なり小なり形成される瘢痕組織を軽減させるために本法が適用されます。筋線維に対して直角になる角度から人差し指と中指の2指から親指～薬指の4指をまとめて、その先端を使ってゆっくりと圧をかけていきます。1セット10回として、これを3～10セット繰り

図9-14　軽叩打法

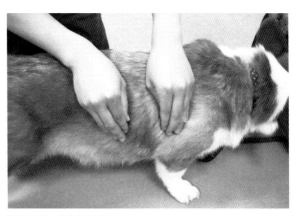

図9-15　縮気叩打法

返します。

（6）叩打法 tapotements（タポテメンツ）

方　法：筋群を両手でリズミカルに叩いて筋肉をリラックスさせます。動物の表情から違和感や嫌悪感が認められない範囲で、1秒間に2～3回から徐々に回数と圧力を増していきます。

種　類
①軽叩打法：手掌を軽く丸めて1秒間に2～3回、体表を軽くリズミカルに叩きます（**図9-14**）。
②縮気叩打法：手掌をカップ状にして、はじめは優しく、しかし確実に患部を叩き、（**図9-15**）徐々に強くしていきます。
③手拳叩打法：握り拳の小指側の柔らかい部分で叩きます（**図9-16**）。
④手刀叩打法：伸ばした手の小指側で叩きます（**図9-17**）。

効　果：局所の血行を改善して筋肉の緊張を緩和します。

（7）関節の屈伸運動

方　法：患肢患部の遠・近位両関節の曲げ伸ばしを行い、屈曲と伸展の各々のポイントで2～5秒間ほどそのままの位置で保

第9章 徒手療法

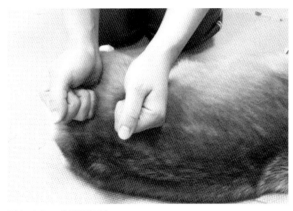

図9-16　手拳叩打法

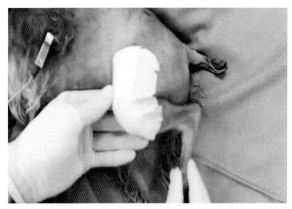

図9-18　膝蓋骨内方脱臼整復術後の屈伸運動
ゆっくりと屈伸し、膝蓋骨のずれや屈伸時の引っかかりなどに注意する。

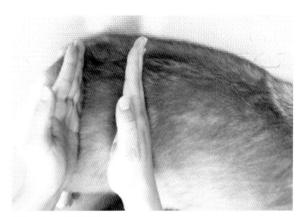

図9-17　手刀叩打法

持すればさらに効果的です。次項で述べる関節の可動域運動ではありませんので、圧をかけたストレッチは行いません（図9-18）。
効　果：マッサージの過程の一環として行う患肢の他動的な屈伸運動をいい、軟部組織の伸展と収縮による柔軟性とスライディングの回復、および癒着防止効果があります。
ポイント：緩やかな他動運動から始め、なじむにつれて軽く圧を加えていき、さらに屈伸にひねりを加えていきます。

次項で述べる関節の可動域を広げるための可動域運動とは区別してください。

❷ 関節の可動域運動

関節が動く範囲の限界を関節可動域（range of motion：ROM）といい、この可動範囲を広げていくための操作（運動）を可動域運動といいます。長期間寝たきりの症例や、高齢化に伴って近年増加してきた変形性関節症などに対しては、必須のテクニックです。

1）関節の可動域に影響を与える要因
（1）関節の可動角度
関節は、一軸・二軸・三軸関節など、その構造の違いによりそれぞれ動きの方向や角度に特性を有していますが、障害によって関節の可動域がさまざまなレベルで制限されます。
（2）軟部組織
関節の動きは、関節の構造と周囲を取り巻く靱帯、関節包、腱、筋肉などの軟部組織の量や柔軟性などにより制限を受けます。
（3）筋肉の柔軟性
関節を屈曲・伸展させる場合には、筋肉の柔軟性も重要な要因となります。
（4）筋肉の役割
二つの関節にまたがる上腕二頭筋や大腿直筋などは、その間にある関節が障害を受けると影響を受けやすい筋肉です。

2）関節可動域運動の早期再開の必要性と要件
（1）早期再開の必要性
関節機能の維持：関節の正常可動域を維持するためには、日常的・定期的に関節を動かしていることが必要ですが、その頻度が低下してくると、その不動期間に応じて関節の機能低下、すなわち可動域の縮小が始まります。
不動化による影響：関節機能の低下は、関節軟骨、靱帯、関節周囲軟部組織、関節包、腱、筋肉、および皮膚などの萎縮や柔軟性の低下から拘縮へと進行します。
早期再開の重要性：結論として、関節機能の低下を防止するためには、関節の不動化時間は短ければ短い方がよいことになります。すなわち、傷害を受けた後あるいは術後のリハビリテーションの開始は、可能な限り早期から始めることが重要です。
（2）早期再開を妨げる炎症と痛み
可能な限り早期のリハビリテーション開始は可動域の拡大を

促してより確かな治癒を可能にしますが、一方で炎症と疼痛の存在がリハビリテーションの施療に影響を与えることも忘れてはなりません。

炎症の影響：外傷や術後の炎症の存在は、組織の脆弱さと痛みの存在を意味します。早期再開は、動物に不快感を与えない痛みのコントロールと創傷の治癒に悪影響を及ぼさないことが前提となります。

痛みの影響：痛みのある患部にさらに他動的に働きかけると、動物はそれに対して忌避するようになり、その後の理学リハビリテーションが実施できなくなることがあります。痛みに対しては厳重にコントロールしなければなりません。

（3）痛みの発生

痛みは、以下の事由により発生します。

炎症の存在：炎症の存在により、発痛物質の産生が促されます。また、手術や外傷後には周囲組織の二次的な収縮や損傷組織修復の反応が進行中です。修復中の組織は線維化や組織の再生の進行過程にあり、動きによって痛みが増幅されます。

物理的な可動制限：筋や靱帯、腱は攣縮や拘縮によって多くの場合短縮しています。このため、組織が自由にスライドすることができないために関節可動域が制限され、このような可動制限が動きに抵抗してさらに痛みを誘発します。

神経の圧迫・障害：腫瘍による神経の圧迫や神経の障害においても痛みが発生します。

（4）早期開始の要件と禁忌

患部の冷却は、炎症を沈静化し、かつ痛みの域値を上げて痛みを抑制します。

痛みと炎症の沈静化：軽度の痛みには患部に冷却療法を適用します。痛みが中等度以上では、NSAID投与で疼痛管理し、さらに冷却療法を行った後、他動運動を行います。

禁忌：他動運動に対する筋の緊張が認められた場合には、疼痛がコントロールされていないことを示しており、それに逆らうさらなる他動運動は、疼痛の発現と修復部の再破綻を招く恐れがあることから、禁忌です。

3）関節可動域運動の臨床適応

（1）他動的な関節の可動域運動 （図9-19～9-22）

他動的な関節の可動域（Passive ROM；PROM）運動とは、関節可動域制限を受けた関節の可動域拡大のために、他動的に関節を動かすことをいいます。

目　的：早期からの他動的関節可動域運動により、関節の拘縮や軟部組織の短縮や癒着を防止し、軟部組織間の可動性を維持することによって痛みを緩和し、血流やリンパ流を活性化・正常化させて滑液の産生と関節全体への広がりを促し、治癒を促進することが目的です。

方　法：患肢関節を動かすことのできる範囲内において、施療者が他動的に動かすことにより行います。可動範囲が最大となるポジションで、15～30秒間さらに力を加えることでストレッチ状態となります。この運動は、関節の状況に応じて、1日2回～4回、1回に関節の屈伸を15～20回繰り返します。痛みが軽減するにつれ、また可動域が正常に回復するにつれて、回数やストレッチの強さを大きくしていきます。

必要性：この動作は、動物自身が自発的にすることはほとんどありません。そこで他動的関節可動域運動が必要であり、リハビリテーションが有用となります。この運動は、自発的な負重や関節運動が可能になるまで続けます。この際、状況に応じてマッサージなども併行して行うことによって、動物はさらにリラックスしてリハビリテーションに臨むようになります。

また、関節の複雑骨折などのように自発運動が組織の修復に悪影響を及ぼすような場合にも、施療者のコントロール下でできるだけ早期に他動的関節可動域運動を開始します。

ポイント：関節可動域の改善のためには、他動的関節可動域運動とストレッチを複合して行いますが、術後や外傷後の症例のPROM運動の開始時には関節の屈伸にとどめ、治癒経過の進行に応じてストレッチを付加していきます。後述しますが、術後や外傷時の急性炎症期には、冷却剤（アイスパック）で患部を冷却する（アイシング）ことにより、疼痛を緩和して炎症を抑制します。一方、治療中期以降や慢性期には、温熱（ホット）パックの適用や超音波療法やレーザー療法などとの併用で治癒効果が促進されます。

注　意：施療は動物に不安を与えないような静かな環境下で行います。動物をリラックスかつ安定した状態で横臥させ、患部関節の上下の骨に動揺を与えない体位で肢を優しく保持して、関節運動をゆっくりと開始します。動物の表情を慎重に観察しながら、不安や不快感、さらに痛みなどの状態に応じて動物に声をかけ、あるいは飼い主の助けを借りて、徒手療法のストローキングから始めて関節の他動的関節可動域運動に入っていきます。

予　後：麻痺の症例では、関節の拘縮を防ぐために1日に2～6回以上のストレッチを含む他動的関節可動域運動が必要ですが、神経の機能回復が伴わない場合には回復は難しいと思われます。

（2）補助付き自発的関節可動域運動 （図9-23）

自発的な関節の動きが出てくると次のステップとして、起立補助をして動物自らの自発的で活発な運動を促します。肢力不足や固有位置感覚の低下した症例には適した運動です。この段階になると、次章の運動療法との区別はありません。

方　法：まず、マッサージや他動的関節可動域運動を十分に施した後、スリングをつけて施術者が補助しながら起立とお座り

第9章 徒手療法

図9-19 関節拘縮症例の前肢関節の屈曲運動
高齢で脳梗塞後に寝たきりになり、全身の筋肉萎縮と関節の拘縮をきたした症例。温熱療法・筋肉のマッサージ後に関節屈曲運動を行う。前肢をゆっくりと屈曲し、そのまま肩甲骨を前後に動かし肩の筋肉の緊張をほぐす。

図9-20 前肢の伸展運動
伸展した前肢を肩甲骨から前後に動かす。

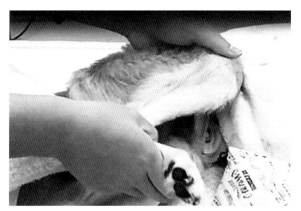

図9-21 後肢の屈曲運動
屈曲した後肢を股関節を中心に前後に動かす。

図9-22 後肢の伸展運動
伸展した後肢を股関節を中心に前後に動かす。

図9-23 補助付き自発的関節可動域運動
この犬は高齢で脳梗塞発症後に全身的萎縮をきたし、寝たきりになっていたが、徒手療法により関節の動きがよくなってきたため、ハーネスを着けての自発的関節可動域運動、すなわち補助歩行練習を行った。

運動をさせます。同様に、手で支えて、あるいは壁の間や施療者の両足で挟むようにして後躯を支えて、起立とお座り運動を促します。

後述するピーナツボールを用いた屈伸運動、スリングで支えた補助歩行、車いすを利用した補助歩行、あるいは水中補助歩行も関節の可動域改善のための有力なプログラムといえます。

（3）特に可動域運動が勧められる病態

下記のような病態では、術後や外傷時の処置後、早期にリハビリテーションを開始することが特に推奨されます。ただし、あくまでも損傷部の癒合等の治癒経過に悪影響を与えず、痛みがコントロールされていることが必須条件です。

- 子犬の大腿骨遠位骨端軟骨板離開：関節の拘縮や大腿四頭筋萎縮の防止に有用
- 上腕骨遠位端骨折：肘関節拘縮の防止に有用
- 前十字靱帯断裂修復術：膝関節伸展角度減少防止に有用

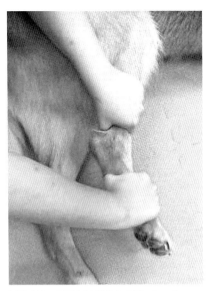

図9-24 関節のモビライゼーション
関節の上下の肢をしっかりと保持して牽引し、関節腔を広げ、さらに両手を左と右、上と下に逆に動かして関節包を広げる。

❸ 関節モビライゼーション

1) 背景と目的

可動域が制限された関節では、関節包、靱帯、関節をまたぐ腱や筋肉などの関節周囲の軟部組織が、不動化などによってさまざまなレベルで萎縮、強ばりあるいは拘縮して柔軟性が低下してきます。関節モビライゼーションは、低下した関節周囲の軟部組織の伸張性と柔軟性を高め、関節のスムースな動きを促し可動域を拡大する目的で行われる徒手療法の一手技です。軟部組織の柔軟性とは、引っ張りに対してどれだけ弛緩できるかをいいます。

2) 方 法（図9-24）

ストレッチの前に関節のモビライゼーションをすることによって、関節包とその周囲組織の柔軟性が促されます。

痛みが消失した関節の近位および遠位の肢を、左右の手でそれぞれしっかりと保持し、まず関節を中心に肢を反対方向にゆっくりと牽引して、関節腔間を広げます。これはすなわち関節包を伸ばすということです（図9-24）。これを何度か繰り返します。

次いで、肢を牽引して関節腔を広げたまま、その関節を曲げずに両骨端の関節面どうしを平行にずらして、関節腔組織をさらに弛緩させます。

この上下・左右の動きを2～3回繰り返して1セットとし、1日2～3セット行います。

これにより、関節周囲の軟部組織の伸張性と柔軟性が高まり、関節可動域が改善されて可動性が高まります。

3) 禁忌・注意

骨端部の骨折、関節の骨折、および関節周囲の軟部組織の断裂などの手術後は、組織の再破綻の危険性が高いので、本法の適応にあたっては慎重に判断する必要があります。

❹ ストレッチ運動

1) 背 景

関節の不動化、可動の減少、関節周囲組織の損傷や線維化、および神経疾患などでは、結果的に関連組織の萎縮や収縮がみられ、ストレッチ運動によく反応するようになります。

修復状態が不良の場合、関節周囲の損傷により軟部組織の異なる組織どうしが線維性癒着を起こします。この癒着により瘢痕形成から拘縮を起こした関節では可動域が著しく制限されるため、この関節に関連した筋や腱も動きが制限されて萎縮が起きます。このような関節の拘縮は治療が困難で、関節の正常機能を回復するのは難しくなります。したがって、瘢痕組織の癒着を抑えるため、損傷後の治癒の初期段階から適切なマッサージ、ストレッチ、さらにエクササイズが大切になります。

2) 目 的

ストレッチ運動は、関節の柔軟性、関節周囲組織や筋肉・腱の屈曲性と伸展性を改善する目的で行われる、徒手療法の1テクニックです。前述した関節の可動域運動と組み合わせて行うとより効果的になります。

3) 効 果

筋の短縮や硬化はストレッチに比較的早く反応し、関節の可動域も1週間で5～10°の改善がみられることもあります。関節包の拘縮を伴う場合でも、ストレッチを始めた初期段階において1週間で3～5°の可動域の改善がみられます。温水中でのストレッチ運動は、緊縮した組織が弛緩することから、さらに有効と思われます。

4) 注 意

腱や靱帯などの難収縮性の軟部組織は、主にコラーゲン線維から構成されています。コラーゲン線維はまっすぐに伸び、その組織は関節可動域限界まで伸展します。しかし、リハビリテーション初期の小さい圧によるストレッチでは、組織の破綻を防ぎ、かつリハビリテーションの効果を上げるため、この可動域限界の直前で加重を止めてその荷重を持続する、すなわちスト

図9-25 前肢の屈曲ストレッチ
屈伸運動の後、目的とする関節を中心に屈曲位を30秒間程度維持する。

図9-26 前肢の前方への伸展ストレッチ
頭側から肩関節を、尾側から肘関節を押さえて前方へ伸展し、約30秒間維持する。

図9-27 前肢の後方への伸展ストレッチ
頭側から肩関節を押さえて腕部を後方へ牽引伸展し、約30秒間維持する。

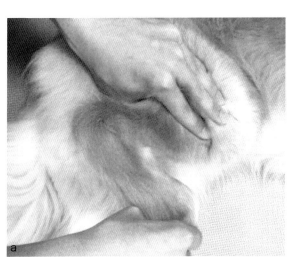

図9-28 後肢の屈曲ストレッチ
a. 屈伸運動の後、目的とする関節を中心に屈曲位を30秒間維持する。
b. 肢端の強ばりが強く負重時に4指が広げられない症例では、肢端に力を入れて4指を伸展させる。

レッチ状態を維持することが大切です。

5）種類と実際

（1）静的ストレッチ運動（図9-25～9-30）
方　法：ゆっくりと力を加えて筋肉や結合組織が最大限の伸張を示す位置で静止させ、そのまま15～30秒間維持します。
ポイント：静的ストレッチ運動を長時間行うことで、より改善が期待されます。場合によっては組織を伸ばした状態を維持するためにスプリントを利用することもあります。
注　意：動物には、不快感を与えることなく耐えられるように優しくストレッチを行うことが重要となります。

（2）動的ストレッチ運動
方　法：このストレッチ運動は、反発力を利用して高強度の力で短時間に素早く行います。
ポイント：筋肉と結合組織を強化するために、素早い動きを連

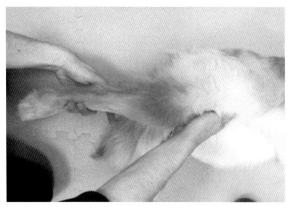

図9-29　後肢の後方への伸展ストレッチ
頭側から膝関節を、尾側から足根関節を押さえて中足骨を後方へ牽引・伸展し、約30秒間維持する。

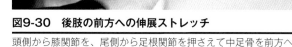

図9-30　後肢の前方への伸展ストレッチ
頭側から膝関節を、尾側から足根関節を押さえて中足骨を前方へ牽引・伸展し、約30秒間維持する。

続して行います。

注　意：この運動は強い動きに痛みを伴わず、他動によって組織が新たな障害を受けない程度に回復した後のリハビリテーションです。術後早期には禁忌です。

6）ストレッチ運動の注意点

ストレッチ状態から加重を解除すると、靱帯などは収縮して元に戻ります。しかし反対に、さらに加重を進めるとオーバーストレッチとなり、コラーゲン線維間の結合に損傷が起き、部分断裂などの不可逆的な変形を引き起こします。したがって、ストレッチの過剰には腱や靱帯の張力の慎重な見極めが重要です。

オーバーストレッチを避けるため、関節に対する過剰な負荷に注意し、また可動域の限界までストレッチをすることによって動物が不快にならないように、観察を怠らずに注意深く運動を続けてください。特に修復の遅い靱帯や腱に障害がある場合には、力をかけた負荷運動は慎重に進めます。

7）禁　忌

<u>ストレッチ運動の目標は結合組織を引き伸ばして組織の再配列を促すことであって、新たな障害を決して生んではなりません。</u>関節の可動域の限界に達すると、動物は痛みを訴えます。屈曲やストレッチ維持の角度は最大可動域の直前の角度を限度とします。屈伸運動時に筋肉が緊張して痛みが発現した場合には、障害（炎症）軟部組織の破綻が起きることがありますので、動物が痛みを感じているようにみられたらそれ以上の力を決してかけないでください。

5 神経機能回復刺激操作

1）背　景

徒手療法の効果として、これまでは軟部組織の改善のみが強調されてきましたが、末梢組織への刺激が脊髄を介して脳に伝達され、中枢神経機能の回復に寄与していることもまた明白です。また肢筋肉強化のためのリハビリテーションの1テクニックとして、従来より応用されている肢端刺激による屈筋反射などは、脊髄反射を利用したテクニックですが、これもすなわち脊髄障害部位を刺激しているものと考えられます。なお中枢神経系機能の回復は、神経組織の修復によるものではなく、残存した組織が損傷を受けた軸索の機能を代償することによるものです。

2）方　法

脊髄の伝導障害、特に急性障害に対しては、障害を除去するための手術などの獣医学的介入直後から、麻痺野や麻痺肢のマッサージおよび患肢の屈伸運動などの徒手療法を始めてください。肢端刺激による屈筋反射などの脊髄反射を刺激し、障害脊髄に残存する軸索の代償機能を刺激して回復を促します。必要があれば、術野の冷却療法などで疼痛をコントロールした上で施療してください。

3）効　果

末梢神経である知覚・運動神経に対する徒手療法の刺激は、当然ながら脊髄障害部位における残存神経組織の軸索の代償機能を促進する効果を有すると考えられます。また時間がかかりますが、損傷を受けた髄鞘が回復すると、軸索の再有髄化により神経機能が回復することがあります。

第10章 運動（エクササイズ）療法

1. 陸上運動（エクササイズ）療法
2. 水中運動（エクササイズ）療法

　運動（エクササイズ）療法は、陸上運動と水中運動の両者を含む治療法です。動物が補助を得て、あるいは自ら能動的に行う点が他動的な徒手療法とは異なります。手術／受傷後あるいは関節症などは痛みを伴いますが、関節軟部組織の強化や筋肉の萎縮予防あるいは改善が必要な症例では、冷却療法／非ステロイド性抗炎症薬（NSAID）による疼痛管理下で、早期にかつ慎重に理学リハビリテーションを開始します。自立や歩行ができないほどに筋肉の萎縮が進んだ症例では、自立補助や補助歩行運動を進めながらも、並行して可能な限り早く水中運動を始めた方がよいでしょう。運動療法は、筋力や関節可動域の回復、患肢の負重の改善、固有位置感覚の回復、および心肺機能や持久力の改善などに欠かせない、リハビリテーションの中でも間違いなく重要な治療法です。

❶ 陸上運動（エクササイズ）療法

　陸上運動療法とは、運動の中でも治療手段として陸上で行う運動のことをいいます。

1）エクササイズに対する考え方と進め方

（1）目　的
　この治療法の主たる目的は、痛みのない関節の動きのさらなる改善、筋肉量と筋力の増加、身体のバランスの反応性と協調性運動の向上、日常生活上の機能の向上、有酸素運動能力の増進などです。そして、さらなる損傷が起きないように体重や跛行を軽減させることです。

（2）利　点
　設備が必要な水中治療に比べて、陸上運動療法によるリハビリテーションはそれほど費用を必要としません。また、症例の障害の程度、飼い主の意欲、施療者の技量、さらに利用可能な施設や設備などによって、リハビリテーションプログラムには多様な選択肢があります。何もしないより、多様な徒手・運動療法の中から、すぐできるプログラムを選択して開始すれば、間違いなくそれだけの成果が得られます。

（3）進め方
　運動療法の成功の鍵は、可能な限り症例に応じた最適なプログラムで、そして身近にあるさまざまな道具を利用・工夫し、症例や飼い主が飽きることなく楽しんで実行できるように、多様で魅力あるプログラムを選択・作成することです。

（4）飼い主の協力
　初期には、新たな障害や再発が起きないように、とくに飼い主に対して症例の全体と患部の状況に十分に注意を払いながら、決して無理のないエクササイズをするように指導してください。実際には、1週間に1度は症例の障害の程度を評価し、その後のエクササイズの内容を施療者と飼い主とが相談しあい、無理のない内容で実行に移します。飼い主の慣れと症例の回復にしたがって、エクササイズのレベルを高めていきます。

（5）使用される主な器具・装置
　本章に記載した、トレーニングで使用される器具や装置を表10-1にまとめました。これらの器具・装置はほとんどがインターネットで調べることができますが、この他にもさまざまな器具が販売されています。このような器具以外に、家庭にあるソファーの上り下り、浴槽での水中運動、家具や器具などの間のスラローム歩行など、あるいは散歩途中にある坂、階段、溝あるいは公園内のさまざまな遊具（動物入園可であれば）など、

表10-1　陸上運動療法に用いられる器具と装置

区　分	品　目
吊り具	スリング、ハーネス
ボール	バランスボール、ピーナツボールなど
バランス床	バランスボード、バランスディスク、マットレス、エアーマット
車いす	補助歩行(医療)用車いす、更生用車いす
トレッドミル	低速陸上トレッドミル（時速0.1～0.2から5km）
障害物	キャバレッティーレール（横木障害物）などアジリティーで用いられる器具など
補助歩行装置	吊り下げ式補助歩行装置

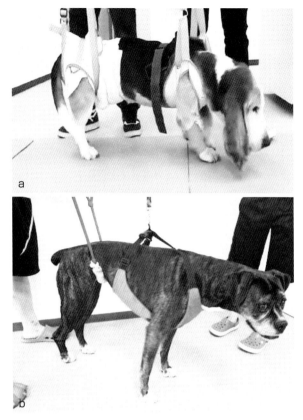

図10-1　ボディースリングを装着しての補助起立・補助歩行

a．甲状腺機能低下症により無気力から起立不能に陥った症例の補助起立。
b．後肢が不全麻痺している症例であるが、後躯用スリングを装着すると全く歩かなくなるため、前駆用および腰部用スリングを装着しての補助歩行訓練。

着眼と工夫によって利用可能な地形や「物」は意外にたくさんあります。

（6）禁　忌

鎮痛薬を使用して疼痛管理をしている症例では、飼い主が自宅で行うエクササイズは、少なくとも初期には散歩以外は勧められません。興味本位で、あるいは急ぎすぎて、新たな障害や再発をみるようなエクササイズは、絶対に厳禁です。

2）起立と起立維持の補助

徒手療法における関節の可動域運動（第9章❷）を参照してください。

（1）目　的

十分な体重負荷が難しく、起立や歩行ができない症例に対して、起立と起立維持を補助する吊り下げ手段（バスタオル、ハーネス、スリング）や車いすなどの起立補助装置、さらには起立維持補助装置を利用して動物を起立させて維持し、固有位置感覚を刺激し、さらに徐々に自重をかけて歩行させる補助歩行を行うことにより、筋肉・神経・関節への活動刺激を促します。

（2）ポイント

起立や歩行を補助して行う際に重要なことは、動物が足底をしっかりと床に着けて起立や歩行ができるように補助することです。吊り下げ力を調整して患肢に徐々に自重を負荷していきます。補助起立に車いすや吊り下げ装置、あるいは補助歩行に陸上トレッドミルなどを用いることによって、エクササイズの効率化を図ったりバリエーションを増やしたりすることができます。

（3）注　意

障害部が完全に安定化（骨折は癒合）しているか、あるいは冷却療法やNSAIDで痛みがコントロールされていることが、このトレーニング開始の前提となります。またスリングなどの装置を使用した場合には、そのフィット感と使用後の体表の擦り傷などの異常について注意深く観察してください。

（4）方　法

A．スリングなどを用いた起立と起立維持の補助

目　的：臀と膝の伸展筋：大腿四頭筋、膝屈曲筋、腓腹筋などの筋力を高め、関節の可動域の動きを改善します。臀筋群が萎縮して股関節の伸展時に痛みを示す股関節の変形性関節症にも高い改善効果が得られます。

方　法：完全・不完全麻痺、偏側性麻痺などさまざまな病状に応じてスリング（前後の場合もある）やハーネスを的確に利用してください（図10-1）。患肢の足底に正しく負重させてスリングを上下させることにより、四肢への負重を加減して固有位置感覚を刺激することができます。別の方法として、施療者が手で、あるいは脚の間で支えて、あるいは壁を支えにして補助起立をさせ、起立維持を補助します（図10-2）。エクササイズ時間は症例の状態に合わせますが、起立負重運動は20～30回繰り返して1セットとし、これを2～3セット繰り返します。症例の改善状態の反応

図10-2　起立維持の補助
後躯麻痺に対する固有位置感覚の刺激と肢筋力の回復を刺激する運動。起立維持させたまま腰部を左右に押して、左右それぞれの肢への体重移動を促す。

図10-3　ピーナツボールを用いた屈伸運動
後肢の筋力回復には、水中運動に次いで確実な方法である。普段はしない動きであるため、この運動には施療者も犬にも慣れが必要で、足底をしっかり床に着けることで、併せて固有位置感覚の訓練になる。

に応じて、エクササイズの時間と回数を増やしていきます。
補助起立維持から補助歩行への移行：体重を支えるための補助を工夫し、患肢の前進歩行のエクササイズを少しずつ開始します。肢の動きがでてきたら吊り下げ力を減じて、患肢により負重負荷を与えながら徐々に補助を低減していきます。施療者はスリングを持ち上げ、患肢に負重させながらゆっくりと前進します。飼い主に前に立ってもらい、あるいはトリーツで誘います。
ポイント：施療者は、起立の維持を補助するために要する力の変化なども記録しておきます。同時に、固有位置感覚刺激および肢筋力回復のための運動も併行して始めます。

B．ピーナツボールなどを用いた補助起立運動と屈伸運動（図10-3。図10-9参照）
目　的：固有位置感覚と筋力の低下した後肢の運動機能の回復を目的とした最良の方法です。
方　法：助手（飼い主）は動物の前肢を保持してボールに載せ、その状態でボールを前後に動かします。施療者は後方から両手で後肢の膝関節と足根関節を保持し、ボールと前躯の動きに合わせて他動的に屈伸運動を行います（図10-3）。その際重要なことは、足底をしっかりと床に着けて屈伸させることです。
ポイント：最も重要なことは足底をしっかりと床に着けて確実に負重させることで、これにより固有位置感覚が刺激されます。この際、さらにクッションやマットなどを敷いて足底を着く床を不安定にすると、固有位置感覚にさらなる刺激を与えることができます。

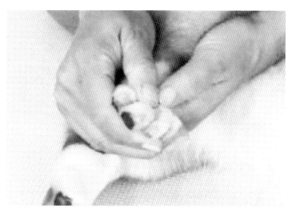

図10-4　肢端へのマッサージとストレッチ
丸まった肢端をマッサージし、指を伸展してストレッチをかけるとともに、足底に圧を加える。

3）固有位置感覚の刺激運動

固有位置感覚については第8章を参照してください。

（1）目　的

椎間板ヘルニアなどの脊髄伝導障害における後躯麻痺／不全麻痺や、肢の末梢神経麻痺症例に対する末梢からの神経刺激を目的とします。自重を足底で支えるのと同様な神経刺激効果を与える徒手療法あるいは運動療法は、いずれも固有位置感覚を刺激すると考えられます。

（2）方　法

徒手療法（第9章参照）であるマッサージやストレッチなどの神経機能回復刺激操作、補助起立、補助起立維持、補助歩行および屈伸運動は、いずれも固有位置感覚の刺激効果を有しています。その他、下記のような方法が有用です。

A．徒手療法（図10-4）

長期の起立不能のため指（趾）が丸まって広がらなくなっ

図10-5　不安定な床での起立維持運動
固有位置感覚刺激のため、バランスボード、バランスディスク、水面上に浮かべたボード、不整な床などでの起立維持トレーニングを行う。起立維持が可能になることと併せて筋力の回復にも繋がる。

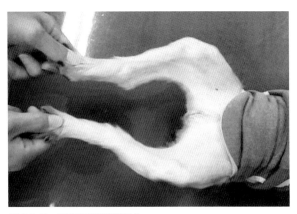

図10-6　屈筋反射刺激操作
仰臥位または腹臥位で助手に前躯を保定させ、施療者は両後肢肢端を親指と人差し指で持ってもむ。こうすると動物は両後肢を屈曲しようとするので、数秒間その力に逆らうように保持する。

図10-7　自転車こぎ運動
固有位置感覚の刺激と後肢筋力の回復に有効。慣れると補助がいらなくなる。足底をしっかりと床に着けることが重要である。

図10-8　自転車こぎ補助歩行運動
低速トレッドミル上で起立補助に車いすを用いた自転車こぎ運動。足底をしっかり床に着けて歩行させるよう施療者は後方から補助する。

た肢端は、指を広げて足底全体に圧を加えて伸展・開帳します。患肢の屈伸時に施療者の手掌を足底に当てて、積極的に指（趾）の開帳・伸展を促します。

B．不安定な床での起立維持・体重移動運動（図10-5）

補助なしで起立状態を維持できるようになったら、自力歩行に必要な動的バランス（歩行中の体動に応じてとるバランスをいう）機能を向上させるために必要な運動を開始します。

バランスボード、バランスディスク、気泡マット、砂地、ぬかるみなど、不安定な床の上での起立維持の訓練を行ったり、施療者が手で肩や腰を左右に揺らすことによって重心を移動させ、それに伴って四肢の負重バランスを崩すことのないように補助しながら、エクササイズを行います。

C．脊髄反射刺激操作

伸展反射を利用した運動（図5-7参照）：伸展反射と同様の動きを補助によって行い、施療者が手掌で肢端を持ち上げて体重の移動を行います。患肢と対側肢のバランスをみながら、低く・弱くから徐々に、高く・強くと進めていきます。ボールなどを用いて健常な前躯または後躯を載せてゆっくりと前後左右に動かすことによって、患肢でのバランスの取り方や筋肉の強調と筋力を改善させることができます。

屈筋反射刺激操作（図10-6）：伸展反射を利用した運動と同様に、患肢端を刺激して行う屈筋反射刺激操作は、脊髄反射弓を刺激し、筋力の回復と同時に傷害を受けた脊髄神経に残存する軸索の代償機能を促すと考えられます。

D．自転車こぎ運動（図10-7、8）

補助起立させ、後肢を1歩ずつ交互に、足底を床にしっかりと着地して歩行するように動かします。この運動は筋力の回復にもつながります。車いすや低速トレッドミルを利用すると、さらに効果的なエクササイズになります。

第10章 運動（エクササイズ）療法

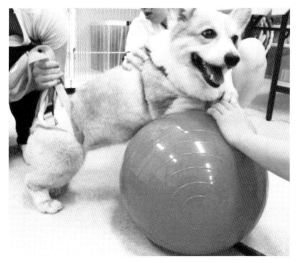

図10-9 ピーナツボールを用いた屈伸運動
この運動には施療者も犬も慣れが必要である。後肢筋力回復には水中運動に次いで確実な方法である。足底をしっかり床に着けることで併せて固有位置感覚の訓練にもなる。

図10-10 スリングを装着しての補助歩行運動
四肢筋力不足のため、前・後躯にハーネスを着けての補助歩行運動。

E. ピーナツボールを利用した後肢の屈伸運動（図10-9。図10-3参照）

前述の起立、起立維持のためのこの運動は、肢筋力回復にも有効です。足底にしっかりと体重をかけて屈伸運動をすることによって、有用な固有位置感覚の刺激運動となります。

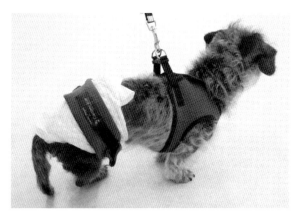

図10-11 ハーネスを装着しての補助歩行運動
後肢筋力不足の改善のため、腰におもりを着けての補助歩行運動。

4）補助歩行運動

（1）目 的

補助起立は可能になったが、固有位置感覚の低下および筋力不足のために肢の前進運動・自力歩行ができない症例に対する方法です。起立に続いて、動物が自力で日常生活に不自由のない歩行ができるようになるためのエクササイズであり、さらなる固有位置感覚と筋力の改善を目指します。

（2）ポイント

補助歩行で重要なことは、患肢の足底を床にきちんと着けて負重し、歩行可能な速度で行うことが重要です。決して健常肢の歩行速度に合わせてはいけません。疲れて患肢を引きずるようになったら休息または中止します。補助歩行のリハビリテーションであるため、患肢を上げたまま床に着かなかったり、引きずって歩いたのでは、まったく意味がありません。

固有位置感覚が十分回復しない症例では、車いすと低速トレッドミル（時速0.1～0.2km）とを組み合わせた自転車こぎ補助歩行運動が、筋力を回復させて歩行の記憶をよみがえらせる最適な刺激となります（図10-8参照）。

（3）方 法

A. スリング、ハーネス、タオルなどの吊り具による補助歩行運動（図10-10、11）

方 法：患肢を含む前躯または後躯を吊り下げて、患肢の体重負重を軽減させるとともにバランスを補助しながら、歩行を促します。スリングなどはゆっくりと動かし、また患肢足底にしっかりと負重させるように吊り上げる力を加減します。歩行中に左右のバランスをあえて少し崩すように吊り具を操作してもいいでしょう。

ポイント：腰や肢におもりを着けるとさらに筋力強化に有効になります。タオル（バスタオル）では施療者にとっては少し短くて、体勢が前屈みになり疲れやすいので注意してください。

B. 車いす補助歩行運動（図10-12）

車いす：多種多様な製品が市販されています。リハビリテーション途上の歩行補助の一手段として、ヒトでいえば「医

図10-12 車いす補助歩行運動
陸上トレッドミル上で車いすを用いた補助歩行運動。陸上トレッドミル上での歩行に慣れさせる必要がある。

療用」として使用する場合と、自立歩行の望みが絶たれた後に永久的に使用する「更生用」の場合があります。リハビリテーションで医療用として使用する場合には、症状や肢筋力に応じて、特に後躯の体重を支える部分の高さが0.5〜1.0cm単位で調節できる必要があります。

方　法：動物に車いすを装着し、後躯は後肢で起立できる高さに調節します。補助者は引き綱を短く持ち、動物が患肢の足底を確実に床に着地できるスピードに合わせてリードします。

ポイント：傾斜をつけた陸上トレッドミルの上で、患肢の歩様を矯正しながら歩行トレーニングすることもできます。心不全症例に対しては酸素ボンベを準備しておくことも必要です。

注　意：患肢の前進スピードに合わせて歩行するように引

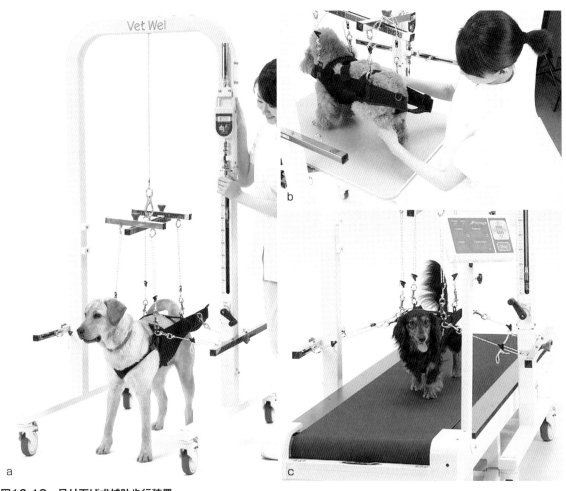

図10-13 吊り下げ式補助歩行装置
a．フレームに取り付けられたハンガーに犬のハーネスのストラップを取り付けて補助歩行を行うことができる。横揺れも制御できるようになっている。
b．ハンガーの下に診察台を置いて自転車こぎ運動をしたり、バランスボードを用いて固有位置感覚の刺激運動を行うことも可能である。
c．トレッドミルを置けば補助歩行運動に広い場所を必要としないなど、さまざまな利点がある。
（写真提供：酒井医療株式会社）

き綱で誘導し、決して健常肢（前肢）のスピードで歩かせないようにします。車いすを使用すると前肢2肢のみで移動できるため、動物が前肢だけで移動することを覚えると後肢を引きずるようになり、車いすを用いたリハビリテーションを中止せざるをえなくなります。

C. 吊り下げ式補助歩行装置（図10-13）

図10-13のような装置を使用することにより、施療者に負荷のかからない補助歩行が可能となります。ハーネスを取り付けて歩行トレーニングができる（図10-13a）だけでなく、バランスボードを下に設置して平衡感覚や固有位置感覚の回復にも適応することができます（図10-13b）。車いすを装着して利用することもでき、陸上トレッドミルを併用することで後方から自転車こぎ運動が可能となります（図10-13c）。固有位置感覚が低下した症例に足底をしっかりと着地させ、負重させる歩行訓練が可能になります。

5) 自力起立、自力歩行

(1) 目的

動物が自力で容易に起立やお座りをし、日常生活に不自由のない歩行、さらに散歩や家族との遊びができるようになるためのエクササイズです。固有位置感覚と肢の筋力（肢筋力）のなおいっそうの改善を目指します。

(2) ポイント

低カロリートリーツ（1日の給餌カロリーに含む）を励みにエクササイズを繰り返します。起立や歩行時には足底をしっかりと床に着けることが重要であるため、決して速く歩かせてはなりません。疲れてくると患肢を引きずるようになるので、休憩または中止します。

(3) 方法

A. 座位-立位および伏臥位-座位のポジショニング運動

座位から立位への起立では、患肢の肢筋力を増進するために、同時に両後肢をそろえて立てるように促します。固有位置感覚の刺激にも効果が高い方法です。伏臥位-座位のポジショニング運動は四肢全体の筋力増進に有効です。

B. 引き綱（リーシュ）歩行

補助者は引き綱を引きつけて、動物が四肢を運歩（足の運び方）の順番どおりに正しく動かし、1肢ずつ確実に負重して歩行できるスピードでリードします。腰痿が強い場合にはハーネスを着けてバランスを補助します。

注意：スピードが少しでも速いと患肢を床に着かずに上げたままにしたり、引きずったりするようになるので、あくまで患肢の歩行スピードに合わせることが重要です。

C. 坂・階段の上り下り運動（図10-14）

上り歩行では平地に比べて後肢への負荷が大きく、かつ

図10-14　坂道と階段歩行
坂道（a）や階段（b）は、上りでは後肢に、下りでは前肢に負荷がかかるため、目的に応じて利用する。上りの際、肢筋力が不足する場合にはうさぎ跳びになるので、1歩ずつ確実に歩くよう速度を調節する。

前進移動に肢筋力を要します。一方、下り歩行では前肢への負重が大きくなります。したがって、患肢の部位によって坂道歩行の上りか下りかを選択します。肢筋力に応じて傾斜角度の緩い坂から始めます。坂の上りができるようになってから階段歩行へ移行するのがよいでしょう。

D. 傾斜床歩行（図10-15）

痛みがないにもかかわらず、患肢側に十分な体重を負重しない大腿骨頭頸切除症例などでは、患肢への負重を促すために、患肢が左肢であれば左側傾斜した、患肢が右肢であれば右側傾斜した床を歩かせると効果的です。たとえば、室内では脚を折りたたんだテーブルを傾斜設置し、滑り止めのマットを敷いて利用します。片側性の脚力不足に有効であり、腰におもりを着けるとさらに効果的になります。

E. 不安定な床での起立と歩行（図10-16）

気泡ゴムマット、マットレス、エアーマットなどを敷いた不安定な床面や凹凸のある地面は、起立や歩行に際して固有位置感覚の正常な働きが強く要求されるばかりではなく、身体のバランスをとるためにより筋力を必要とします。このような床での屈伸運動や歩行訓練で四肢の負重のバランス感覚の向上が促されます。

図10-15 傾斜床歩行
負重を避ける肢や肢筋力不足側の肢を傾斜床の下側になるように歩行させる。
a．さらに不整床にしてある。
b．症例の腰には約350gのおもりが付けてある。

図10-16 突起付きバランスディスク上での屈伸運動
固有位置感覚の刺激と後肢筋力回復のための屈伸運動。

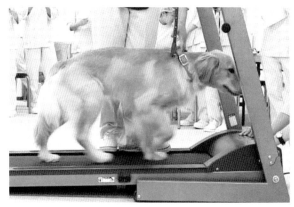

図10-17 陸上トレッドミル歩行
ヒト用のトレッドミル。動物は慣れも必要である。歩様の詳しい観察ができる。

F．陸上トレッドミル歩行（図10-17）

歩行部のベルトの動きと音にまず慣れさせることが必要です。はじめは体重を預けられるハーネスを装着し、補助者は引き綱を持って症例の横に、またはベルトをまたいで立ち、助手（飼い主）は前に座ってトリーツで症例を励ましながら前進を促します。左右のバランスと患肢の運歩を見極めながら最低スピードから始めます。

ポイント：ハーネスの吊り下げ力を利用して体重の負荷状況を変化させ、身体のバランスと患肢への荷重を促します。一方、患肢の懸垂と運歩の状況でベルトのスピードを加減します。

橈骨や腓骨神経麻痺などで、患肢が後ろに流れて懸垂できないような場合には、患肢を前方へ牽引する補助としてゴムバンドを用いることもあります。

動物用の陸上トレッドミルは販売されていないようですが、動物のリハビリテーション用には低速（時速0.1〜0.2km）が設定可能な装置を選択した方がよいでしょう。高速は通常時速8kmもあれば十分です。

G．ダンス運動と手押し車運動（図10-18）

ダンス運動：両前肢を持ち上げて両後肢に負重させて行います。後躯への加重負荷に対する耐性を増加させ、患肢である後肢の固有位置感覚や筋肉の強調とバランスを向上させます。後肢の筋力増進には、この他に高い場所に食器を置いて給餌するなど、日常的に後肢を多用するよう工夫しましょう。

手押し車運動：両後肢を持ち上げて行うこの方法は、前肢に対する同様の効果があります。

H．横木障害物（キャバレッティーレール）運動（図10-19）

四肢それぞれを常歩時より高く持ち上げて歩かせ、四肢すべての関節可動域の拡大とストライドの改善を促します。左右・前後のバランス（筋協調）、患肢の懸垂力、固有受容感覚の亢進に役立ちます。レールの高さは1cm単位で調節できるように工夫してください。

図10-18　ダンス運動（a）と手押し車運動（b）

図10-19　横木障害物（キャバレッティーレール）運動
関節可動域の改善、固有位置感覚の刺激、およびアジリティーにも利用できる。バーの高さとその間隔が可変式であることが望ましい。

図10-20　車いすを利用した体力作り
心不全症例で寝ていることが多かったが、低衝撃性運動などのエクササイズを開始後、自宅での起立時間が長くなり、かつよく動くようになってきた。

6）運動性のさらなる向上のためのエクササイズ

（1）目　的
　伴侶動物としての活動性を復活させるため、さらなる心肺機能と運動機能の向上を図ります。内科的疾患による虚弱体質に対しても適切な運動療法によって活動性を取り戻すことができます（図10-20）。

（2）注　意
　運動量とスピードは、あくまで徐々に高めていきます。十分な筋量と筋力を回復しないうちに負荷をかけすぎると、患部ばかりではなく不動性の障害が回復していない他の組織に新たな障害を生じさせかねないので、慎重な見極めが大切です。機敏性や軽快性の向上に直接は結びつきませんが、心肺機能と筋力の増強には、次項で述べる水泳が最も有効です。

（3）方　法

A．低衝撃性運動
　特別の運動ではありません。重症例や、骨折・脱臼や腱・靱帯断裂の術後に運動ができるようになって初めて行うリハビリテーションです。PROM運動、屈伸運動、補助歩行、常歩、坂道歩行および水中歩行などの衝撃性の低い運動を指し、速歩、跳躍、強い上下運動、水泳などの衝撃のある運動が適応できない病態時に行う運動を指します。

B．ジョギング
　常歩（歩き）で跛行や痛みがみられなくなった後、さらなる改善を目指して、まずジョギングから開始します。身体のバランスと患肢の負重運歩の状況をみながら常歩から始め、徐々に時間を延長していきます。
ポイント：疲れや嫌がる様子がみられなければ、スピードを徐々に上げ、距離も徐々に延ばしていきます。途中にある坂や階段、溝や段差なども利用しながら、犬とのジョギングを楽しみましょう。

C．アジリティー（図10-21）
　機敏性や軽快性の獲得のためのエクササイズです。ある程度の運動が可能になったのち、さらなる運動能力の改善・強化を期待して行います。

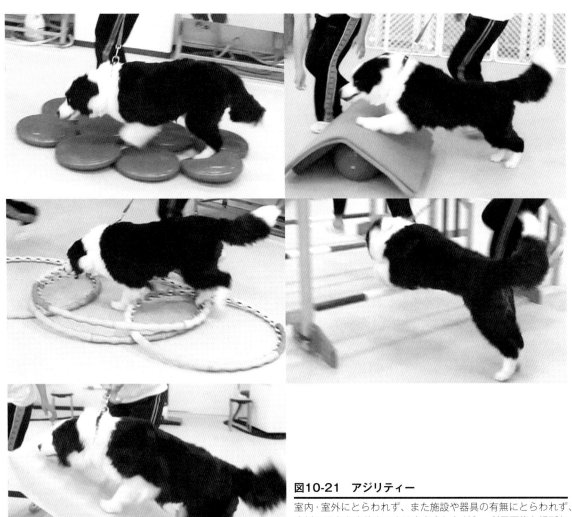

図10-21　アジリティー
室内・室外にとらわれず、また施設や器具の有無にとらわれず、症例の弱点を改善する方法を考慮しながら、利用可能な場所と器具を利用し、動物と楽しく過ごすことが大切である。本症例（図10-10と同一症例）は、この半年前には自力歩行ができなかった。

種　類：オフロード（草むら、砂場、雪上など）での歩行、ポールを立てて行うスラローム歩行・走行、トンネル通行、重り引き運動、ボール遊び、患肢への重量強制負荷歩行、患肢強制自重歩行など、多様な遊びの中から選択して飽きないようにします。坂や階段を走っての上り・下り、フリスビーなどの遊び、水泳などによって、協調性の必要な動きの向上、敏捷性の強化、軟部組織のさらなる強化を目指します。
ポイント：症例の患肢とそのほかの動きの回復の状態、症例や飼い主の好み、回復の目標、あるいは負荷可能な方法などから適切なエクササイズを選択します。

❷ 水中運動（エクササイズ）療法

　水の特性を利用し、水中で補助を得て、あるいは自力で行う運動療法をいいます。水の持つ特性とは、相対密度、浮力、粘性、抵抗静水圧、表面張力などであり、水中治療の重要な構成要素として理解しておくことが大切です。
　水に慣れた動物に行う水中療法の利点は、関節の痛みを最小に抑え、筋力、筋耐久力、心肺機能と持久力の向上、関節可動域の拡大、および心理的な満足度などの効果的な改善が期待されることです。

1）水の特性

（1）水の相対密度

　水と同体積のある物体の質量の比率のことで、水に対する物質の比重として表されます。ヒトの脂肪、筋肉、骨の比重はそれぞれ、0.8、1.0、1.5～2.0です。痩せたヒトは相対的に脂肪が多くて比重が高く、反対に太ったヒトは比重が低くなっています（ヒトの比重はほぼ0.93～1.10）。比重が1.0を超えれば水中に沈み、1.0未満であれば浮きます。氷の比重は0.92で

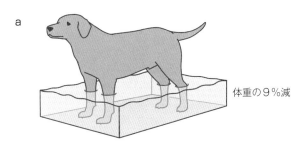
体重の9％減

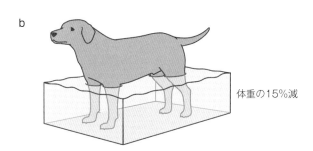
体重の15％減

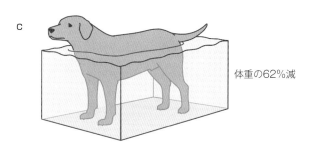
体重の62％減

図10-22 浮力による水中での体重
a：足根関節の水深では体重は陸上の91％、b：膝関節では85％、c：大転子では38％となる。

抗は物体の動く速度に比例するため、流れに逆らって物体を動かすには流速が速いほど大きな力が必要になります。これに加え、液体中を移動する物体の後面には液体の乱流が起き、この乱流が物体を後方に引っぱります。すなわち前進のためにはさらに大きな力が必要になります。このため水中運動は筋力の回復にとって有力なリハビリテーションとなるのです。

（5）表面張力

液体の表面分子が互いに引き合う力を表面張力といいます。理論的には水表面で動物の動きに抵抗が生まれますが、実際上は問題視されていません。

2）水中エクササイズの基本概念

（1）浮力の利用

前述したように、水中では浮力の働きで肢端や関節にかかる荷重を低減させることができます。水中歩行をする場合には、関節荷重の許容範囲を考慮しながら水深を調節します。関節障害のある動物は、痛みのために体重負荷を避ける結果、筋力が低下しますが、動物を水中に入れることで関節への荷重が低減され、さらに肢を動かすことにより水の抵抗も加わって、筋力低下に対する良好なエクササイズが可能となります。

（2）静水圧の利用

静水圧により、たとえば四肢体表の浮腫が軽減されます。それに加えて、動かすことによって循環が改善され、さらにその効果は高まります。ヒトでは妊婦の下肢の浮腫の改善に適用されています。

（3）水の粘性と抵抗の利用

水中遊泳や水中歩行による四肢の前進行動は、四肢の筋量と筋力を鍛えるのに最もふさわしいエクササイズです。さらに、浮力により関節に荷重がかからないため、痛みは軽減されて関節の動きは楽に感じられます。水中浮遊に慣れたら、四肢の動きに応じて自力遊泳を促します。運動量、水流、荷重等の条件を変えることによって負荷を調節することができます。

（4）心肺機能への影響

水中の運動は、陸上での同様な運動に比べて水抵抗が加わるため、心拍出量と酸素要求量が増加します。一方水中で静止している場合には、水によって体表が冷やされて末梢血管が収縮して同一の心拍出量を維持させるため、心拍数は低下します。

施療者は、症例の呼吸状態や可視粘膜の色調などを評価しながら動物の表情をよく観察し、不安感を抱かせないようにして徐々に水中での運動に慣らしていくことが大切です。自力遊泳には心肺機能の相当の働きが必要であり、動物の表情と呼吸状態および可視粘膜の注意深い評価が欠かせません。水中での動物の動きをよく観察しながら、運動負荷を徐々に増加させていきます。とくに心肺機能に不安がある症例では、心肺への負荷

あり、氷全体の体積の8％が水面上に出ます。

（2）浮力（図10-22）

アルキメデスの原理にしたがって、液体中では物体が押しのけた液体の量だけ浮力が働くため、その分の重さが減少します。比重が1未満の場合には、物体が押しのけた液体の量の重さに比べて物体の重さの方が軽いため、浮力の働きで液体に浮きます。この浮力の中心と物体の中心が垂線上にないと平衡状態が保てず、回転するなど不安定な状態になります。肥満の胴長の犬種は水中で回転しやすいので注意が必要です。

（3）静水圧

パスカルの法則により、水中の物体が静止状にあるときは物体が押しのけた水の重量が静水圧となって物体の表面を圧迫します。水深が深ければ圧も強くなります。

（4）粘性と抵抗

液体の分子間には粘着力や誘因力が働いており、それによって生じる摩擦抵抗が粘性となります。粘性や流体の流れ抵抗は、空気中よりも液体中でより強くなりますが、この粘性などの抵

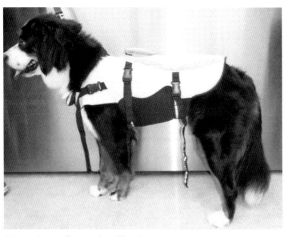

図10-23 犬のライフジャケット
ヒト用と違って犬用のライフジャケットには胸腹部に浮体がないため、浮力がそれほど強くなく、かつ安定性が悪いことに注意する。

図10-24 犬専用プール
東京・台場にある犬専用プール。大きくて、効果的な水中運動が可能である。

図10-25 小型プールでの大型犬の水泳
縦3×横1.5×深さ1mの小型プールでの大型犬の水中運動は、ライフジャケットの持ち手を放さずに泳がせることにより、水流がある場所での水泳と同様な効果が得られる。

図10-26 中・小型犬の水泳
大型犬と同様にライフジャケットを保持して水泳をさせることによって、狭い場所で、かつ浅い水深でも水中運動が可能である。すなわち家庭の浴槽でも水泳が可能である。

が高まることから、酸素吸入装置を準備するとともにエクササイズ中の動物の状態を厳重に観察します。

（5）エネルギー消費量の増大－ダイエットへの効能

水中においては、陸上エクササイズに比べて代謝要求量が大きくなります。したがって、心肺機能が低下しがちな肥満症例には、心肺機能の賦活化とエネルギー消費量の増大の両面から、水中エクササイズは有用な減量法であるといえます。

（6）首の筋力

自力での遊泳には水中での相当の慣れとスタミナが必要です。水に入っている間、動物は首を水面上に維持できる機能（筋力）を有してることが不可欠です。

3）水中運動の設備と補助具

（1）ライフジャケット（図10-23）

犬であっても、リラックスして自力で水中に浮遊するには相当の慣れとスタミナが必要となります。入水に何らかの不安がある障害動物には、身体にフィットし、かつ四肢の動きを妨げないタイプのライフジャケットが必要です。脱着が容易で、水の抵抗が少なく、軽量で乾きやすい素材のものを選択してください。

（2）遊泳用プールと流水プール（図10-24～26）

大・小の遊泳用プールおよび流水プールがあるのが望ましいのですが、施設に合わせて設置してください。施療者が動物と一緒に水に入らない場合には、ハーネスやスリングを装着して浮遊状態や移動を補助します。水槽内壁や床は可能な限り突起

図10-27 水中トレッドミル
水と音に対する慣れが必要である。

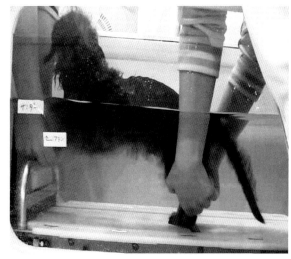

図10-28 水中トレッドミルでの応用
ダンス運動に自転車こぎ運動を併用して固有位置感覚の刺激と肢筋力の回復を図る。

物がないようにします。関節の可動域、四肢の荷重可能程度や運歩の状況に合わせて、水深や水流の速度を調節します。

大きなプールでなくとも工夫によって効果的な水中運動は可能です。ちなみに著者がリハビリテーションを行っていた大学のアニマルケアセンターで使用していたプールは、約縦3×横1.5×深さ1mで水流はありませんでしたが、水中運動によるリハビリテーションの威力を発揮するのに十分なものでした（図10-25）。

（3）家庭の浴槽または子供用プール（図10-26参照）

後述するように中型犬以下では浴槽を使って家庭での水中運動が可能です。季節にもよりますが、子供用ビニールプールを使って行うこともできます。

（4）水中トレッドミル（図10-27、28）

水深と歩行スピードを調節できる装置とし、ふらつきや動揺などにより歩様が安定しない症例には、装置上部にハーネスやスリングを取り付けられるような構造であれば使いやすくなります。水槽内には可能な限り突起物がないようにし、また歩行部のベルトと装置本体の間に足が挟まる心配がない構造であることが必要です。

（5）水質管理と消毒

症例によっては水中で排尿や排便をすることや、あるいは体表が汚染していることもあるかもしれません。エクササイズを始める前には、排尿・排便はもちろん、初めて水中エクササイズを行う症例は体表の洗浄もすませ、汚染されたまま水中に入れないようにします。なお、外傷を有する症例では水中エクササイズは原則として治癒後にすべきですが、小さな創や抜糸間近の創では水中に入る前後に抗生物質軟膏をすり込むことで実施可能です。

可能であれば、水槽の水に対しては循環式の滅菌装置が24時間作動し、自動的な汚染検知システムの設置が望まれます。

（6）施療者に対する設備など

施療者は、ウエットスーツや必要なプロテクターを装着して長時間の水中エクササイズに備えてください。更衣室の整備も必要です。

4）水中エクササイズの実際

（1）水への慣れ

水中エクササイズ開始の前提として、動物が水を怖がらずにプールに入り、自力で浮かぶことに慣れるようにする必要があります。泳げないだけでなく、水に入ること自体を怖がる犬は意外にいるものです。猫は幼齢期に経験がなければ身体を水につけることはむずかしいでしょう（図10-29）。

水に慣れさせるには、次のような慣らし運動が必要です。

①水中運動への慣れのために、まず手〜足根部程度の浅い水深での水遊びから馴化を始めます。

②動物にライフジャケットを装着させ、水深を徐々に深めて身体が浮かばない程度の深さでいったんよく水に慣らします。その際、水面を揺らしたり動物の体を揺らしたり歩かせたりします。

③水中起立・歩行に慣れたらさらに水深を深め、ライフジャケットを着けた身体を水中に浮遊させます。施療者は動物の体に手を添えて不安を抱かせないようにして、静かに動かしましょう。

④動物が自然に四肢を動かすのであれば、施療者はその動きを介助しながらしばらく一緒に遊びます。

⑤水に浮かんでも後肢をまったく動かさない犬では、施療者は
- 尾の根元を手で握って親指の爪で刺激して脊髄反射を促す。

図10-29　猫の水中運動
子猫の時に水に入っていた経験のある猫の水中トレッドミル歩行（a）と遊泳（b）。著者らは、勤務していた大学の飼育実習用成猫6匹に対してトレーニングしたが、水泳はもちろん水にも全く慣れなかった。

表10-2　水中運動療法における禁忌と適応となる病態

運動内容	適応禁忌	適応病態
水中遊び、水中歩行	創傷の存在	固有位置感覚低下・消失、筋・その他の軟部組織の萎縮・拘縮、四肢の体重負荷障害、四肢関節の不安定・亜脱臼、関節可動域制限の存在、腰痿、過肥、心肺機能低下、持久力不足
水泳	創傷の存在、泳げない・頸筋力不足・虚弱・高齢症例、骨折・関節手術癒合確認後の初期	

- 後肢を持って水中自転車こぎ運動をさせる。
- 足底に手掌を当てて押し上げるなどして後肢の運動を促す。

などを行います。多くの場合、相当な工夫と根気が必要です。
注　意：施療者は、症例の呼吸状態や可視粘膜の色調などを評価しながら動物の表情をよく観察し、不安を抱かせないように、徐々に水中起立に慣らしていきます。肥満で短足長胴の犬種は、ライフジャケットを着けると身体が回転しやすいので、厳重に注意してください。

（2）水中運動の基本

水　温：水温は約30～35℃を標準としますが、初めての水中運動や運動性が低い動物の場合は、微温湯（36～37℃）でリラックスさせます。体感温度は個体差が大きいので、水から出た後に震えがなかなか止まらない場合は水温が低いと判断されます。運動性の高い犬の場合、減量のための水泳時、あるいは夏期の水温は、26～28℃でもよい場合があります。一般に、温度が高いと軟部組織の柔軟性をさらに促進させますが、疲れが早く、温度が低いと筋の緊張が長引きます。

開始前：ウォーミングアップとして、15～30分間のマッサージやストレッチ運動、そして軽い陸上運動を行い、軟部組織、特に患部の柔軟性を刺激して関節可動域の拡大を促しておくとよいでしょう。

実施時間：動物の状態を観察しながら、初期には運動時間2～3分間で休憩2～3分間程度を1セットとして1日2～3セットから始め、最終的には運動時間5～8分間で休憩3分間程度を1セットとし、1日5～10セット程度行います。泳ぐスピードは動物によって違いますが、犬は5分で約50～100m泳げるようです。

終了後：温水シャワーの後、再び軽いストレッチ運動とマッサージを行って動物をリラックスさせ、水中運動に興味と魅力を抱かせます。必要があれば患部関節をアイシングしてクールダウンします。

（3）水中運動の適応病態と種類（表10-2）

A．適　応

基本的には、水中運動療法は関節への負担が軽減するため、関節に障害がある症例のエクササイズに最適です。また、消耗エネルギーが大きく心肺機能の活性化を促すことから、ダイエットならびに運動持久力の向上においても有力なエクササイズです。ただし、施療者が運動量を調節できる水中トレッドミル歩行や水中歩行と、肢の動きをコントロールできない水遊びや水泳では、水の抵抗のために障害肢や心肺機能に与える負荷が大きく異なるため、初期のプログラムは慎重に選択しなくてはなりません。

B．種　類

水中遊び：水慣れや水泳ができない症例の水中運動として行います（**図10-30**）。好きなおもちゃなどを使って引き運動や追いかけ運動などを行い、飽きさせないように努めて

図10-30　水慣れのための水中遊び
はじめは水深を足根部程度とし、徐々に水深を深める。好きな遊びで水に慣らしていく。

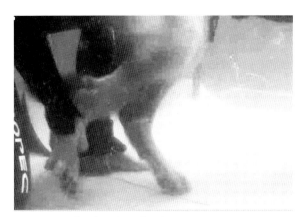
図10-31　水中自転車こぎ運動
右後肢の固有位置感覚の刺激と筋力回復のための水中での自転車こぎ運動。

図10-32　水中ダンス運動
どうしても泳ぎができない変形性股関節症の症例犬は、ボードを利用した水中ダンス運動を行った。

図10-33　水泳時の四肢の動き
水泳時の四肢の動きは大きく、関節可動域の拡大にはきわめて有効である。

ください。水深は運動能力と水への慣れに応じて徐々に深めていきます。

水中歩行、水中トレッドミル歩行：水泳ができない症例の水中運動として、あるいは股関節の可動域の拡大運動、および肢筋力の回復に有効です。水中での自転車こぎ運動は、固有位置感覚の回復、肢筋力の改善および前進歩行の記憶回復に有用です（図10-31。図10-27参照）。

　水深と歩行速度：患肢の固有位置感覚の程度と肢筋力によりますが、初期には水深は大転子位、速度は時速0.1km程度から始め、筋力が回復してきて四肢への体重の荷重状態と前進スピードが改善してくれば、徐々に水深は浅く、速度は速くしていきます。

　骨折や関節の術後の水中運動療法は、骨や軟部組織の癒合が確認された後、まず深い水深で遅い速度の水中歩行から慎重に始めます。

水中ダンス運動：水泳ができない症例、あるいは後肢のみのトレーニングが必要な症例が適応になります。水中トレッドミルの場合には、前肢を持ち上げるか前肢だけ台の上に置きます（図10-28参照）。プールではビート板（スイミングボード）に前肢を載せてボードを動かすことによって水中ダンス運動ができます（図10-32）。

水泳（遊泳）：水の特性を最大限にいかし、関節に負荷が少なくかつ筋力の増強効果が高く、さらに心肺機能の向上に対しても有効な治療的運動です。水中では四肢の運動域が広がり、関節可動域の拡大には最適な運動といえます（図10-33）。ただし、骨折や関節の術後の水中療法としての水泳や水遊びは、その治癒が確認され、走行などの比較的負荷の強い陸上運動ができるようになるまでは禁忌です。

（4）ステップアップ、バリエーション

ライフジャケットの取り外し：四肢の動きが活発になり、筋力や関節可動域の評価で回復が進み、四肢での水かきの際の泡立ちが少なくなり、頭が沈んで水を飲む心配がないと判断された

ら、ライフジャケットからハーネスまたはスリングに替えます。ライフジャケットを外すと、浮力を得ようとして四肢をより一層活発に動かすため、運動量はさらに増えます。

水流・歩行スピード：ライフジャケットやハーネスの握り手を持って進行を抑制することで抵抗が大きくなり、水流中の水泳と同様な効果が得られます（**図10-25、26**参照）。この方法は、犬の体型に比べてプールが小さい場合や家庭の浴槽での水泳にも応用可能です。

水中（トレッドミル）での歩行は、はじめは深い水深で行い、関節への荷重が可能になってきたと判断されたら回復の程度に応じて水深を浅くし、関節への荷重を大きくしていきます。水流やトレッドミルのスピードを上げることによってさらにトレーニングの強度が上がり、筋力が向上します。水中ダンス運動も後肢の筋肉トレーニングには有効です。

（5）家庭で行う水中運動

水中で患肢を動かすことができる犬であれば、施設で週1度だけの水中運動だけではなく、家庭でも週2～3回行うとさらに効果は高まります。初期は、水深の浅い浴槽の中で水中遊びや水中運動に慣れさせます。慣れに合わせて、徐々に水深を深め、ハーネスまたはライフジャケットの持ち手を持って、その位置で水泳運動をさせます（**図10-26**参照）。

同様に、夏期には子供用のビニールプールも利用できます。

5）水中運動の注意と禁忌
（1）注　意

水への慣れ：水に慣らす練習をしてもどうしても慣れない症例には、無理に適用しない方がよいでしょう。無理強いすると施療者を避けるようになります。

術後の開始時期：原則として術後の抜糸が終了してから開始しますが、炎症が消失していれば抗生物質を塗布して行うこともできます。待機手術であれば、あらかじめ術前に水に慣らしておくことが勧められます。

運動負荷量：水中でのエクササイズは、動物の状況をよく観察しながら運動負荷を徐々に増加させていきます。ライフジャケットを装着せずに遊泳を行う場合は、水への慣れと同時に相当に高い心肺機能が必要ですので、動物の表情と呼吸状態および可視粘膜の注意深い評価が重要です。

（2）禁忌（**表10-2**参照）

水泳は、頸の筋力や心肺機能に問題のある症例、水に十分慣れていない症例には勧められません。また、四肢の骨折や関節の術後では、水の粘性と抵抗により骨癒合部に過剰な負荷がかかるため、骨や軟部組織の癒合が確認された後でもまだ水泳は禁忌であり、水中運動としては水中歩行から慎重に開始します。

第11章 物理療法

1. 冷却療法、温熱療法
2. 低出力レベルレーザー療法
3. 低周波電気療法
4. 超音波療法
5. 鍼灸療法概論

冷却療法や温熱療法は日常診療でも取り入れられており、低出力レベルレーザー装置や低周波電気装置を導入している病院も増えてきています。これらの物理療法は、近年次々と治癒につながる科学的なエビデンスが明らかにされつつあり、低周波電気療法と鍼療法を併用した電気鍼療法も支持を広げつつあります。物理療法に用いられる電気装置はさまざまな種類が開発されており、その取り扱いについては装置のマニュアルに従ってください。

❶ 冷却療法、温熱療法

身体表面を温める／冷やすといった療法は、軟部組織や関節の損傷を治療・管理する目的で古くから行われてきました。効果は、とくに痛みを取り除き、組織治癒の根源の生理的過程に変調を促して、筋肉や腱、靱帯、関節包などの結合組織に柔軟性を与えることにあります。

冷却療法は組織治癒過程の急性炎症期に大変有効ですし、一方、温熱療法は急性炎症期が終わったあとの組織修復期や慢性期以降が適応となります。組織治癒のステージ（急性炎症期、増殖期、組織再形成期、慢性期）を見極め、症例の病態を正確に把握した上でこれらの治療法を適正に適応する必要があります。

1）冷却療法

（1）冷却療法の生理学的作用と臨床的効果

生理学的作用：冷却療法には、血管収縮、血流低下、細胞内代謝や膜透過性の低下、知覚神経や運動神経伝達速度の低下、鎮痛、炎症による浮腫の予防ならびに軽減、筋痙縮の減少、運動前の一時的な筋痙縮の減少などの生理学的作用が含まれます。

治療効果：鎮痛効果と炎症沈静化に加えて、反応性筋痙縮の減少効果が認められています。これは神経が冷却されることにより神経伝達速度が低下するためと考えられます。牛の膝関節での30分間のジェルパック（保冷剤）冷却で関節内温度が6.6℃低下したと報告されており（**図11-1**）[1]、犬でも同様と考えられています。

意　義：痛みが軽減するため、肢の屈伸運動による組織のスライディングが容易になり、損傷を引き起こさないレベルでの運動をすることができます。そのため、術後や受傷後の早い段階で痛みを伴うことなくリハビリテーションが開始できます。これにより、不動性の萎縮が避けられるばかりでなく、組織の癒着の防止にもつながります。

炎症発現部位の体表からの冷却後、他動運動・補助付き自動運動・自動運動などを組み合わせることで、正常かつ痛みのない運動を助長し、筋肉がポンプとして働いてリンパ液を血流へ送り込み、浮腫を軽減させます。また冷却終了後、収縮していた冷却部の血管が再び拡張して循環が促進されます。

（2）冷却療法の適用と注意

適　応：基本的に、治療過程の急性炎症期および運動により痛みが発現する変形性関節症などの、患部昇温時のクールダウンのために、いわゆるアイシングとして適用します。受傷後や手術後早期の炎症が存在する帯痛部位に冷却療法を施すことにより、炎症が沈静化するとともに痛覚域値が上昇して痛みが軽減します。これにより、癒着予防、組織の萎縮防止および浮腫に対するリハビリテーションの早期開始が可能と

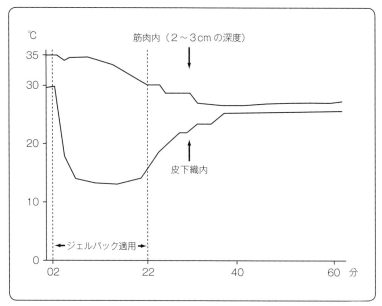

図11-1　冷却療法における筋肉内および皮下織内の温度変化

筋肉内（腓腹筋）および皮下織内の温度はジェルパック適用中と適用後の温度を測定した。筋肉内では皮下織内に比べてゆっくり温度が低下し、ジェルパックをはずしたあとも温度は低下し続けた。(K Hartviksen : Ice therapy in spasticity, Acta Neurol Scand 38 (suppl 3) : 79-84, 1962.より引用改変)

表11-1　冷却療法に用いる媒体の種類

媒　体	種　　類
水	水、冷水、クラッシュアイス、氷、不凍液
複合材	ジェルパック（保冷剤）、25%エタノールパック
ガス、その他	冷却スプレー、液体窒素ガススプレー、冷却圧迫装置

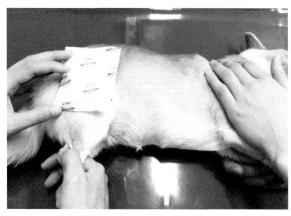

図11-2　冷却療法

一晩冷蔵庫で冷やしたジェルパックを、はじめはタオルで包み、途中でタオルをはずして直接患部に当てる。温熱療法でも同様に適用する。

なります。

注　意：ただし、亜急性期や慢性期の過剰な冷却療法は、逆に治癒反応や回復を遅延させるおそれがあります。

（3）冷却媒体の種類と適応法

冷却媒体を**表11-1**に挙げました。冷却が必要な媒体は、基本的には使用時まで4℃の冷蔵庫または－20℃の冷凍庫に保管し、使用時は必要に応じてタオルに包みます。

ジェルパック（保冷剤）は4℃に冷却してタオルで包むか、または患部に直接当てる（**図11-2**）か、あるいは包帯などで巻いて適用します（**図11-3**）。凍らせると固くなって皮膚への密着性が悪いので、冷凍庫ではなく冷蔵庫に保管しておきます。

簡単で最も効率がよい冷却が期待されるクラッシュアイスパックは、細氷と水とをビニール袋に密封してタオルで包んで使用します。固体から液体に変換するエネルギーが大きいほど潜在的な融解熱は大きくなり、組織から熱を吸収する能力も大きくなります。

（4）冷却の方法

冷却の方法は、適用部位の形状や利用可能な冷却媒体、あるいは症状などにより適切な方法を選択します。

直接冷却法：冷却媒体を患部に15～30分間適用します。クラッシュアイスパックはジェルパックに比べてより長く、かつ広い範囲の組織を冷却することができます。患部が小さくて平らな場合には、紙コップに水を入れて凍らせたコップを

図11-3 手根部の冷却
ジェルパックを患部に粘着性包帯で固定する。

図11-4 交替浴
冷水と42℃程度の温水容器に数分間ずつ交互に患肢を入れる。

逆さにして、氷の部分を直接皮膚に当てて冷やすのもよいでしょう。

アイスマッサージ法：筋肉をゆっくりとストレッチさせた状態のまま、患部に冷却療法を5〜10分間程度適用します。

冷却ガススプレー法：ヒトでは、トリガーポイント（発痛点）に噴霧されていますが、その冷却深度は他の方法に比べて浅く、ほんの体表に限られます。競走馬では、疾走直後の浅指屈腱部に液体窒素ガスが直接噴霧されています。約30cmの距離で近位から遠位へ向けて秒速約10cmのスピードでスプレーしますが、皮膚の凍傷には細心の注意が必要です。

冷水浴、および温水浴（後述）との交替浴：患部の冷却に4℃の冷水浴は非常に効果的な方法です。炎症の急性期には冷水浴5分間を5分間隔で3〜5回ほど繰り返して1セットとし、亜急性期から慢性期にかけては冷水浴4分：温水浴1分の割合で4〜5回繰り返し、最後は冷水浴で終わります（**図11-4**）。症状が改善するにしたがって温水浴の割合を増やし、慢性期に至ったら温水浴4：冷水浴1、さらには温水浴のみとします。慢性期では温浴中にマッサージやストレッチを付加するとさらによい結果が得られます。

（5）冷却治療の適用時間と頻度

冷却時間は1セットにつき15〜30分間で、少なくとも30分は間を置いて1日3〜6回ほど行うとよいでしょう。組織反応が第3期の亜急性期である増殖期に向かうまで継続します。

エクササイズによって生じる患部の反応性の昇温や腫脹を防止するため、エクササイズ終了後もクールダウンとしてジェルパック等をしばらくの間適用します。

（6）冷却療法の注意点と禁忌

注　意：決して皮膚自体が白色化（凍傷）するまで過冷却してはいけません。また、一度凍傷を経験した部位は再発しやすいので要注意です。体表近くを走行する尺骨や浅腓骨神経などに障害を与えると麻痺を誘発することがあるので、神経周囲への過冷却にはとくに注意してください。

禁　忌：寒冷性蕁麻疹の経験のある症例にはこの治療法は適用できません。局所性や全身性の血管障害や体温調節機能不全症例にも冷却療法はしない方がよいでしょう。

2）温熱療法

（1）温熱療法の生理学的作用と臨床的効果

生理学的効果：適切な加温によって組織の温度が上昇し、血管が拡張して患部組織への酸素供給や代謝産物の輸送が亢進します。一方、コラゲナーゼなどの破壊吸収酵素の活性や異化作用も上昇します。これらのことから、血行改善、神経機能活性化、代謝機能亢進、結合組織の弾性の修復と改善の促進などが期待されます。

治療効果：皮膚表在（深度約1cm）の損傷組織は、昇温により生化学反応が促進されて治癒が促されます。温熱療法の適用により、体表近くの結合組織の存在する腱、靭帯、瘢痕組織、関節包などはその伸張性を増加させ、結果的に、関節包の弾性を増加させて硬化を緩和し、運動性を改善します。

（2）温熱療法に用いる加温媒体

加温媒体などの種類は**表11-2**に挙げました。ジェルパック（1個）は、700Wの電子レンジで約30秒間、600Wで約40秒間、約60℃まで加温してタオルに包むと、少なくとも30分間は温度を持続します。使用する電子レンジで1度確認してく

表11-2 温熱療法に用いる加温媒体

媒 体	種 類
液体	温水、温泉水、不凍液
複合材	ジェルパック、使い捨てカイロ
物理学的エネルギー	赤外線、極超短波、超音波など

図11-5 温熱療法
全身性筋肉萎縮と多発性関節拘縮の症例に対し、マッサージの前にタオルに包んだジェルパックによる温熱療法を行っている。

ださい。使い捨てカイロの表面温度は約60℃であり（実験）、タオルに包んでおくと発熱は半日以上持続します。

電気物理学的方法の一つで、深部加温が可能な超音波療法については後述します。

（3）温熱療法の適用

方　法：炎症が沈静化した後、冷却療法から温熱療法に変更します。加温媒体表面の温度を調節するため、タオルで包んで患部に適用します（図11-5）。

適用時間・頻度：症状と加温媒体に応じて適用時間と1日の適用回数は変わってきますが、1回約20～40分間で、少なくとも40分は間隔をおいて、1日3～5回繰り返します。

適応症：緊張、痙攣、硬結、強ばり、あるいは拘縮などが存在する軟部組織の伸展性の低下、関節硬化および関節可動域の狭小化などが適応となります。

効　果：軟部組織の循環の活性化や粘弾性の変調によって軟部組織の伸展性が増加し、関節硬化の緩和や関節可動域の拡大などの効果があります。痛みのないマッサージやストレッチ、さらに運動療法を併用するとさらに効果的です。そして運動後は、マッサージを行い、障害関節や軟部組織のクールダウン（冷却）をすると、よりリラックス効果が高まるでしょう。

（4）温熱療法の注意点と禁忌

注　意：ヒトでは55℃以上で低温やけどが発生するといわれます。低温やけど防止のために、治療中および治療後は必ず適用部位の状態を時々観察し、発赤などが強ければ短時間冷却します。

なお、温熱パックなどによる体表からの加温では、熱効果は深部への到達があまり期待できないため、深部の加温が必要な症例には超音波療法や極超短波（マイクロ波）療法の適用が勧められます。

禁　忌：温熱療法は、炎症過程を悪化させることから、急性炎症期には禁忌です。さらに、皮下の出血や血栓性静脈炎、悪性組織（腫瘍など）への適用も避けるべきです。また、体温調節機能不全、浮腫血行障害、開放性創傷を有する症例も対象からはずします。

❷ 低出力レベルレーザー療法

レーザー（laser）という用語は、特定の物質に人工的に光や放電などの強いエネルギーを与えることにより励起させて発生した、電磁波の増幅（light amplification by stimulated emission of radiation）の頭文字であり、出力した光線をレーザー光といいます。リハビリテーションで適用されるレーザー光は、一般にコールドレーザーともよばれる低出力レベルレーザー（low-level laser）光です。これを利用した治療法は低出力レベルレーザー療法（low-level laser therapy：LLLT）とよばれ、疼痛緩和や創傷治癒促進効果があります（図11-6）。近年では、10Wを超える高出力レベルレーザー療法がスポーツ医学で応用され始めています。

1）レーザー光の特性と発生装置

（1）レーザー光の特徴

レーザー光は、自然光である日光と同じ電磁放射線の一種で、肉眼で見える光子の流れとして放射される人工の光です。単色性（単一波長）、同位相性（同一の位相で同方向に移動する）、および指向性（ほとんど発散しない）をもつ点が自然光とは異なります。そしてその特性から、低出力レベルレーザー光は皮膚に障害を与えずに皮膚の表面を通過することができます。一方、高出力レベルレーザー光は、レーザーメスなどに応用されています。最近では紫外線やX線などのより短い波長や、赤外線のようなより長い波長のレーザー光を発生する装置もあります。

（2）医療に用いられるレーザー治療装置（図11-7）

装置は励起源により波長や作用が異なりますが、現在のところ、9種類の異なる励起源の装置が開発されており、**表11-3**

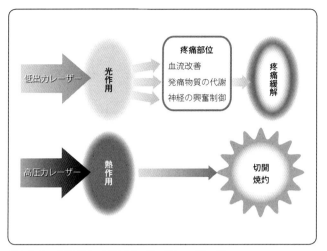

図11-6 医療用に応用されているレーザー光

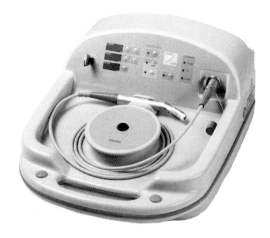

図11-7 低出力レベルレーザー治療装置
写真は動物用の治療装置。(写真提供:株式会社オサダメディカル)

表11-3 レーザー光発生装置の種類

発生装置	波長と透過深度
ヘリウム-ネオン (helium-neon:HeNe) レーザー	気体 (ガス) レーザーであり、波長632.8nmの可視赤色光で、散乱が多いため直接透過深度は約0.5cm (間接効果深度1cm) である。
ガリウム-アルミニウム-ヒ素 (GaAlAs) レーザー	半導体 (ダイオード) レーザーであり、波長は約810nmである。
ガリウム-ヒ素 (gallium-arsenide:GaAs) レーザー	ダイオードレーザーであり波長820〜904nmの赤外線帯域に近い不可視光で、直接透過深度は約2cm (間接効果深度約5cm) である。

表11-4 レーザー光発生装置の出力によるクラス分類と利用法

クラス	利用対象
1	スーパーマーケットのレジのスキャナー、郵便局の郵便番号読み取り装置などに使われている。
2	可視光で、レーザーポインター、治療用レーザーとして使われることもある。
A3	可視光の治療用レーザー。 裸眼でも一瞬であれば通常障害を与えない1〜5mWの放射強度のHeNeレーザーなどが利用されている。
B3	治療用および測量用レーザー。 光線が直接またはその反射光が眼に入ると重度の眼障害が生じる可能性がある。放射強度5〜500mWのHeNeレーザーが用いられる。
4	手術用レーザーや工業用の切削レーザー。 3〜100Wの高出力が利用されている。

に本治療に利用されている主な3種類を挙げました。波長が長い(周波数が低い)ほど組織透過深度は深く、心臓部の励起装置の寿命は5,000〜20,000時間といわれています。装置の出力によってクラス1からクラス4の5段階に分類されており(**表11-4**)、低出力レベルレーザー療法には、A3またはB3クラスで、波長600〜1,000nmの赤外線または近赤外線領域の装置が利用されています。

(3) レーザー光の出力とエネルギー

出力はWまたはmWで表され、1W=1J/秒とされています。

出力密度：プローブの単位面積あたりの出力。W/cm^2で表されます。

エネルギー密度：組織単位面積あたりの照射を受けるエネ

ギー量、すなわち照射される線量。J/cm²で表されます。

照射されるエネルギー密度は、照射を受ける時間によって変わってきます。

（4）治療に適用される出力、エネルギー量および照射時間

出力ワット：通常30〜600mWを使用します。

エネルギー量：通常、1カ所あたり1〜8Jを照射します。

照射時間：装置の出力とエネルギーに応じて決定します。出力250mWの装置で2J照射するには、2J/0.25W＝8秒となります。

（5）レーザー光の減衰と透過深度、および照射上の注意

透過深度：レーザー光は、波長によっては水、ヘモグロビン、メラニンには吸収されませんが、組織を通過する間に散乱と吸収によって徐々に減衰し、HeNeレーザー光は0.5〜1cmの組織の深度で強度が約1/3に低下します。被毛のある動物でのエネルギーの減衰率はさらに高くなると考えられています。

照射上の注意：光の50〜90％は被毛により吸収されるため、レーザービームは被毛を避けるか剃毛し、局所に向かって皮膚に垂直に照射します。皮膚に色素や消毒薬・軟膏などの塗布があると透過深度に影響を与えると思われます。

図11-8　低出力レベルレーザー治療

2）低出力レベルレーザー光の作用と効果

（1）生物学的作用

エネルギーレベル0.01J/cm²という低エネルギーで生物学的効果を示します。光子は、ミトコンドリア内および細胞膜にある発色団と呼吸鎖酵素（シトクロム）に吸収され、その結果として酸素が産生され、細胞膜およびミトコンドリア膜を挟んだプロトンの濃度勾配を形成します。次いで、フラボノヌクレオチド酵素が活性化されてATPの産生を開始し、DNAの産生も刺激されて細胞膜の透過性が変化します。これが体内の生化学反応を引き起こす酵素を活性化することによって、細胞と組織の新陳代謝を活性化します。

また、βエンドルフィンの増加、ブラディキニンの減少、セロトニン放出の増加などの作用から、鎮痛作用を示します。通常の低出力レベルレーザー治療装置によるエネルギー量（1〜4J/cm²）では、有効な生物学的効果が得られる透過深度は0.5cmから最大2cmまでといわれています（**表11-3参照**）。

（2）創傷治癒促進効果

DNA合成の亢進、コラーゲン産生の著明な増加、血管拡張の亢進などが確認されており、損傷した組織で血管新生を誘発して新しい毛細血管の形成を増進し、創傷の治癒に要する時間を短縮します。血管拡張とリンパ液排出の促進から、打撲や炎症による浮腫や腫脹を低減します。細胞の代謝と増殖を刺激することから、とくに損傷部の治癒過程におけるコラーゲンを増量させ、腱、靱帯、および筋肉などの修復速度や強度などが改善されます。

（3）骨および軟骨への効果

損傷軟骨の修復も促進されますが、修復は通常と同じように硝子軟骨ではなく線維軟骨によって行われます。初期の骨損傷部には何らかの有効な効果があると思われます。

（4）鎮痛効果

筋のトリガーポイントと経穴の刺激によって疼痛緩和をもたらします。実験的には、侵害受容性神経線維の活動を選択的に抑制することが示唆されています。また、米国のFDA（食品医薬品局）により、波長635nmのHeNe低出力レベルレーザーが骨関節炎や筋痙攣などの慢性的な弱い疼痛の管理に有効であることが認められています。

3）適応法と治療効果

（1）術野、損傷部

効　果：創傷治癒促進と疼痛緩和が期待されます。

適用法：創部の周囲数カ所に2〜5Jずつ、週2〜3回照射します（**図11-8**）。

（2）骨関節炎、変形性関節症

効　果：炎症の沈静化と疼痛緩和が期待されます。

適用法：関節の圧痛点の数カ所に、HeNeまたはパルス赤外線ダイオードレーザーを2〜5J、1日1〜2回、10日間程度照射します。

膝の骨関節炎に対し、30分間の運動と組み合わせて、3分間で2J、14日間の照射を行ったところ、疼痛の緩和と機能の改善が認められています。

ヒトでは関節リウマチの疼痛緩和・消炎に適用されてい

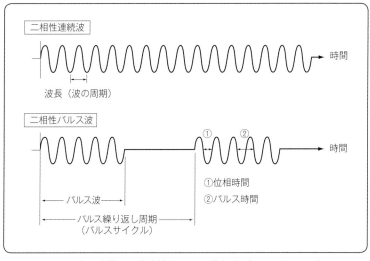

図11-9 電流（電磁波）の連続波とパルス波およびそのパラメーター

（3）脊髄障害、神経障害

効　果：術後の創傷治癒促進効果、疼痛緩和、および神経賦活刺激が期待されます。ラット坐骨神経の実験的損傷に対するLLLT実験から、機能的活動の増進、瘢痕組織形成の抑制、運動ニューロン変性の低減、軸索の成長と髄鞘形成の増大が認められ、末梢神経損傷においても機能の回復が期待されます[1]。またT12L1間の脊髄切断部位に坐骨神経片を自家移植した実験犬に対する当該部位のLLLTで、瘢痕組織の形成はみられず、新たな軸索と血管が脊髄組織に生じ、後肢での起立、次いで歩行が可能になっています[2]。

適用法：当該椎間孔から障害脊髄部位に向かって、あるいは障害末梢神経経路に沿って点状に照射します。なお、後述する鍼灸療法で効果を示す経絡の経穴に照射することにより、鍼治療と同様な効果が期待されています。

4）注意と禁忌

（1）注　意

高線量では、組織の治癒反応などを阻害します。黒色皮膚や被毛はエネルギーの吸収率が高く、火傷を発生しやすいので、出力と適用法に注意しなければいけません。

（2）禁　忌

長時間のレーザー照射は禁忌です。動物実験において、関節部に長時間照射したところ滑膜充・出血、細胞浸潤を生じることが認められています。妊娠動物の胎子、未熟動物の頭頂泉門部、骨成長板、悪性腫瘍、角膜、皮膚光感受性部位などへの直接照射もしてはいけません。

❸ 低周波電気療法

現在ヒトに対しては、低周波、高周波、負電荷、超短波、極超短波（マイクロ波）、電位差、マイクロカレント、スポットなど、さまざまな電流（電磁波）を利用した方法が電気療法（電気刺激療法）として適応されています。ここではその中から低周波電気（刺激）療法を中心にその概要を紹介します。なお家庭用医療機器として市販されている機器も多く、ヒトでは手軽に行われています。

1）電気療法の基本

（1）利用される電流と波形の特徴（図11-9）

パルス電流：電荷が一方向性（単相性）や二方向性（二相性）に流れた後、電流が周期的かつ断続的に流れる電流（電磁波）をいいます。

位相時間：電流がベースラインからある方向へ流れ、再びそのベースラインに戻るまでの時間をいいます。

パルス時間（幅）：電荷が二方向へ流れている時間をいいます。単相性電流では、パルス時間と位相時間は同じです。

二相性電流：電荷が二方向性に流れる電流。流れの方向、時間や振幅が同じであれば対称性、時間や振幅によって形が異なるものを非対称性の二相性電流といいます。

（2）周波数による効果の違い

低周波：一般に10kHz以下の周波数をいい、1kHz未満では刺激作用を有し、筋肉と神経を興奮させます。

10kHzを超える周波数が高周波、10～100MHzの周波数が超短波、100～1,000MHzは極超短波（マイクロ波）とよ

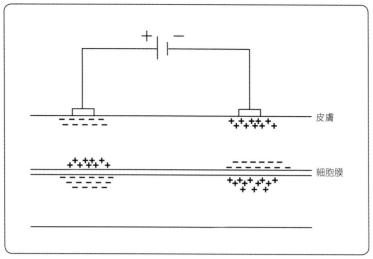

図11-10 細胞膜内外における分極現象

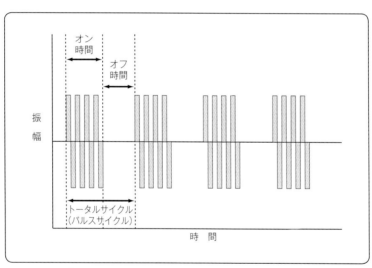

図11-11 デューティーサイクル

ばれます。各々の周波数には特徴があり、超短波療法や極超短波照射による温熱療法などに利用されています。

（3）電気に対する生体の反応

分極現象：組織や膜の境界で分極が起こります。

極性興奮の法則：刺激に対する反応として、通電開始と停止時に起こる刺激で4通りの分極が起こります（**図11-10**）。

効　果：分極により、細胞は刺激を受けて活性化します。

2）装置の特性

（1）刺激装置のパラメーター

電流の振幅（大きさ／強度）：ベースラインから最高点までの振幅の高さで、mAとして表されます。

波長と周波数：光や電流、あるいは電磁波の伝播速度は、秒速299,792,458mであり、［波長＝伝播速度／周波数］となります（**図11-9**）。

パルス率：一般的には周波数といわれ、pps（毎秒パルス）とよばれることもあります。毎秒放出されるパルス数を表しており、Hz（ヘルツ）として測定されます。

デューティーサイクル：全周期（トータルサイクル）時間中のオン時間の比率で、％で示されます（**図11-11**）。オン時間はパルス波や衝撃波が加わっている一連の時間をいい、オフ時間はオン時間との間の時間を指します。

（2）電極（導子）の条件とカップリング（連結）

電　極：電極に必要な条件は、部位に適用しやすく、柔軟性

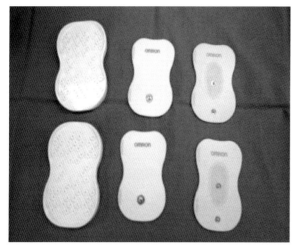

図11-12　低周波電気療法に用いる電極（導子）

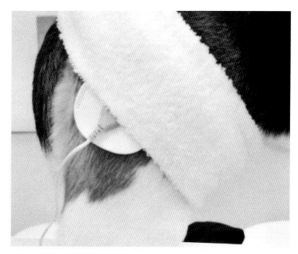

図11-13　電極の適用法
剃毛してアルコールで皮膚を清拭したのち適用する。

があり成形が可能で、電気抵抗は低く、高い伝導性をもち、頻回使用が可能であり、かつ安価であることなどです。電極は、患部の面積に適した大きさのものを選択または成形します（図11-12）。

適用法：剃毛しなくても使用できるよう、動物には接着面がブラシ状になっている電極（E-pad）が用いられています[3]。ヒト用の電極を用いる場合には被毛の影響を避けるため、電極と患部の間のカップリング媒体として、ジェル、または水を含ませたスポンジや紙タオルなどを用います（図11-13）。

3）低周波電気療法の種類

1～200Hzの周波数が治療に利用されています。実際の臨床的適用法は、巻末の参考文献2に詳しく記載されています。

（1）経皮的電気神経刺激法 Transcutaneous Electrical Nerve Stimulation：TENS（図11-14）

効　果：神経を脱分極して疼痛抑制作用を示します。

適　応：痛みに対する物理療法として確立されており、痛みの局所、周辺、あるいは支配脊髄神経起始部などの皮膚が適応となります。

方　法：通常、高周波と低周波を交互に通電する方法が選択されます。50～150Hz以上の高周波は即効性で、急性疼痛に有効ですが効果時間が短く、1～5Hzの低周波は遅効性で、慢性疼痛に効果的で持続性があるため、両方の特性をいかした効果が期待できます。通電時間は1回20分、週3～7回が目安とされています。

（2）神経筋電気刺激法 Neuromuscular Electrical Stimulation：NMES（図11-15）

効　果：筋力低下や持久力低下などの症例に対して、正常に機能している末梢神経を電気刺激し、運動神経を脱分極させ

図11-14　経皮的電気刺激装置

て筋収縮を引き起こします。

適　応：骨折、靱帯断裂で長期間不動のための筋力低下症例、脳血管障害、閉鎖性頭部外傷、脊髄損傷、麻痺を伴う神経疾患、関節可動性の増加、浮腫の軽減、血行の促進、ミオパシー、不労性萎縮などが適応となります。

方　法：運動神経が筋肉に入る部位である運動点の周囲を剪・剃毛してアルコール綿で清拭し、カップリング媒体を適用して電極（導子）を同一筋に設置します。

（3）電気筋刺激法 Electrical Muscle Stimulation：EMS

通常、筋肉は、脳からの指令が脊髄を通って運動神経に伝わることにより運動します。EMSは、電気によって同様の刺激を直接筋肉に与えて筋肉を運動させる方法です。脊髄損傷症例などにみられる除神経筋（神経機能が作用しなくなった筋肉）を興奮させるために適用されています。

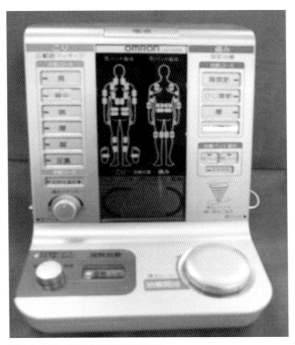

図11-15　神経筋電気刺激装置

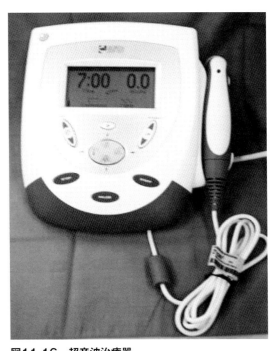

図11-16　超音波治療器
トランスデューサー（写真右側）と一体になっている。

4）注意と禁忌

（1）注　意

通電強度は、通常0.1～3W/cm²ですが、個体差があるため、最小から始めて動物が不快感を示さないレベル以下とします。1度は施術者自身に適用し、通電時の感触を経験しておいてください。

（2）禁　忌

心臓付近の高強度刺激、ペースメーカー設置症例、痙攣疾患症例、血栓症や静脈炎、感染部位、腫瘍存在部位、頸動脈洞付近、妊娠子宮周囲などに対しては禁忌であり、知覚障害部位や過敏症例、傷害部位などには注意して適用します。

4 超音波療法

前述した温熱パックや赤外線などの伝導熱を利用した体表面に対する温熱療法に対して、深部の加温には音波や電磁波の高周波を利用した治療法が有効です。超音波は、ヒトの耳では聞き取れない周波数20kHz以上の高周波である音波をさし、超音波療法には一般に1～3.3MHzの波長を用いた装置が利用されています（図11-16）。

電磁波では、超短波（伝導電流、10～100MHz）が超短波ジアテルミー療法として、あるいは極超短波（100～1,000MHz）が極超短波（マイクロ波）療法として、超音波と同様に深部の加温に利用されています。

1）原理と基本原則

（1）原　理

音のビームは、組織を通過する際に散乱や吸収が起き、それらのエネルギーが熱に変換されます。散乱とは、音のビームが境界面に当たった際に音が偏向することをいいます。吸収は、エネルギーが音のビームから組織へ移動することであり、タンパクでは吸収が強く、脂肪では弱くなっています。すなわち、筋肉で発熱しやすくなります。熱となったエネルギーは、理学的な法則にしたがって温度の高い方から低い方へ、伝導や放射によって移動します。

（2）超音波の特異性

超音波ビームが温熱を生み出す際には、適用部位の組織が超音波の電磁エネルギーを吸収しますが、そのエネルギーが小さくて不十分な場合には温熱効果は現れません。反対に、吸収エネルギーが過剰の場合には組織を傷害することがあります（Amdt-Schultzの法則）。

体組織に衝突したエネルギーは、皮膚表面からの反射、真皮と皮下脂肪の境界で起きる屈折、筋肉による吸収などによって消散しますが、推定到達深度は約1cmです。温熱源に利用される電磁波は、波長が長くなれば（周波数は低い）到達深度は深まります。

（3）カップリングの重要性

カップリング：超音波は空気中で減衰し、含気した組織では偏向します。そのため、超音波のヘッド（トランスデューサー）

と皮膚の間の空気を取り除いて、それらを直接カップリング（連結）させるための媒体が必要となります。

方法：超音波検査用の「水溶性超音波ジェル」を直接皮膚に塗抹し、その上から超音波を照射する直接カップリング法が一般的です。

患部を直接水中に入れて行う液浸法は、反射を避けるためゴムやプラスチック製の非金属の容器を用い、気泡のない40℃程度の温湯中に患部を浸してトランスデューサーは皮膚より0.5～3.0cm離し、温湯中での超音波の吸収を補うために出力は0.5W/cm²上げて照射します。

2）温熱効果と非温熱効果

（1）温熱効果

超音波照射による深部組織の温度上昇は、コラーゲンの伸展や血流の増大、疼痛の閾値の上昇、マクロファージの活性化、血管新生亢進、神経伝導速度の改善、酵素活性の増大、筋の痙攣の抑制、IL-8、FGF、血管内皮成長因子の分泌亢進などの効果をもたらします。このためには、目的に応じて深部温度を1～4℃、5分間以上上昇させる必要があります。

（2）非温熱効果（音圧効果）

音波が分子を振動させることによる圧縮と希薄化（圧力と張力）を引き起こすことで細胞膜のカルシウムイオンなどの透過性の増大、貪食作用の亢進、ヒスタミン放出の変化、成長因子放出量活性化によるコラーゲン沈着の増大、血管形成の活性化、線維芽細胞増殖活性化などの非温熱効果が生じます。この現象はアコースティック・ストリーミングと表現されます。

3）適応条件の変動要因

治療条件の変動要因としては、周波数、強度、デューティーサイクル、治療部位、照射ビームの移動スピード、治療期間などです。

（1）組織への到達深度

超音波の組織到達深度は、1MHzで2～5cm、3.3MHzで0.5～5cmといわれ、周波数が低く波長が長いほど到達深度が深くなっています。照射部位に骨が存在すると骨膜に痛みが発現するため、筋肉の薄い部位や小さな犬には使えません。

（2）超音波の強度

一定の領域におけるエネルギー放出の割合が超音波の強度であり、W/cm²またはmW/cm²で表されます。一般には、0.25～3.3W/cm²の強度のものが利用されており、

$$\frac{トランスデューサーからの出力}{トランスデューサーヘッドの面積} = 平均空間強度$$

といわれます。強度が大きくなれば、上昇温度はより大きく、かつより速くなります。組織温度を40～45℃に上昇させるためには、強度が1.0～2.0W/cm²の連続波で5～10分間を要するといわれています。

照射部位に軟部組織の量が多い場合には、2.0W/cm²に相当する強度が要求されます。動物が体動や発声や忌避を示した場合には痛みが発現した可能性があり、照射を中止するなど何らかの対応が必要になります。

（3）連続波とパルス波（図11-9）

連続波は、文字通り連続的に超音波を発信し続ける方法で、パルス波は断続的に超音波を出す方法です。パルス波では、発生した熱がパルス波の休止期に血流と伝導で除去されますが、パルス波の利点は、上記の理由から組織損傷がより低リスクでより強い強度で適用できることです。

（4）デューティーサイクル（図11-11）

パルスの1回周期（パルスサイクル）の中で音波の放射されている割合を指します。連続モードでは超音波強度は一定ですが、パルス波は断続的でエネルギーがオン／オフといった形で伝えられ、0.05（5％）から0.5（50％）の範囲で利用されています。

（5）治療部位の大きさ、移動速度、および照射時間

治療面積：トランスデューサーヘッドの直径の2倍程度とします（ヘッド面積の約4倍）。この範囲で、期待温度に上昇させるのに5～10分を要します。

移動方法：トランスデューサーヘッドの移動スピードは秒速4cm、もしくはそれ以下とします。移動方向は縦、横、円などいずれでもよく、静止させたままにしないよう注意します。静止状態が続くと当該部位に過剰なエネルギーが付与され、上皮損傷や血小板凝集などの障害の原因になるためです。実際に行う前に、定規を横に置いて秒速4cmのスピードで手を動かす練習をしておいてください。

照射時間：トランスデューサーヘッドの移動スピード秒速4cm、連続モードで強度1.5W/cm²を10分間行い、深さ3cmでの温度が治療温度に達するまでに約8分を要します。また、ヘッドの直径の2倍の領域に1.5W/cm²の強度で超音波を用いると、3MHzでは3～4分ですが、1MHzでは約10分を要します。

4）適用法

（1）適用強度の目安（表11-5）

一般に、低容量は急性～亜急性で体表面の非温熱効果を期待し、高容量は慢性で深部の温熱効果を期待します。

（2）治療期間と間隔

急性から亜急性期で週に1～3回、そして慢性期には週に0.5～1回適用します。

表11-5 超音波治療における適用強度の目安

適応病期		急性〜亜急性	亜急性〜慢性	慢性
適用容量		低容量	中容量	高容量
治療時間		5分間	8分間	10分間
出力強度 /cm^2	連続波	0.05〜0.5W	0.5〜1.0W	1.0〜1.5W
	パルス波	0.15〜0.5W	0.5〜1.0W	1.0〜1.5W

5）効　果

治療の目標は、加温により血流を増加させて組織代謝を改善し、痛みを軽減して線維構造の弾性を改善することです。

（1）脊椎症と脊椎関節症の筋肉の張り

背部の筋肉の張りを有する症例の治療の第一の目的は、筋肉の緊張を低減させて痛みを軽減するとともに、血流を促進し、痛みの悪循環を止めることです。改善された血液循環は、筋肉に酸素供給を増加させて、代謝廃棄物の除去を強化します。

通常、初期にはパルス波で1.0〜1.5W/cm^2、5〜6分、1週間に2〜3回で始め、症状の改善につれて連続波に変更し、かつ適用強度を増加します。

（2）関節疾患

処置の第一の目標は、線維性構造の弾性の増加が関節機能を改善し、組織栄養を改善することにより、痛みを和らげることにあります。

急性徴候のない慢性関節炎の治療は、受動的な関節可動域運動の前に5〜10分間、1.0〜1.5W/cm^{2}の強度で連続波を適用します。慢性関節炎における一過性の急性期には、炎症の徴候がある間は0.5W/cm^{2}で5分間のパルス波で治療した後、冷却療法を適用します。

（3）外傷性関節疾患

受傷または手術後の急性炎症期である2日間は非適用期間です。また急性期には、連続波は適用しないでください。

3日目以降の急性期には、1日1回、0.5W/cm^2、5分間のパルス波で治療した後、冷却療法を適用します。急性期の消退とともに連続波に切り替え、徐々に適用強度を高めてきます。

（4）関節拘縮と瘢痕組織

関節可動域の制限を改善するため、本法適用後のストレッチとの併用治療を行います。超音波療法を併用すると、ストレッチのみに比べて可動域がより増大します。

（5）骨折の治癒

遅延治癒骨折や癒合不全の骨折に対して、低強度の超音波療法は癒合促進効果がみられます。ただし、骨膜に反射して発痛をみることがあるので注意します。

（6）腱・腱鞘炎と滑液包炎

これらの慢性炎症に対して、超音波療法実施後、横断摩擦マッサージを行います。筋断裂修復手術後の炎症期が経過した後の適用効果も期待されています。

（7）軟部組織の創傷治癒の促進

腱・靱帯・関節包・瘢痕組織・筋などの損傷修復促進、軟部組織の炎症消退後や慢性期の疼痛緩和と治癒促進に有効です。本法は、ストレッチやエクササイズの前に適用します。

（8）痛みと筋痙攣

痛みの閾値を高めるとともに、神経伝達速度を抑えるため、結果として筋の痙縮を抑えて血行の再循環を促します。

6）注意と禁忌

（1）注　意

トランスデューサーのオーバーヒートに注意を払うとともに、定期的なキャリブレーションを行って装置のメンテナンスに注意を払ってください。

トランスデューサーの不適切な適用による45℃以上の深部組織温度の異常な上昇には、厳重な注意が必要です。骨膜に反射すると疼痛を生じさせるため、筋肉の薄い部位や小型動物に対しては慎重に適用してください。

被毛による超音波エネルギーの吸収は著しく、短毛種であってもほとんど効果が現れなくなるため、適用部位の毛刈・剃毛を適切に行うことが基本です。

麻痺部や局所麻酔部などの知覚不全部位の照射の際には、過剰加温に注意します。

（2）禁　忌

急性炎症部や抜糸前の手術創などには高容量の連続波の適用は禁忌です。さらに、心臓、胎子、汚染した創部、腫瘍、発育中の骨端成長板、骨膜などへの照射も禁忌です。

5 鍼灸療法概論

鍼灸療法とは、身体に変調が現れた際に、直接その部位ではなく離れた「ある点」を鍼・灸によって刺激し、変調を解く方法です。この「ある点」が経穴（ツボ）であり、関連性のある経穴が複数集まっていくつもの系統をつくっています。この系統に沿う流れが経絡といわれます。

第11章 物理療法

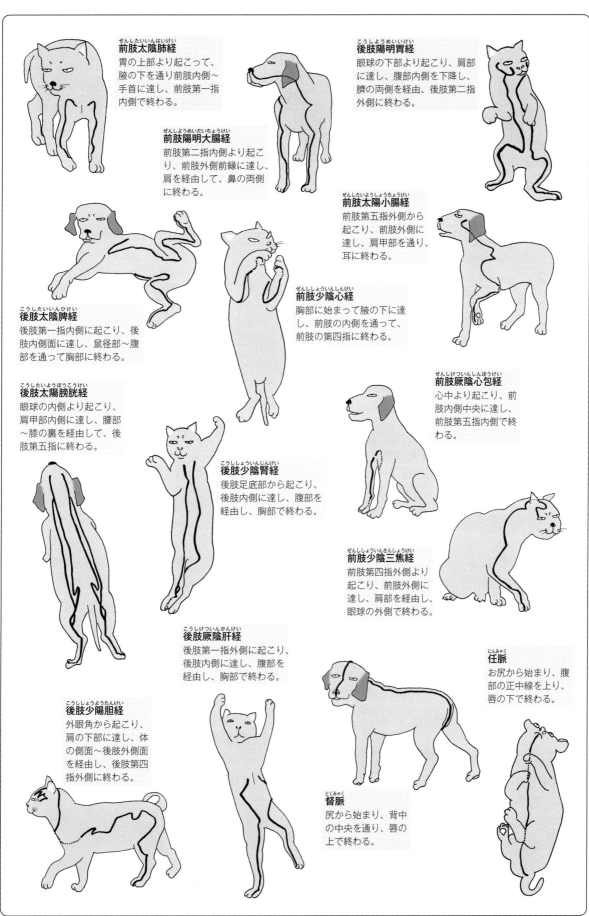

図11-17 犬と猫の14の経絡　　※第一指が退化している犬や猫の場合は、痕跡部分をツボ位置とする。

（帝京科学大学 中山久仁子先生（獣医師）による）

図11-18　ノイロメーター
刺鍼点の探査ができる装置が開発されている。(写真提供：エヌ・アール機器株式会社)

　本項では、リハビリテーションへの活用が相対的に多い鍼療法を中心に概説しますが、本治療法は専門的であり、さらにスペースの関係からその概論に留めましたので、詳しくは、参考文献7を参照してください。

1) 歴　史

　日本における鍼灸療法は、インド、中国、朝鮮を経て伝わり、江戸時代に完成されています。近年では、鍼・灸から、薬物的刺激に加え、電流や低出力レベルレーザー光線が刺激源として応用されています。なお動物では、熱さのため灸療法には限界があります。

　最近の日本における動物の鍼灸療法は、以前に比べて幾分低調で、実際に小動物に日常的に応用している獣医師はごく一部に限られていると思われます。しかし、低周波パルス通電治療法(電気鍼)は比較的簡易に応用でき、効果的な疼痛抑制が得られるため、その適応が見直されてきています。

　刺鍼療法は、中国以外では特に欧米で盛んに研究や臨床応用され、ブラジルでは獣医師に対する3年制の鍼灸専門学校が開校されています。

2) 鍼灸療法の概要

　本法の原理は、生体の内臓機能、筋肉、神経などの身体を形成する器官は正常時には有機的に関連して平衡を保っているが、病気はこれらのバランスが破綻した状態、あるいはそれを補うために部分的に無理がかかっている。とする考えに基づきます。

(1) 経絡 (図11-17。表11-6参照)

　経は縦の経脈を、絡は横の絡脈を表わし、古代中国の医学において、人体の中の気血榮衛(きけつえいえ(い))(気や血などといった生きるために必要なもの、現代で言う代謝物質)の通り道として考え出された仮想線を経絡といいます。

　犬では、14の経絡に360の刺鍼点の名称がつけられ、そのうち約150の刺鍼点が治療に用いられています。

(2) 刺鍼点；鍼経穴 (ツボ)

　治療目的のため刺鍼療法用の鍼を刺す特定の部位をいい、経絡に沿った刺鍼点である経穴(ツボ)をいいます。刺鍼点の電気抵抗は低く、周囲の結合組織や血管付近には肥満細胞が比較的多く存在します。刺鍼点は、ノイロメーターで探査することができます(図11-18)。

　刺鍼点にはⅠ～Ⅳ型の異なる四つのタイプがあり、刺針部では、Aデルタ型またはC型神経線維が刺激されることによる、ずっしりとした重み、つっぱり感、つままれる感じ、圧痛感、温かみ、不快感などを感じるといいます。刺鍼の刺激により、鍼の周りには刺激のために微小な炎症が起きて血流が増し、補体系、凝固系、炎症メディエーターなどが活性化します。

(3) 鍼

　鍼にはさまざまな種類や形があり、動物種や目的によって選択されます。小動物では最近、長さ約30mm、直径0.16または0.24mmの鍼管付のディスポーザブル鍼が用いられています(図11-19)。

(4) 鍼治療の有効性

　経穴に対する施術法は刺鍼と灸であり、前者は即効的・一時的で急性症に、後者は遅効的・永続的で慢性症に良いとされています。

　鎮痛効果：疼痛信号の伝達の抑制と疼痛域値の上昇、および内因性・末梢性疼痛物質の合成抑制、そして微小循環の改善による疼痛物質濃度の低減によって、鎮痛効果をもたらします。

　その他の効果：血液とリンパ液の循環の促進および筋肉の増強と弛緩作用が得られます。

表11-6 犬の経絡と主な作用および経穴の数

経絡名	主な作用	経穴の数
前肢太陰肺経	・呼吸器系・前肢知覚・運動障害 ・皮膚疾患	11
前肢陽明大腸経	・頭部・喉の疾患、 ・下痢、腹痛 ・前肢運動器疾患	20
後肢陽明胃経	・顔面・鼻・喉の疾患 ・胃腸障害 ・後肢知覚・運動障害	45
後肢太陰脾経	・消化器系疾患 ・後肢知覚・運動障害	21
前肢少陰心経	・心臓・循環器系の疾患 ・精神・神経系統の疾患 ・前肢内側後縁の知覚・運動障害	9
前肢太陽小腸経	・舌部疾患 ・神経疾患 ・前肢内側後縁疾患	19
後肢太陽膀胱経	・眼・頭・腰・背・後肢疾患 ・筋の知覚・運動障害 ・泌尿・生殖器系疾患	67
後肢少陰腎経	・足裏・下後肢の知覚・運動障害	27
前肢厥陰心包経	・心臓・循環器系・精神障害 ・前肢内側疼痛疾患	9
前肢少陽三焦経	・耳・眼・胸・腹部疾患 ・肩関節・上前肢の知覚・運動障害	23
後肢少陽胆経	・頭・眼の疾患 ・胸脇部・後肢外側の知覚・運動障害	44
後肢厥陰肝経	・肝疾患、消化器・生殖器疾患	14
督脈	・頭部・頸部・腰背部疾患	28
任脈	・泌尿・生殖器疾患、消化器系疾患	24

(帝京科学大学 中山久仁子先生(獣医師)による)

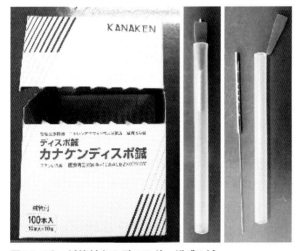

図11-19 鍼管付きのディスポーザブル鍼
(写真提供:帝京科学大学 中山久仁子先生(獣医師))

(5)適応症(表11-6)

急性および慢性疼痛管理、自律神経反射の活性化、外科処置時の鎮痛などの目的で適用されていますが、とくに、内科療法で深刻な副作用が現れたり、老齢やリスクのある症例で外科療法の選択が難しい場合に、鍼灸療法が選択されています。適応には以下のような疾患が挙げられています。

神経系疾患:椎間板ヘルニア、神経麻痺など
運動器系疾患:変形性関節症、股関節形成不全、リウマチ性関節炎、脊椎症、線維性骨栓塞症、開放性外傷の処置時、麻痺性神経障害など
消化器系疾患:胃腸炎、下痢、便秘、食欲不振など
泌尿・生殖器疾患:膀胱炎、尿閉など

(6)方法や手順

より詳しくは、参考文献7を参照してください。

3）低周波パルス通電治療法（電気鍼）

鍼治療の応用例として、電気鍼とよばれる低周波パルス通電治療法を以下に概説します。

（1）低周波パルス通電治療法（電気鍼）

刺入した鍼を電極として低周波電流を通電し、施鍼自体の効果に加えて低周波電気による刺激効果との相乗効果を期待した治療法です。

（2）治療効果と適応症

A．治療効果

鎮痛効果：感覚神経を刺激し、疼痛緩和や反射効果を促します。

神経系に対する効果：筋や運動神経・感覚神経を刺激し、筋収縮を促します。

筋肉の増強効果：血液循環を促すことにより筋肉量増加と筋萎縮の改善を促します。

B．適応症

基本的には鍼治療と同じですが、多くの運動器障害が適応となっています。

（3）利用周波数

低周波（1～5Hz）：刺入した鍼周囲の筋肉の単収縮を引き起こし、刺激が強くて疼痛感があります。麻痺疾患や筋肉・腱・靭帯損傷に適用します。

高周波（10～30Hz）：筋肉に強縮を引き起こしますが刺激は弱く、症状の軽い疾患や帯痛性疾患や麻痺性疾患に適応します。10～30Hzは、ここでは低い周波数（1～5Hz）に比べて高い周波数という意味です。

（4）通電方法と治療時間

A．通電方法

規則通電パルス刺激：同一周波数で連続的に通電しますが、耐性ができやすいのであまり利用されません。

間隔通電パルス刺激：耐性を防ぐため、通電刺激と休止を交互に繰り返します。

粗密通電パルス刺激：高・低2種類の周波数で交互に通電刺激します。

B．治療時間

通常、通電時間は10～20分間です。

（5）配穴

経穴を決めることを配穴といい、鍼治療と同一経穴を用います。通電するために二つ以上の偶数個の経穴に刺鍼します。通常、頭側と尾側、左と右、背側と腹側の組み合わせで配穴しますが、絶対的な配穴法は定められていません。

（6）通電治療法の手順

①配穴を行い、鍼を刺入して鍼柄に電極クリップを装着します。

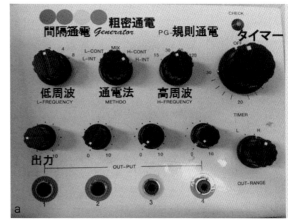
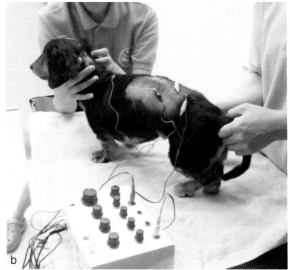

図11-20　低周波パルス通電治療

a．低周波電流装置。
b．椎間板ヘルニアの後遺症例（後肢不全麻痺）に対する粗密通電パルス療法による治療風景。

②周波数を疾患、症状の軽重に対応して決定します。

③通電量を徐々に上げて動物が忌避態度を示す直前を至適通電量とします。

④規則通電、間隔通電あるいは粗密通電から目的に応じて選択し、10～20分間通電します。

⑤電源を切り、クリップをはずして抜鍼します。

（7）低周波パルス通電治療例

椎間板ヘルニアの後遺症である後肢不全麻痺に対する電気鍼治療の実際を示しました（図11-20）。

A．経穴の選択（図11-21）
- 大椎：第7頸椎－第1胸椎間
- 百会：第7腰椎－第1仙椎間
- 腎兪：第2腰椎横（左右）
- 髀関：大腿骨大転子前下方（左右）
- 足三里：前脛骨筋と長腓骨筋の陥凹部

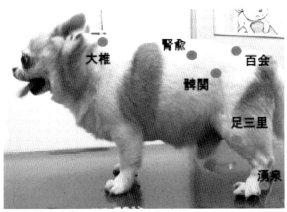

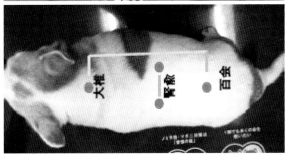

図11-21 経穴と配穴
椎間板ヘルニア症例における経穴の選択、および配穴（●）と電極の装着（●━●）。（写真提供：帝京科学大学 中山久仁子先生（獣医師））

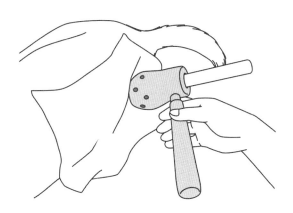

図11-23 中国棒灸
パイプ様の道具に棒状の藻草を入れて適用。熱さが調節できる。

- 通電時間：15分間。
- 刺激強度：犬が気持ちよくなる程度の電流。

D. 治療回数

週1回、4～8回行って効果がなければ治療の継続を再検討します。

4）鍼灸療法のその他のバリエーション

（1）温灸・棒灸

皮膚に直接適応する灸の代わりに、経穴に対して簡易に適用することができる電気温灸（**図11-22**）や中国棒灸（**図11-23**）などが応用されています。

（2）低出力レベルレーザー照射による経穴刺激

創傷治癒の促進や局所の疼痛緩和のみでなく、鍼刺激と同様の目的で適応されています。

※❺鍼灸療法概論の「（3）低周波パルス通電治療法（電気鍼）」をご指導いただきました帝京科学大学非常勤講師 中山久仁子先生（獣医師）に感謝いたします。

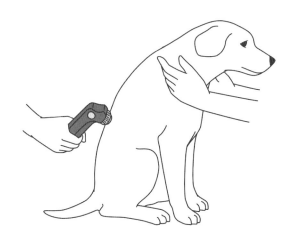

図11-22 電気温灸
電熱エネルギーを利用した灸治療。

- 湧泉：足底球の後方（左右）

B. 配穴および電極

- 督脈（大椎・百会）、膀胱経（腎兪：左・右）
- 胃経（髀関・足三里）、腎経（湧泉：左・右）

C. 通電方法と時間

- 粗密通電パルス刺激法：低周波（1～5Hz）および高周波（10～30Hz）

参考文献

1) S Rochkind, M Nissan, M Alon, et al.: Effects of laser irradiation on the spinal cord for the regeneration of crushed peripheral nerve in rats. Lasers Surg Med 28(3):216-9, 2001.
2) S Rochkind : The role of laser phototherapy in nerve tissue regeneration and repair: research development with perspective for clinical application. In: Proceedings of the World Association of Laser Therapy, Sao Paulo, 94-5, 2004.
3) B Bockstahler, et al.: Essential facts of physiotherapy in dogs and cats, Rehabilitation and pain management, Babenhausen, BE VetVerlag, 82-88, 2004.

第4部

臨床例に対する理学リハビリテーション

さて、最終場面です。臨床例に対して実際に治療する際にはさまざまな要因や条件が関連してきます。施療者と担当獣医師のこころがまえに加えて知識と技量、受け入れ病院側の考え方と体勢、利用可能な器機や装置、そして疾病動物に対する理学リハビリテーションプログラムの構成法などです。それぞれの項目はお互いに有機的な関連があり、一つの要件は必ず他に影響を及ぼします。施療者がマスターした理学リハビリテーションのメニューの中から、疾患動物に対するプログラムをどのように組み立てるかは、その症例の治癒経過を左右する重大な治療法の決定になります。第1〜3部で理学リハビリテーションに関連した基本的な個々の知識と技術を学んできましたが、第4部ではそれを実際の症例にあてはめて疑似体験しながら、すなわち自ら治療する場面を描きながら、本項を読み進めて頂きたいと思います。

◆序　リハビリテーションを始めるにあたって
◆第12章　整形外科学的疾患における理学リハビリテーションの実際
◆第13章　神経学的疾患における理学リハビリテーション
◆第14章　内科的重症例、外傷性重症例および高齢動物の看護と理学リハビリテーション
◆付録　補装具・矯正具

序 リハビリテーションを始めるにあたって

1. 獣医師、施療者および飼い主の役割
2. 問題点の解析とリハビリテーションの目標の設定
3. リハビリテーションの開始

ここでは、リハビリテーションを開始するにあたって、前提条件として求められる動物病院などのスタッフと飼い主それぞれの役割分担や、リハビリテーション全体の具体的な手順について解説します。

❶ 獣医師、施療者および飼い主の役割

1）役割分担

リハビリテーション開始にあたって、獣医師、施療者および飼い主の3者の役割分担を理解しておく必要があります（表12-1）。施療者とは、リハビリテーションを実際に施す者をいい、自ら行う獣医師またはその指示を受けて行う動物看護師をさします。病態の解析と改善目標を設定し、3者間でこれを共通認識としておくべきです。

獣医師と施療者は、リハビリテーションプログラムを設定し、飼い主を指導するとともに協力を求め、飼い主に対するインフォームドコンセントを密にして安心感を与え、不測の事態に対するバックアップ体制を明確にしておきます。

2）獣医師の役割と義務

（1）役 割

獣医師は、リハビリテーション全体の監督者かつ最終的な治療責任者であり、施療者と飼い主に対する日常的な獣医療指導と情報交換を忘れてはなりません。疾病の診断、治療および予後などについて判断し、その結果に基づいて回復の目標を設定し、リハビリテーションの処方箋を作成します。当然、リハビリテーションの継続と終了の判断の責任者です。

（2）義 務

施療者に対してはすべての医療情報を提供し、とくに重要な禁忌事項やその背景となる病態のリスクについての情報は見逃してはいけません。また、リハビリテーション施療環境の整備について十分に理解すべきであり、特に施療者と動物の安全な環境への配慮が不可欠です。

3）施療者の役割と義務

（1）役 割

施療者は、主治医の指導と監督の下にリハビリテーションを実施します。処方箋をベースに、リハビリテーション開始前の症例の評価と問題点を解析し、リハビリテーションの目標の確認と、治療の頻度、プログラム、そして期間を設定します。リハビリテーションプログラムに沿って施療を実施し、その経過

表12-1 獣医師、施療者および飼い主の役割分担

区 分		役 割
主治医	症例の担当獣医師	全体の監督者で、最終的な治療責任者で処方箋を作成する。
施療者	獣医師または動物看護師	自ら施療する獣医師か、主治医の指示監督の下に施療する動物看護師。
飼い主		日常的な飼養管理の責任者（観察、記録、施療者への情報提供を含む）。家庭でのプログラムの実施に協力する。

の情報を飼い主と獣医師に提供するとともに、家庭で可能なリハビリテーションプログラムを設定し、飼い主に協力を求めて実施法を指導します。

(2) 義　務

施療者は、動物のリハビリテーション／理学療法についての専門的な知識とテクニックを取得しておくべきです。また、リハビリテーション全体の経過を詳細に記録しておきます。

(3) 禁　忌

獣医師でない者が、獣医学的な事項について自ら判断して獣医療行為をすることは法律で禁止されていることを認識しておく必要があります。

4) 飼い主の役割

動物の日常の健康管理と食餌管理をします。とくに体重のコントロールは重要であり、食餌管理は獣医師および施療者の指示を厳重に守らなければなりません。そして、家庭で可能なリハビリテーションプログラムの実施に協力します。また、日常行動、食餌量および問題点を記録して施療者に提供する必要があります。

❷ 問題点の解析とリハビリテーションの目標の設定

リハビリテーションを実際に行うにあたっては、獣医師、施療者および飼い主の3者が連携し、段階を経て進めていきます。

1) リハビリテーション開始前の五つのステップ

①獣医師からの処方箋を解析して、問題点を整理します。
②症例について、リハビリテーションを行う視点から再評価します。
③処方箋の情報と再評価の結果を解析して、問題点を抽出します。
④問題点の改善を最終目標としてリハビリテーションを段階的に行うため、それぞれの段階ごとの改善目標を設定します。
⑤①〜④に基づいてプログラムを作成します。

2) 処方箋の作成

獣医師が作成するリハビリテーションの処方箋には、疾病の診断名、合併症、病歴および現症が明確にされており、リハビリテーション全体の目標と、その過程である段階ごとの目標が設定されている必要があります。また、それぞれの目標の詳細とその達成までの期間、およびそれらに対するリスクを明示することが望まれます。

図12-1　五つのカテゴリーで評価・問題点の抽出

3) 問題点の解析と症例の再評価

施療者は、処方箋に基づいて症例の身体機能、行動動作、飼育環境、および生活習慣について評価して問題点を解析し、改善策を策定します（図12-1）。さらに正常からの逸脱点とその程度を解析して改善策と目標を定めます。

(1) 身体機能の問題点

関節、神経、筋肉、腱、靱帯、視力、聴力、排尿、排便、および運動性など生活に直接関わる機能について解析し、問題点を具体的に抽出します。問題のある部位とその程度を具体的に評価して記録し、獣医学的に対応が必要と思われる問題については、担当獣医師に相談します。

(2) 行動動作の問題点

姿勢と肢勢の異常、基本動作、歩行、運動、およびコマンドに対する反応などについての問題点を抽出します。行動中の上記問題点を解析して整理します。さらに同種類・同年齢の動物と比較し、差異があればその問題点を解析します。そして、明らかになった問題点の原因と改善策を検討し、飼い主に提案します。

(3) 飼育環境の問題点

飼育者と飼育方法に関わる日常生活上の問題点、および目に見える／見えない環境上の問題点を解析します。そして同種類で同年代の動物と比較し、飼い主に問題点の原因を伝え、改善方法を提案します。

(4) 生活習慣の問題点

食餌、排泄、および寝起きに関わる基本的な生活動作と躾などについて解析し、具体的問題点を抽出します。その場合身体的な問題とその改善策を最優先にします。また、家族との関わり方や、さらに遊び仲間や散歩仲間といった動物同士のコミュニケーション行動を解析して、問題点を抽出します。そして同種類で同年齢の動物と比較し、存在する差異を解析して問題点を整理し、その原因と改善策を検討し、飼い主に提案します。

リハビリテーションを進めながら、問題点の克服だけを目指すのではなく現状を受け入れた日常生活への馴化についても、飼い主を指導します。

❸ リハビリテーションの開始

2）飼い主と動物にいかにリハビリテーションを受け入れさせるか

リハビリテーションの効果と問題点について飼い主に十分な理解を求めます。施療者が動物との良好な関係を確立し、リハビリテーションで行う手技や動作に動物が慣れたり、それを受け入れたりするには、ある程度の時間が必要なことを飼い主に理解してもらってください。

リハビリテーションの段階ごとに、目標とした改善レベルと期間に対する動物の日常生活上の行動の変化、および生活上の問題点の変化などを、飼い主に記録／認識してもらいます。

寝返りをうっていた、水をこぼしていた、起立しようとしていた、起立して2・3歩歩いた、ソファーに上った、雄犬なら片足を上げて排尿した、散歩時間が長くなった、階段が上れるようになった、溝を跳び越えた、などの日常のさまざまな所作や行動の変化を飼い主自身に気づかせ、飼い主の励みになるように目を向けさせてください。

施療者は動物との絆を強め、動物が喜んで来院するようになるよう努めてください。これにより飼い主と動物は施療者を信頼して安心し、そして喜んで、施療者とそのリハビリテーションを受け入れることでしょう。

第12章 整形外科学的疾患における理学リハビリテーションの実際

総論
1. 整形外科学的疾患に対する基本的な考え方
2. 骨折の治療と理学リハビリテーションの基本
3. 関節損傷と関節手術後の管理の原則
4. 関節骨折の治療と理学リハビリテーション
5. 骨軟骨症の治療と理学リハビリテーション
6. 腱の損傷と理学リハビリテーション
7. 関節固定術後の理学リハビリテーション
8. 断肢後の理学リハビリテーション
9. 骨関節症と理学リハビリテーション

各論
10. 前肢における主な疾患の特徴と理学リハビリテーション
11. 骨盤と股関節における主な疾患の特徴と理学リハビリテーション
12. 後肢における主な疾患の特徴と理学リハビリテーション

整形外科学的疾患の理学リハビリテーションは、動物のリハビリテーションの中でも最も重要で頻度の高い分野の一つです。特に、受傷や手術直後においては、リハビリテーションの早期開始と障害の再発防止の観点から、慎重なスタートを心がけてください。それに際しては、本書第1部で解説している解剖学の理解、および組織の治癒過程とそれら組織の強度に関する知識が不可欠です。一方で最適な機能回復を期待するには、整形外科学的疾患の理解と適時のリハビリテーションプログラムおよび適切で正しいテクニックの選択が重要になります。

総論

❶ 整形外科学的疾患に対する基本的な考え方

1) 早期のリハビリテーション開始の重要性

以下の理由により、早期からの他動的関節可動域（PROM）運動の開始が非常に重要です。

A．癒着防止

炎症の存在は、フィブリンを含む炎症滲出液の周囲組織への浸潤が後に線維間の癒着を招きます。そのため、その防止にはできるだけ早期に組織のスライディングをする必要があります。

B．線維化防止

軟部組織の治癒過程における組織の再構築過程で線維化と癒着を引き起こすため、スライディングと張力の負荷によって癒着を予防して治癒を促進します。

C．萎縮防止

軟部組織および軟骨は不動化により萎縮し、さらに骨の不荷重により脱カルシウムが進行して脆弱になります。

（1）方　法

冷却療法と非ステロイド性抗炎症薬（NSAID）によって積極的に疼痛をコントロールした上で、縫着組織の緩みや組織の再破綻および疼痛が引き起こされない範囲内で、早急なPROM運動の開始が重要です。

（2）注　意

術後の急性炎症期に動物が動きに対して忌避をするのは、疼痛のためばかりでなく、組織が脆弱なためでもあるということを忘れてはなりません。PROM運動に際して、筋緊張が現れて肢の屈伸運動に逆らうなどの動きがあるときは、疼痛や炎症の存在を示しており、それ以上の負荷をかけて組織の破綻を導

表12-2 関節手術後の一般的な理学リハビリテーション

目標		治療法
疼痛管理		非ステロイド性抗炎症薬（NSAID）
		急性期における冷却療法
		TENS／低レベルレーザー治療／電気鍼
		非急性期における温熱療法
消炎／浮腫抑制		冷却療法
		圧迫包帯
		マッサージ
		NSAID
関節可動域の維持／改善		他動的関節可動域（PROM）運動、ストレッチ
筋力回復	急性期	起立位での体重移動
		補助的屈伸運動
	非急性期	制限付き歩行
		水中運動

TENS：経皮的神経電気刺激

いてはなりません。

❷ 骨折の治療と理学リハビリテーションの基本

1）骨折治療に対する考え方の変化

従来、骨折の治療においては、骨折の整復・固定・骨癒合に焦点が絞られてきましたが、最近では軟部組織損傷の管理、ならびに患部とその関連関節の関節可動域（ROM）の正常な維持に関心が向けられています。

これまでの外科医の多くはインプラントの破損や癒合組織の再破綻を恐れて、術後プロトコルにケージレストを指示はしても、リハビリテーション運動は加えていませんでした。しかしながら、骨折と受傷した軟部組織の治癒過程、ならびにインプラントの生体力学を理解した上でリハビリテーションを実施することによって、機能回復が早まり、動物・飼い主ともに間違いなくハッピーになれます。

2）術後管理とリハビリテーションの基本

骨折時のリハビリテーションでは、後述する手術直後の冷却療法（アイシング）と軽いマッサージ、および屈伸運動を行います。固定後は1週間に1度キャストを外して病態に応じた理学リハビリテーションを行い、ROMの制限、軟部組織の癒着の防止とスライディングの確保、および関節や骨、筋肉の萎縮予防をします。

冷却療法

骨折を含む外傷において一般的にいえることですが、炎症患部の冷却療法は、動物にとっては痛みと炎症を和らげることから、また損傷部にとっては創傷治癒の面から、望ましい付加療法です。ただし、長時間の冷却はかえって治癒を遅らせるため注意が必要です。

冷却療法は、冷却剤を10〜20分間、患部に直接当てることを2〜4時間ごとに繰り返します。診察の前から始めてよく、少なくともマッサージや屈伸運動の前の適用は必須です。

徒手療法

冷却療法の適用は、血流を減少させて患部周囲の軟部組織の浮腫を軽減し、出血、炎症、疼痛を抑制します。遠位から近位へのマッサージを行ってドレナージを促し、浮腫を軽減します。

（1）手術直後

術後、麻酔覚醒までの固定前に冷却療法後に屈伸運動を行います。これは、手術の正確さの確認と軟部組織のスライディングによる癒着予防のために必ず必要な操作です。

（2）外傷直後の管理

受傷時には、手術までの間に冷却療法と支持包帯をすることにより、腫脹を抑えて外科的修復が容易となり、術後の筋の線維化が抑制されます。

3）骨折における水中運動療法

筋力の回復には水中運動は最適には違いありませんが、適応時期には見極めが必要です。骨折整復後の不動化のための固定により、筋萎縮および関節の硬化は進行します。しかし、抜糸後といえども骨の癒合には1〜3カ月余を要します。

禁忌：骨癒合が不十分な期間に、動きに対して抵抗の強い水中での運動は、筋肉量回復の効果が高いといえども厳禁です。

③ 関節損傷と関節手術後の管理の原則 (表12-2)

1) 受傷・手術直後

（1）冷却療法（アイシング）と屈伸運動
受傷後の応急処置直後や手術直後の麻酔から覚醒するまでの間に行う、患部に対する10～20分間の冷却療法は、続いて起こる炎症や疼痛の抑制に非常に有効です。術後は、全身麻酔覚醒前までに、手術の正確さの確認と癒着予防のための軽い屈伸運動、および創周囲の軽いマッサージを行います。

（2）圧迫包帯
冷却療法と屈伸運動（およびマッサージ）後、腫脹や浮腫の発現を抑制するため軽く圧迫包帯を施します。

（3）追加療法
24時間以内に2回目の冷却療法と屈伸運動、およびマッサージを行います。

2) 初期（急性炎症期）

（1）疼痛管理
包帯やキャストの交換時ごとに冷却療法を適用した後、あるいは関節の屈伸運動に対して筋が緊張して疼痛症状がみられた場合、NSAID投与によって積極的な疼痛管理を行います。

（2）PROM運動
十分な疼痛管理下で縫合・縫着組織のゆるみや組織の再破綻、および疼痛が引き起こされない範囲内で、できるだけ早期にPROM運動を始めます。PROM運動には、血液やリンパ流の改善、知覚認識の刺激などを促すとともに、癒着の防止や萎縮を防止するなどの効果があります。

（3）自発運動の制限
疼痛管理下で起立や歩行を試みますが、自発運動は制限します。NSAIDは病態の改善に応じて慎重かつ徐々に減量していきます。

（4）その他の治療
冷却療法後の経皮的神経電気刺激療法（TENS）や低出力レベルレーザー療法、電気鍼療法は、術後早期の疼痛管理に有効です。

（5）早期の負重
骨と軟骨の萎縮防止、および靱帯や他の軟部組織の萎縮防止と強度維持には、できるだけ早期に体重を負荷する運動が必要です。急性炎症期が終了する頃には、関節の外固定法を工夫して引き綱でコントロールしながら、体重を負荷した歩行のリハビリテーションを徐々に開始します。

3) 中期以降
中期以降のリハビリテーションプログラムは、損傷組織の治癒に障害を与えず、動物に疼痛を生じさせない（苦痛のない）範囲内で、計画を立てて進めます。

（1）温熱療法とストレッチ
急性炎症期を過ぎ、熱感・疼痛が消退したら温熱療法や超音波療法に切り替え、組織の癒合状態を勘案しながら、PROM運動にストレッチを加えていきます。しばらくの間は、運動の後患部に冷却療法を適用します。

（2）筋力強化
患部の治癒と負重の状況に応じて、筋力増強の目的で週2～3回の水泳や水中トレッドミル、1日おきの神経筋電気刺激（NMES）を適用します。

（3）注意
少なくとも4週間は軟部組織の再破綻に対する注意が必要です。リハビリテーション後の関節の強ばりや、処置前より強い跛行や疼痛の発現がみられた場合には、リハビリテーションのレベルを一段下げます。損傷組織の治癒に障害を与えず、さらにまた動物に疼痛を生じさせない（苦痛のない）範囲で、計画を立てて進めます。

④ 関節骨折の治療と理学リハビリテーション

1) 関節骨折の修復（図12-2）
関節部の骨折においては、不安定な構造のために堅固な外科学的固定が必要であり、多くの場合はアプローチが広範囲に及びます。広範囲なアプローチは新たな損傷を作り、瘢痕や線維化の範囲を広げて、ROMを著しく制限する要因になります。また成長期の、特に長骨での骨端軟骨板損傷は骨成長障害を生じさせやすいことにも注意が必要です。

注　意
若齢動物の骨は治癒が早い一方で軟らかいため、骨片を新たに傷つけることなく、かつ堅固に固定するためには、修復に細心の注意が必要になります。固定に使用したピンやワイヤーが関節腔内や筋肉内に大きくはみ出して設置されていると、PROM運動時の屈伸が制限されたり、ストレッチ時に筋肉痛が現われたりすることがあります。

2) リハビリテーション
手術直後：修復関節の再破綻を厳に注意しながら、手術直後から冷却療法と軽いマッサージ、および屈伸運動を開始します。
固定後：1週間に一度キャストを外して病態に応じたリハビリテーションによって、ROMの制限、骨や筋肉の萎縮を予防します。
禁忌：水中療法は、骨折時と同様の理由から十分な癒合が完成するまでは禁忌です。

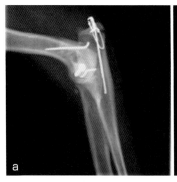
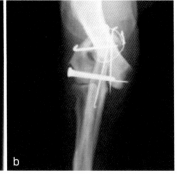

図12-2　肘関節骨折：不適切例
図aでは一見整復されているかに見えるが、不正確で不十分な整復のため術後に再破綻した肘関節骨折（b）。関節の整復では正確で堅固な固定が治癒の前提である。

5 骨軟骨症の治療と理学リハビリテーション

1）骨軟骨症の発生

本症は4～10カ月齢の成長期に発症しやすいため、成長期整形外科的疾患、成長期骨軟骨疾患、成長期骨関節疾患など、病期や病態によってさまざまによばれています。大型犬では、肘関節・股関節形成不全として発現しやすく、また肩関節にも発症します。小型犬ではレッグ（カルヴェ）ペルテス病（大腿骨頭壊死症）として発現します。それぞれの疾患の詳細については後述の各論に記載しました。本症は犬以外の動物（馬、豚、鶏、食用ダチョウ）にもみられます。

2）病　態

原　因：本症の原因は遺伝性を含めて明確ではありませんが、成長期の過肥による関節軟骨への過荷重が一つの大きな要因となっていると考えられています。

病　理：骨化中枢の障害群で変性または無腐性（虚血性）壊死に続いて再骨化が起こります。このため、成長期の骨端軟骨の阻血性障害から虚血性壊死を起こし、骨片が離断して（離断骨片：ジョイントマウス）、関節部が変形すると考えられています。力学的・生化学的変化により、軟骨の弾性低下、菲薄化、軟骨下硬化、滑膜炎、骨棘形成が起きます。

3）臨床症状

関節は、滑膜炎、滑膜滲出液、骨棘、関節周囲線維化などによって腫大します。その結果、関節面の不一致、筋痙攣、筋拘縮、関節周囲線維化、骨棘や関節内の離断骨片といった物理的障害などにより、関節の可動域が制限されます。

臨床症状としては、関節痛、捻髪音、ROMの制限、硬直、跛行、運動量の低下、筋肉量減少、筋力の低下がみられます。二次的な関節面の不一致、不安定、関節軟骨の破壊によって悪化し、後述する変形性関節症を継発します。

4）治療とリハビリテーション

（1）飼養管理

原因が不明なため、根本的な治療法はありません。大型動物では適正体重の管理と激しい運動の制限により、発症の予防や進行を抑制し、骨格形成期である成長期を乗り越えることができる場合もあります。

（2）治　療

早期の手術が勧められる場合や、関節痛がNSAIDでコントロールできず手術療法が適用される場合など、さまざまです。

（3）リハビリテーション

適正体重の管理は、4～12カ月齢期のボディー・コンディション・スコア（BCS）を5段階評価で3程度に管理するのがよいでしょう。その他の個別の疾患のリハビリテーションについては後述の各論を参照してください。

6 腱の損傷と理学リハビリテーション

1）腱の損傷

腱の障害においては、筋－腱構成単位における部分的な裂傷あるいは断裂が一般的です。屈筋腱は、伸筋より大きな滑走（スライド）機能を必要とします。

損傷からの回復

腱の治癒においては、他の軟部組織と同様に瘢痕組織を形成し、周囲と癒着すると痛みを発生し、動きが制限されます。腱の手術後は、自動運動を制限し、周囲組織から腱への血液供給を促進させ、しかも瘢痕組織の形成と周囲のコラーゲン線維との癒着を最小限にし、腱がスライドできる治癒を目指す必要があります。

2）リハビリテーション

初　期：3週間の安静後、軽いPROM運動から開始し、腱を穏やかにスライドさせることで腱周囲のリモデリングが促進され、腱のスムースなスライドが可能になります。この時点では腱はまだ自動運動や体重負荷に耐えられる強度は獲得していませんが、堅固な外固定はかえって腱の引っ張り強度の増大を妨げます。

中　期：3〜6週目の間のリハビリテーション時以外は、過度なストレスから腱を守るための多少フレキシブルなキャストやスプリントなどを適用すべきです。

後　期：6週目以降から、引き綱を付けて常歩に慣らし、マッサージやPROM運動に加えて徐々にストレッチを開始します。自由運動は少なくとも2カ月間は避けます。2カ月目以降から1年をかけて徐々に負荷をかけていきます。

水中運動：水中運動療法は軟部組織の強化に優れたエクササイズですが、腱や靭帯の引っ張り強度が十分でない中期までは禁忌です。2カ月目以降、治癒経過をみながら最初はゆっくりした水中歩行から始めます。

❼ 関節固定術後の理学リハビリテーション

関節固定術は、重度のリウマチなどの関節疾患の肢の機能改善、あるいは重度の外傷のための救済法として適用されます。

1）治　療（図12-3）

関節固定角度は、原則に従って四肢すべてが正常な肢勢で、かつ正しい肢軸になるよう配置して決定します。後肢の場合、股関節は骨頭を切除しますが、固定はしません。

2）リハビリテーション

（1）初　期

術後は、冷却療法の適用後、肢端のラップ装着と圧迫包帯により、浮腫や腫脹の発現を抑制します。急性炎症期にはNSAIDを投与し、冷却療法とマッサージにより浮腫や腫脹の軽減に努めます。浮腫が消退した3〜5日後にキャストを装着して固定をより強固に保護します。

（2）中期以降

その後の数週間は、骨癒合に影響を与えない範囲で温熱療法、マッサージ、そして患部の上・下の関節のPROM運動を続けます。骨癒合が確認された後、補助歩行からトレッドミル歩行へと歩行訓練を進めます。筋の萎縮がある場合には、筋力増強のためのリハビリテーションを追加します。

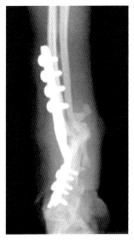

図12-3　変形性手根関節症に対する手根関節固定術による治療
関節癒合角度は自然な駐立時の関節角度とする。
（写真提供：北海道大学）

❽ 断肢後の理学リハビリテーション

断肢の理由は、骨肉腫などの腫瘍、修復不能の外傷、腕神経叢または坐骨神経の損傷などによります。前肢2肢で体重の6割、後肢2肢で4割を支えています。前肢1肢の断肢によって、単純に考えて残った前肢1肢で体重の6割を支えることになりますが、実際には重心の移動により動物は3肢の活動に比較的早く慣れます。

断肢前に残る肢の障害の有無を詳細にチェックし、問題がある場合には可能な限り術前に対応しておきます。

1）リハビリテーション

初　期：手術直後から、冷却療法後にスリングで補助して起立・歩行のリハビリテーションを開始します。抜糸後は、可能であればまず水中歩行から筋力トレーニングを始めます。

中期以降：さまざまな地形での歩行や運動、バランスボードや治療用ボールの使用などにより固有位置感覚を刺激して、徐々に運動能力を高めます。過剰運動による筋肉痛には、冷却療法、マッサージ、あるいは温熱療法などで、筋肉をリラックスさせます。

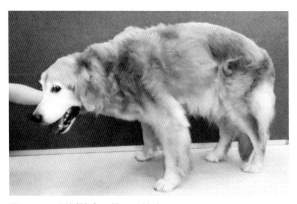

図12-4　両側性変形性股関節症
過肥と疼痛のために散歩もほとんどできなかったが、体重の減量とNSAIDによる疼痛管理下における理学リハビリテーションによって、3カ月後にはNSAIDを投与しないで通常の速度で約30分間の散歩ができるようになった。

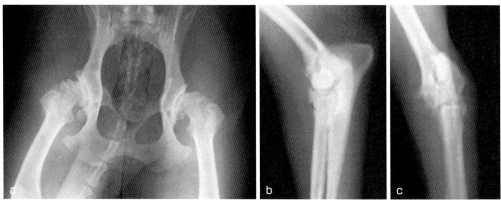

図12-5　変形性関節症
変形性股関節症（a）と変形性肘関節症（b、c）。関節面に骨棘形成や過剰化骨が現れ、関節の痛みと可動域の狭小化のために歩行が制限される。

❾ 骨関節症と理学リハビリテーション

1）骨関節症とは（図12-4、5）

骨関節症は、前述の骨軟骨症が前駆病態であったり、病期や多様な病態によってさまざまな病名でよばれることがある関節疾患です。多くの高齢犬が本症によって、関節の痛みと過肥のために運動機能が低下し、不幸な日常を過ごしています。それぞれの疾患の詳細については後述しますが、結果的に変形性関節症や強直性関節症に陥り、重大な運動障害の原因になります。

2）関節の構造と機能（第3章参照）

（1）関節包

外側の線維性被膜と内側の滑膜で構成されています。関節包が正常であることが、関節のスライディング機能、ヒアルロン酸の生成、防御メカニズム発現には必須です。

（2）滑液

滑膜に存在する滑膜細胞が産生する滑液は、グリコサミノグリカン（GAG）のヒアルロン酸を含む血漿の限外濾過液であり、関節の動きの潤滑、保護、栄養供給、代謝老廃物の排泄などの機能を果たしています。

（3）軟骨

機　能：軟骨は、水分、コラーゲンおよびプロテオグリカンからなる軟骨基質と軟骨細胞から構成された硝子軟骨で、粘弾性を有し、低い摩擦係数で関節緩衝機能を発揮しています。

成　分：プロテオグリカンは、低分子タンパク質、ヒアルロン酸およびGAGで構成され、GAGはケラタン硫酸とコンドロイチン硫酸からなる二糖類の長鎖です。GAGの二糖類単位の前駆物質であるグルコサミンは、ヘキソサミン糖の一つです。GAGは、水分の保持と粘弾性機能の発現に不可欠な成分となっています。

軟骨細胞：軟骨細胞は基質量の10～20％程度といわれ、基質

中に孤立して浮遊しています。軟骨細胞は、コラーゲンとプロテオグリカンを生成します。血管は走行しておらず、栄養は潤滑する関節液から得られています。

軟骨下骨：関節に加わる振とう性の力を消散させる重要な役割を果たしており、この緩衝作用が上層の軟骨への荷重を軽減させて、関節軟骨を保護しています。骨関節症の進行につれて軟骨下骨は緻密になって緩衝作用が低下し、軟骨への荷重が増加して軟骨の損傷を誘います。

3）骨関節症の発症と病態生理

前述の関節の構成要素のいずれが損傷を受けても、関節の機能低下、疼痛の発現、そして骨関節症の進行へとつながります。

（1）発症の病理

骨関節症で生じる初期変化は、軟骨の崩壊増加と生成減少によって細胞外基質からのプロテオグリカンの供給が低下することで始まります。持続すると、軟骨中のコラーゲンや軟骨細胞の減少とあいまって、不可逆的変化へと進行します。一方、関節に異常な化骨がみられ、関節の動きをさらに制限します。

骨関節症は、原発（特発）性と続発性に分けられます。

原発性骨関節症
　長期にわたる使用と加齢性変化が主因と考えられ、潜行性の発症形態から「消耗性関節症」ともよばれています。

続発性骨関節症
　骨軟骨症、関節の不安定性、外傷、骨軟骨欠損、関節不適合などに継発して発症します。

（2）炎症の重要性

関節包滑膜の炎症を引き起こす要因の存在の持続により、関節包の肥厚、滑液の増加、疼痛の発現、そして関節機能の低下をもたらします。炎症の持続は関節保護機能の低下をもたらし、その結果軟骨成分の変性や機能低下、軟骨下骨の緻密化が進行します。滑膜の炎症により、炎症性細胞が滑膜中や滑液中に遊出し始め、それらの細胞から分泌されるさまざまな炎症性メディエーターにより、軟骨の主要成分であるプロテオグリカンの分解が引き起こされます。

骨関節症は、通常は非炎症性関節疾患に分類されますが、その発生機序において炎症が重要な要因であることには間違いありません。

（3）悪化の要因

不適切な食餌管理、運動、長時間の不動や横臥、天候の変化などによって症状は悪化します。さらに、関節の外傷や骨折、靱帯損傷、骨軟骨症、あるいは膝関節脱臼や股関節形成不全などが、発症や病態悪化の重要な要因となります。

4）骨関節症のリハビリテーション

骨関節症の唯一確実な治療法はリハビリテーションであり、適正体重の維持、NSAIDによる疼痛管理、徒手・運動・物理療法、および軟骨保護剤の使用などが行われます。

（1）薬物療法

骨関節症の薬物治療にはさまざまな種類の薬剤が用いられていますが、軟骨保護剤や栄養補助物質（サプリメント）の適用は、骨関節症の初期から重要な治療手段（後述）となっています。

（2）要因の除去

原因や要因は可能な限り除去することが絶対的に重要です。

体重管理：減量は最も基本的で重要な治療項目です。BCSは5段階評価で3程度に維持します。

疼痛管理：NSAIDによる疼痛管理は、QOLの向上と初期のリハビリテーションを受け入れさせるために必須です。NSAIDは1日1回の投与の場合、朝食時に投与します。リハビリテーションの進行とともに筋肉や関節周囲の軟部組織が強化されてきたら、NSAIDの段階的かつ慎重な減量を考慮します。

関節の不動化防止：荷重と関節運動の減少により、滑液の生成が減少し、軟骨への栄養補給が抑制され、プロテオグリカンの枯渇を引き起こします。したがって、炎症と疼痛の抑制にも対応した、管理された運動を開始します。

（3）運動療法の効果

リハビリテーションにより、滑液の流動化が進み、分解酵素や炎症性メディエーターが減少して軟骨の保護に有益であるとともに、滑液、プロテオグリカン、コラーゲンの生成が刺激され、軟骨基質の修復が促進されます。なかでも水泳は、関節への負荷を軽減し、かつ高い筋肉増強効果を有するだけでなく、四肢を大きく動かすことからROMの改善にも大きく貢献します。

（4）リハビリテーション

初　期：患部関節の温熱療法に続いて、全身および機能低下肢の入念な徒手療法によるウォーミングアップの後、PROM運動とストレッチを行い、さらにピーナツボールを利用した屈曲運動などを始めます。水中療法に慣らすため、浅い水深から水遊びを始めます。過体重と痛みの記憶があるために、2〜3週間は徒手療法と軽い運動（陸上・水中）で慣らし運転とします。運動が終わったらマッサージを施し、患部関節に冷却療法（アイシング）を適用してクールダウンをします。

中　期：減量と疼痛管理が適切に行われていると、2カ月目くらいから自主的な動きがだいぶ出てきます。温熱療法後の徒手療法、およびとくに入念なPROM運動とストレッチの後、運動療法に入ります。十分な患肢の柔軟性と筋力の回復がみられ始めたら、ROMを広げる効果のあるキャバレッティーや、関

節に対する負荷が少なく、かつ軟部組織の強化に有効な水中運動、特に水泳主体のリハビリテーションを勧めます。

後　期：減量が進み、関節の痛みがみられなくなったら、ウォーミングアップの後の運動療法の負荷を徐々に上げていきます。

（5）NSAIDの中止

体重管理が守られ、それなりの運動をこなすなど、順調にリハビリテーションが進めば、4カ月目頃からNSAIDの慎重な減量を考慮します。1カ月に1/4ずつ程度減量していきますが、散歩を途中でいやがり始めたり、朝の患肢の強ばりや動きに異常がみられたりしないことが前提です。

5）軟骨保護剤と栄養補助食品（サプリメント）

（1）使用目的

軟骨保護剤やサプリメントの利用により、関節軟骨の基質の改善を誘導して疼痛緩和と関節機能の改善を促します。これにより、骨関節症の運動機能の改善のために計画・作成されるリハビリテーションプログラムがより実施しやすくなります。

軟骨保護剤やサプリメント適用の目的と効果は、以下の3点にまとめられます。

①滑液、プロテオグリカン、コラーゲンの生成刺激、軟骨基質の修復促進。
②分解性酵素や炎症性酵素の抑制、滑膜と軟骨の保護に有効。
③疼痛緩和によるエクササイズの受け入れ意欲向上。

（2）使用上の注意

サプリメントなどは、できればハビリテーションの開始と同時に適用を始めることが勧められますが、効果が短期間で現れるとは限りません。効果の判定までは少なくとも1～2カ月を必要としますので、適用する素材は慎重に選択し、短期間で頻繁に変更するのは避けましょう。

（3）軟骨保護剤とサプリメント

軟骨保護剤は、遅効性骨関節炎予防維持薬（SADMOA）、抗骨関節炎構造変性剤／予防維持薬（S/DMOAD）、骨関節炎遅効性対策薬（SYSADOA）などの名称でよばれており、合剤がさまざまな商品として販売されています。それらを比較する場合は、商品名でなく内容である化学成分の一般名を確認するとわかりやすいでしょう。軟骨保護剤と同様の作用の発揮を目的とした「食品」が、サプリメントとして販売されています。

（4）軟骨保護効果を有するとされる物質

グリコサミノグリカン（GAG）、アミノ酸、コラーゲンなどの構造たんぱく質、酵素、ミネラル、半合成化学物質など、さまざまな物質が軟骨保護効果を有するとされています。GAG多硫酸エステル、ペントサン多硫酸、ヒアルロン酸などは注射用の軟骨保護剤として医薬品となっています。

（5）軟骨保護剤

A．軟骨保護剤の効果と定義

以下の三つの主要な効果があるとされ、これらの効果を有することが軟骨保護剤としての定義といえます。

①軟骨細胞と滑膜細胞の代謝の支持、あるいは促進（同化作用）。
②滑液と軟骨基質中の分解酵素の阻害（異化作用の抑制）。
③関節に分布する小血管での血栓形成の抑制（抗血栓作用）。

B．軟骨保護剤の成分

多硫酸グリコサミノグリカン（GAG多硫酸）

GAG多硫酸エステル（GAGPS）の一種で、日本でもアデカン（Adequan、注射薬）として発売されています。滑膜炎や変形性関節症（degenerative joint desease：DJD）に伴って生成されるさまざまな中性メタロプロテアーゼなどの分解酵素やプロスタグランジンを阻害することで、軟骨保護と軟骨生成の刺激の両作用を有するといわれています。GAGPSは、滑膜細胞と軟骨細胞の同化活性を刺激する結果、軟骨細胞に対してはプロテオグリカンとヒアルロン酸の産生やコラーゲンの合成を活性化し、滑膜細胞に対してはヒアルロン酸の分泌を亢進します。

グルコサミン塩酸塩／コンドロイチン硫酸塩／マンガン／アスコルビン酸塩

コセクイン（Cosequin）として発売され、薬物治療計画の重要な一部分になっています。コセクインは、軟骨の内因性滑液や細胞外基質の合成に必要な原料を補給するGAG増強作用を有しています。マンガンはGAG合成の補助因子であり、軟骨基質の合成を促進すると考えられます。

ペントサン多硫酸

ブナのヘミセルロースから半合成的に作られる多糖硫酸エステルで、オーストラリアでは犬や馬に使用が認められています。骨関節症の臨床症状緩和のためにアデカンとほぼ同様な目的で用いられ、関節内・筋肉内・皮下注射あるいは経口剤として使用されています。

ヒアルロン酸ナトリウム

①関節潤滑の促進、②内因性ヒアルロン酸の産生の増加、③プロスタグランジンの生成を抑制、④フリーラジカルの除去、⑤炎症細胞の遊走を阻害、⑥滑膜の透過性低下の抑制、⑦関節軟骨の保護・治癒促進、⑧関節の硬化や腱と腱鞘の炎症性癒着形成を抑制、などのさまざまな効果が報告されています。現在のところ、骨関節症に至る前の軽度～中等度の滑膜炎や関節包炎に対して、関節内または静脈内投与が勧められています。

（6）栄養補助食品（サプリメント）

軟骨保護剤と同様の作用を有する成分が、さまざまな割合で

含まれるサプリメントが販売されています。主な成分と効能は下記のとおりです。

グルコサミン

　グルコサミンは、関節軟骨の細胞外基質内にあるGAGの前駆物質であるアミノ酸の一種で、関節軟骨基質の基礎単位です。骨軟骨症では、正常軟骨細胞にあるグルコサミン合成能が低下しています。外因性グルコサミンは、培養軟骨細胞のヒアルロン酸やコンドロイチン硫酸（CS）などのプロテオグリカンとコラーゲンの生成を刺激します。

コンドロイチン硫酸（chondroitin sulfate：CS）

　CSは、関節軟骨の細胞外基質内にみられる主要なGAGであり、ヒトや動物で骨関節症の治療に長年にわたって用いられています。CSはIL-1の生成を減少させ、補体活性を阻害し、メタロプロテアーゼやヒスタミンを介する炎症を抑制し、GAGとコラーゲンの合成を刺激します。そのためCSは、グルコサミンなどの他の関節保護剤や栄養補助物質と組み合わされて用いられています。

ニュージーランドミドリイ貝（Perna canaliculus）

　GAG、オメガ-3-脂肪酸、アミノ酸、ビタミン、ミネラルを含むことが知られています。単独で健康食品あるいは犬の食餌添加物として利用されています。ヒトや犬で、抗炎症作用と軟骨保護作用があるといわれていますが、完全に証明されているとはいえないようです。

オメガ-3-脂肪酸

　オメガ-3-脂肪酸は、自然の形で魚や植物から摂取することができ、体内で不飽和化されアラキドン酸の類似物質であるエイコサペンタエン酸を生成します。オメガ-3-脂肪酸の適用は、炎症や微小血栓の発生を抑制することによって骨関節症に有効と考えられています。最近、オメガ-3-脂肪酸が多く含まれる犬用処方食がわが国で市販され始めました。

各論

⑩ 前肢における主な疾患の特徴と理学リハビリテーション

1）肩と肩関節の疾患の特徴とリハビリテーション

（1）二頭筋腱鞘炎

　中型以上の犬でみられ、炎症の原因は外傷や過使用で、骨膜または腱から腱鞘に波及し、腱と腱鞘が癒着すると疼痛を引き起こして動きが制限されます。肩関節内側の痛みと跛行は腱の滑走中に起こり、間欠的な跛行で始まり、運動を続けるに従って悪化します。

治　療：急性例では、冷却療法（アイシング）に加えて4～6週間の安静と、必要に応じてNSAIDの投与で管理します。症状が消退しない場合の手術療法として、上腕骨近位への腱の移動、あるいは関節鏡下切腱術が行われています。

リハビリテーション：術後3週間は、冷却療法後、軽いROM運動に加えて短時間の歩行のみに運動を制限します。その後、上腕二頭筋と上腕筋へのNMES（神経節電気刺激療法）、水中療法、トレッドミル運動により筋力強化に努めます。

（2）内側肩関節不安定症、肩関節亜脱臼

　関節の変性性変化や靱帯の脆弱化により肩関節の不安定症が、また外傷により肩関節亜脱臼が発生します。急性重度では、上腕骨頭内側脱臼を生じて慢性の支持跛行を示し、慢性の不安定症から骨関節症に移行します。

治　療：保存療法として、肩関節をスリングで不動化します。外科的修復法としては、内側肩関節靱帯と関節包を鱗状縫合するか、肩関節の安定性を確保するために、上腕二頭筋腱を可能な限り内側に移動させて縫着します。

初期リハビリテーション：保存療法では、スリング除去後に温熱療法、マッサージを行い、軽いPROM運動を開始します。急停止や旋回など肩関節の軟部組織に過負荷のかかる運動は禁忌です。

　手術を行った場合は、術後の1週～10日間は安静療法、冷却療法、NSAIDによる疼痛管理下での軽いPROM運動にとどめ、その後温熱療法に切り替えます。

後期リハビリテーション：3週間程度は強いPROM運動は避け、マッサージなどを追加します。その後、肩関節の安定性や痛みの消退に応じて、歩行運動やストレッチなどを徐々に負荷をかけて行っていきます。

（3）上腕骨端尾側頭の離断性骨軟骨症（図12-6）

　発育期の骨軟骨症の一つで、上腕骨端尾側頭の表面に亀裂が生じて弁が形成され、その弁が骨から離断すると離断性骨軟骨症（OCD）とよばれます。関節腔内に浮遊する骨片はジョイントマウスとよばれ、摘出するのが望ましいです。離断性骨軟骨症は中等度の支持跛行を引き起こします。確定診断はX線または関節鏡検査によります。

治　療：保存療法としては、運動制限、NSAIDの投与、グルコサミンとCSの投与、急性期には冷却療法などに加えて、肩関節のPROM運動により関節の可動域を保ちます。原因療法としては、関節鏡で、あるいは外科的にジョイントマウスを摘除後、軟骨床のデブリードマンをし、さらに血液流路の形成のため、細ドリルで軟骨床から骨髄腔へ穿孔します。

初期リハビリテーション：術後、NSAIDによる疼痛管理、急性炎症期の冷却療法の適用、PROM運動、引き綱をつけた制限歩行を短時間行います。

後期リハビリテーション：術後3週目には水泳を開始し、負重

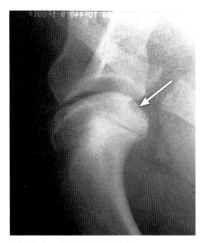

図12-6　離断性骨軟骨症
上腕骨端尾側頭に欠損像（矢印）を認める離断性骨軟骨症。（写真提供：北海道大学提供）

の改善につれてPROM運動にストレッチを加えるとともに、水中トレッドミルから地上トレッドミルへと運動を強化し、6週目頃から軽いジョギングを始めます。

（4）棘下筋拘縮

猟犬や作業犬にみられ、肩の損傷で棘下筋の部分断裂に続いて線維性拘縮が起きます。筋線維の線維化は、数日から数週間にわたって進行します。肘は内転し肢端は外転します。肩甲上腕関節は完全に伸展できません。

治　療：初期治療として、ストレッチ運動を併用した連続波超音波治療が、拘縮組織を伸張させるのに有効です。手術療法としては、棘下筋腱とそれに関わる線維化組織を離断します。術後は外固定などは不要ですが、最初の数週間は運動制限が必要です。

リハビリテーション：炎症の急性期には1日数回の冷却療法とマッサージ、および肢関節のROM運動によって、治癒組織の正常な線維配列を促します。その後、歩行、手押し車歩行、水中治療などによるコンディショニング運動により筋力強化を目指します。歩行が難しいほど筋萎縮が進んでいる場合には、NMESを適応します。

（5）肩関節骨折

成熟前の牽引性の骨端軟骨損傷として生じる上腕二頭筋付着部の関節上結節の剥離骨折では、著明な支持跛行を示し、肩関節の肩甲骨遠位頭外側に疼痛がみられます。外傷性骨折としては、肩甲骨頸部関節窩の関節面、肩峰などの骨折・損傷が起こります。

治　療：関節骨折では、外科的に関節構造を解剖学的に正しくかつ堅固に整復・固定することが重要です。

初期リハビリテーション：術後早期のリハビリテーションの目的は、ROMの維持、関節周囲の線維化の抑制であると同時に、より自動的な負重運動を支持するために十分な骨癒合の時間を確保することです。術後1週間は、NSAID管理に加えて固定や包帯の交換時の冷却療法とともに、軽いPROM運動を行います。ただし、発痛や骨折の固定が緩むようなことがあってはなりません。

中期リハビリテーション：術後2〜3週目以降は、患部の炎症の消退に伴って冷却療法から温熱療法あるいは超音波療法の適応に変え、PROM運動は軽く行い、リハビリテーション終了後に冷却療法を適用します。

後期リハビリテーション：骨癒合が進んだ後は、状況に応じて線維を横断する摩擦マッサージ、PROM運動、ストレッチ運動、水中トレッドミル歩行や坂道・階段歩行で筋力を付けます。肩関節の動きが激しい水泳は、当分の間は避けます。

2）上腕・前腕と肘関節の疾患の特徴とリハビリテーション

（1）上腕・前腕骨骨折（図12-7）

外傷性の上腕骨および橈・尺骨の骨折はよくみられます。小型犬では、前腕骨への血流が少なく、不十分な固定から遅延治癒骨折になりやすいので、解剖学的に堅固で正確な固定がとくに重要であり、さらに早期の過重が骨の萎縮を防ぎます。

治　療：整復後に骨折端同士のずれが予想される場合には、堅固な内固定や創外固定が必要になります。ずれの心配がなくキャストなどの外固定のみの場合には、原則として骨癒合が確認されるまでは、キャストを外してのROM運動を行うことは禁忌です。

初期リハビリテーション：手術直後から、術後のリハビリテーションの原則に従って、疼痛と腫脹の軽減のための冷却療法と軽いスライディング（屈曲）運動を開始します。

中期リハビリテーション：骨の癒合が進み始めたら、できるだけ早期に患肢に負重させるため、骨癒合部に動揺を与えず、かつ軽い負重が可能な外固定法に換え、患部の上・下関節の不動化からくる骨と筋肉の廃用性萎縮を防止します。骨癒合の進行と患肢負重の改善に応じて、PROM運動に加えてストレッチ運動を始めます。

（2）肘関節骨折（図12-8）

若齢犬では上腕骨外側顆のSalter-Harris Ⅳ型骨折がみられ、上腕骨外側顆骨折は高所から着地に失敗した成犬にもみられます。

治　療：解剖学的に正確に整復されない場合には、結果的に肘関節不適合となります。関節面に至る骨折の場合には、後に肘関節不適合を引き起こさないように正確な整復固定が重要です。

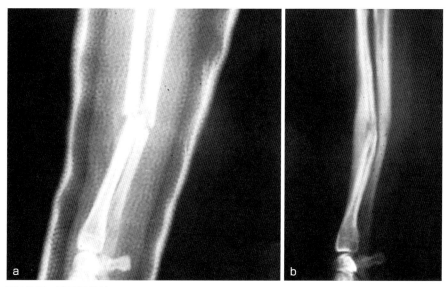

図12-7 橈尺骨骨折
骨折後のキャスト固定（a）は第二〜四指で負重できるようにする。その6カ月後の骨折の治癒（b）。
骨の再構築が進行中であるが、通常の歩行のための強度には問題ない。

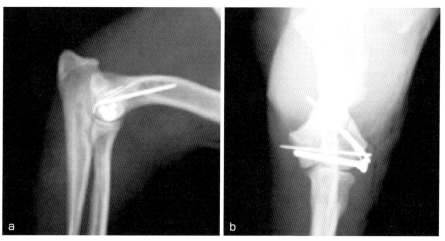

図12-8 肘関節骨折
術後の早期リハビリテーション開始には、確実で正しい整復固定が必須条件である。（写真提供：北海道大学）

整復固定に肘頭切除を要する骨折では、整復後に固定維持を確実にする必要があり、術後のリハビリテーションには、破綻に対する細心の注意が必要です。

初期のリハビリテーション：関節骨折のリハビリテーションの原則に従いますが、ROMの維持を確実にするため、術後の炎症急性期には、NSAIDによる疼痛管理下で冷却療法後にPROM運動を行い、術後3〜4週間は続けます。この時期には、線維組織や治癒過程にある他の関節周囲軟部組織の再構築がすんでいないので、PROM運動を早期に中止すると関節の拘縮をきたすことがあります。

中期のリハビリテーション：2カ月目頃以降は、骨癒合の進展程度に応じて負重可能な保定に替え、引き綱を短くして制限歩行を取り入れます。さらにリハビリテーションに際しては、修復組織の破綻に最大限の注意を払いながらも、ROMの制限をできるだけ改善するようにPROM運動を行います。

後期のリハビリテーション：3〜4カ月頃からは、引き綱による制限歩行を少しずつ解除し、水中のゆっくりした歩行も始めます。その後、低衝撃運動を始めてさらに肢筋力の回復に努めます。

（3）肘関節脱臼（図12-9）

解剖学的に外方脱臼する場合が多いのですが、まれに内方脱臼することもあります。用手整復後、ROM運動で脱臼しない

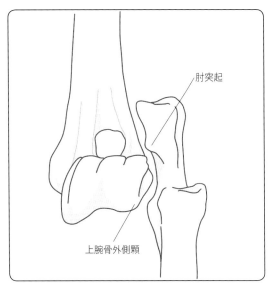

図12-9　肘関節の構造と脱臼
上腕骨遠位外側顆が低いため外方に脱臼しやすい。

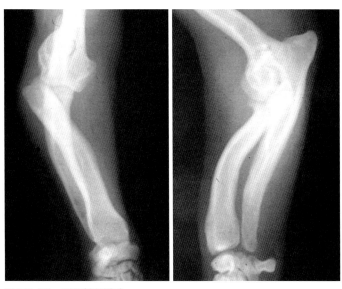

図12-10　肘関節不適合
橈骨骨端線早期閉鎖により尺骨が短く、肘関節で橈骨が脱臼を起こす。（写真提供：北海道大学）

症例については、キャストまたはスプリントにより2週間以内の期間不動化します。

治　療：整復後PROM運動ですぐに脱臼する、あるいは再脱臼を繰り返す症例では、外科的に側副靱帯を修復します。脱臼を整復しないと骨関節炎、そして変形性関節症から関節癒合へとつながります。

リハビリテーション：キャストやスプリントの除去後は、温熱療法に続けて再脱臼に注意しながら軽いPROM運動から始め、治癒に応じて徐々に負荷を高めていきます。関節が安定する8〜12週間以前のストレッチ運動は制限すべきです。

（4）肘関節不適合（図12-10）

肘関節の骨と関節面の先天性疾患で、バセットハウンドのような軟骨形成異常犬種に多くみられ、4〜8カ月齢で発現します。肘関節のさまざまな領域の不適合の結果として、肘関節軟骨の全体的破壊につながります。

治　療：障害を有する軟骨を外科的に除去して、関節不適合の改善を試みます。橈骨の矯正骨切り術や骨切除術、尺骨内側鉤状突起の除去、あるいは関節硝子軟骨欠損部での軟骨再生促進のための穿孔や搔爬などが行われています。

予　後：いかなる治療にもかかわらず、結果として骨関節症を引き起こします

リハビリテーション：体重の適正化、軟骨保護剤の投与に加え、NSAIDによる疼痛管理下で冷却療法とPROM運動、引き綱をつけた制限歩行などを行います。創や骨の癒合の進行に応じて、PROMとストレッチ運動、運動やNMESによる筋力の回復、水中治療などのリハビリテーションを加えていきます。

（5）肢軸の異常

先天性または外傷性の橈尺骨骨端軟骨の発育異常による肢軸異常が、若齢犬でみられることがあります。手根部の著しい外反、橈尺骨の変形、手根関節と肘関節の亜脱臼などがみられるようになり、骨関節症さらには変形性関節症につながります。

治　療：骨切り術、プレート内固定、骨延長術、（環状）創外固定等による骨固定などの治療が必要となります。骨延長術後には、軟部組織の延長が骨の継続的伸張より遅いとROMの減少、硬直、跛行を起こすので、慎重な監視が必要です。

リハビリテーション：近位と遠位関節のROMを保持するため、当初はNSAID管理下の冷却療法によって疼痛や浮腫・腫脹を抑制し、軽いPROM運動を慎重に行い、マッサージを開始します。骨癒合の進行に応じて、水中療法や負重性の強いエクササイズのような、より積極的な運動を始めます。骨延長術を行った症例には、軟部組織の強化のため、超音波療法などを併用したPROM運動とストレッチ運動が有効です。

3）肘関節形成不全（肘異形成）の特徴とリハビリテーション

肘関節形成不全は大型・超大型犬の発育期にみられる肘関節の骨軟骨症で、以下の三つの疾患に分けられます。
① 尺骨内側鉤状突起の癒合不全・離断（FCP）
② 上腕骨内側顆の離断性骨軟骨症（OCD）
③ 肘突起癒合不全（UAP）
通常はどれか一つだけが発生します。

A．予　後

早期骨端軟骨閉鎖により橈骨と尺骨の成長が異なるため、

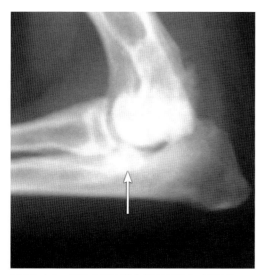

図12-11　尺骨内側鉤状突起癒合不全（FCP）
尺骨内側鉤状突起離断後の変性がみられる（矢印）。（写真提供：北海道大学）

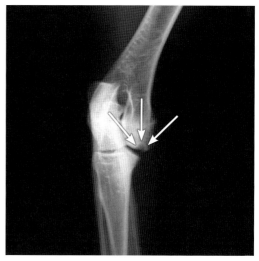

図12-12　上腕骨内側顆の離断性骨軟骨症（OCD）
矢印は軟骨の剥離欠損部を示す。（森 淳和：犬の肘関節異形成症の病態と診断、Technical magazine for veterinary surgeons、vol.10、No.5、17-24、図8、2006を許可を得て転載）

蝶番関節窩の発育が不均衡となり（**図12-10**）、変形性関節症へとつながります。放置すると変形性関節症から強直性関節症へと移行し、ついには関節の癒合に陥ります。

B．予　防
　食餌改善による過肥の防止と運動制限により、進行をある程度抑えることができます。

（1）尺骨内側鉤状突起の癒合不全・離断（FCP）（図12-11）

　肘関節の不適合が要因で生じます。5～10カ月齢の大型犬で発生し、中等～重度の支持跛行、肘関節ROMの狭小化、関節滲出液の増加と肘頭内側部の腫脹、内側鉤状突起領域触診時の発痛がみられます。X線検査では不明瞭なため確認できず、CT検査で診断されます。

治　療：内科的には適正体重の維持と疼痛管理のため、NSAIDおよび軟骨保護剤の投与、運動制限などを行います。外科的な過剰化骨の除去は、切開術よりも関節鏡下手術による方が関節包や内側側副靱帯などの他への影響は少ないようです。

リハビリテーション：患部の熱感に対しては冷却療法やNSAID投与による疼痛管理の後、肘関節に負荷をかけないように制限された軽度の運動や水中運動を行います。

（2）上腕骨内側顆の離断性骨軟骨症（OCD）（図12-12）

　5～9カ月齢で支持跛行がみられるようになり、関節可動域全般に発痛が認められます。肘関節X線背腹像で内側顆関節面に透過性欠損像が認められます。肘関節のOCDの予後は、肩関節上腕骨尾側頭のOCDより警戒が必要です。

治　療：適正体重の維持に努めるとともに、関節鏡下または関節切開手術によって処置します。

リハビリテーション：術後、急性炎症期はNSAIDによる疼痛管理下で冷却療法、PROM運動、引き綱をつけた制限歩行などによるハビリテーションを開始します。

（3）肘突起癒合不全（UAP）（図12-13）

　肘突起の骨端軟骨は、通常5カ月齢で閉鎖しますが、6カ月齢で開いている場合には病的状態であり、治療を要します。ジャーマンシェパードに発生が多く、支持跛行を呈します。肘関節尾外側部に中～重度の関節滲出液の増量をみるとともに、ROMの狭小化が認められます。

治　療：従来は遊離骨片の外科的除去が行われてきましたが、最近では肘突起の主要部ではラグスクリューによる固定が行われています。

リハビリテーション：前述のOCDと同様に行います。

4）肢端（手根骨、中手骨、趾骨）の疾患の特徴とそのリハビリテーション

（1）前肢肢端の骨折（図12-14）

　手根骨の骨折は、競走犬のグレーハウンドなどで副手根骨や橈側手根骨の骨折が、他の犬種では手根骨、中手骨、趾骨の外傷性骨折などがみられます。

治　療：外固定、または必要に応じて外固定に加えワイヤー、プレート、スクリューなどを用いた内固定が行われます。

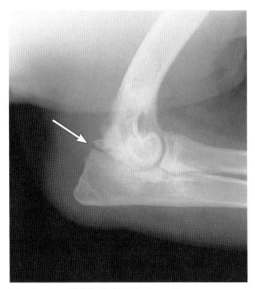

図12-13　肘突起癒合不全（UAP）
肘突起が尺骨に癒合していない（矢印）。（写真提供：北海道大学）

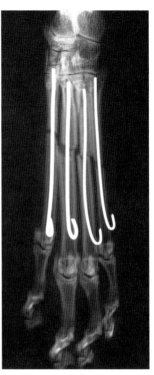

図12-14　中手骨骨折
4指の骨折のため、すべて髄内ピンで整復し、外固定を併用。（櫻田 晃：指骨骨折（中手骨・中足骨の骨折）、Clinic note、vol.8、No.1、42-53、図10c、2012を許可を得て転載）

リハビリテーション：修復関節の再破綻を厳重に注意しながら、手術直後の冷却療法と軽いマッサージ、PROM運動から始めます。固定後は1週間に1度キャストを外し、アイシング後に軽いマッサージと屈曲運動を行います。その後は病態に応じて患肢に自重をかけた運動療法を開始し、ROMの制限、骨・筋肉の萎縮を予防します。

（2）手根関節過伸展

手根関節過伸展は掌側線維軟骨と手根靱帯への損傷によって生じます。主に転落や高所からの着地の失敗など外傷性の原因により発生します。手根の前腕手根関節、中手関節、手根中手関節あるいは複数の関節にまたがって起こり、手根関節を過伸展させて負重・歩行する歩様となります。

治　療：キャストによる固定だけでは修復が難しい場合が多く、最終的には、過伸展の要因になっている関節の癒合術が行われます。

リハビリテーション：手術直後には冷却療法と軽いマッサージを行います。外固定後は、1週間に1度キャストを外して病態に応じたリハビリテーションを行い、癒合関節以外の関節ROMの制限、骨や筋肉の萎縮を予防します。

（3）手根関節損傷／手根関節脱臼

外傷、進行性の骨関節炎、あるいはリウマチなどが原因で手根関節が不安定になることにより発生します。

治　療：全手根関節損傷の場合は手根関節全体を固定します。手根関節以外の中手関節・手根中手関節の損傷では、必要な関節の部分的固定術を行い、単関節性であれば、周囲軟部組織の安定化やインプラントによって固定します。炎症性やリウマチによる複関節性の場合は進行性に重度の跛行を生じ、やがて骨関節症に陥るため、関節を固定します。

リハビリテーション：前述の手根関節過伸展と同様に行います。

（4）肢端の腱と靱帯の疾患

A．腱　炎

競走犬で、副手根骨への尺側外側停止部に腱炎が生じることがあり、腫脹と疼痛を伴います。

治　療：NSAIDと冷却療法による疼痛管理下で、3.3MHzパルス超音波療法によって、コラーゲン線維の形成と再配列を刺激します。

B．屈腱の障害

浅指屈筋腱または深指屈筋腱付着部が剥離すると、着地時に指に異常がみられます。深指屈筋腱付着部剥離では爪先が、浅指屈筋腱付着部剥離では指が、それぞれ患肢負重時に浮きます。

治　療：剥離に対しては外科的に再付着させ、キャストで固定します。

C．その他の障害の治療：

裂傷や損傷においても必要があれば外科的に修復してキャストで固定します。

D. リハビリテーション

手術直後は冷却療法と軽いマッサージ、外固定後は1週間に1度キャストを外し、PROM運動と筋力の回復に重点を置いたリハビリテーションを行います。過剰な負荷や自由運動により治癒過程の組織に破綻を生じないよう、厳重に注意します。

(5) 肢端の屈筋腱拘縮

拘縮の症例の大部分は屈筋腱の障害です。固定あるいは長期間の不使用により屈筋腱は拘縮を起こします。例えば前肢にキャストを装着すると、肘関節あるいは遠位の手根の関節や腱は拘縮し、屈曲が不自由になります。

リハビリテーション：組織に損傷を与えることなく組織を伸張させて再編成させ、柔軟にすることが目標です。拘縮のある腱－筋構成単位の伸張やストレッチには、3.3 MHz 超音波療法やホットパックを用いた温熱療法の後、PROM運動とマッサージを行うとよいでしょう。

注　意：ストレッチで過度な負荷を加えると軟部組織の破綻や骨折を生じるので、注意してください。拘縮が重度の場合には、腱を伸張した状態でキャストをかけて一時的にストレッチの状態を繰り返します。

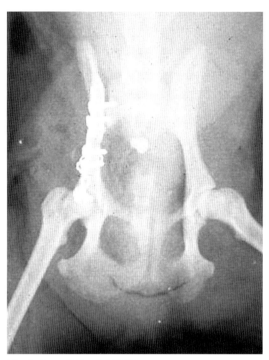

図12-15　骨盤の腸骨骨折
体重の負担が大きいため、堅固かつ正確に固定する。

🕕 骨盤と股関節における主な疾患の特徴と理学リハビリテーション

1) 骨盤骨折

骨折部位と損傷の程度によりさまざまな病態を示します。

(1) 治　療

外傷性の仙腸関節脱臼、腸骨骨折、寛骨骨折などの負重軸の損傷に対しては、外科的修復が原則です。負重軸の骨折に対しては、ラグスクリュー、ワイヤー、各種プレート、ピンなど、あるいは創外固定によって、形態学的に正確に修復・固定・維持することが重要です（図12-15）。とくに骨折線が寛骨臼に入った骨折は、正確に修復して変形性股関節症の継発を避けなければなりません。

(2) リハビリテーション

骨折部の部位と程度により、経過をみながら慎重に負荷をかけていきます。

初　期：手術直後からNSAIDと術野の冷却療法による疼痛管理下で、慎重に患肢の屈伸運動を始めます。疼痛管理下においても患肢に力が入るようであれば鎮痛効果が不十分であり、屈伸運動の開始は数日は見送りケージレストとしますが、自主的な負重は許されます。

2週目頃～：関節ROM運動とゆっくりした補助歩行から始め、病態の改善に応じて低衝撃性運動の量を徐々に増やしていきます。

2) 股関節形成不全

骨軟骨症に分類される多因子遺伝性・後天性の股関節形成異常で、大型犬の若齢期に多く発症します。浅い寛骨臼のため大腿骨頭の収まりが悪く、股関節の不安定症から骨関節症を継発します。

(1) 予　防

大型若齢犬の過肥（エネルギーとカルシウムの過剰摂取）は後天性股関節形成不全症と最も関連性のある要因で、同腹子で食餌制限した場合には明らかに発症が抑えられます。過肥に対しての減量は重要な治療法（食餌療法）であり、できるだけ早期にその徴候を発見し、食餌制限、運動制限、関節軟骨の保護剤、リハビリテーション、立位運動などで発症しやすい若齢期を乗り切ります。

(2) 治　療

若齢の発症犬では、適応であれば早期に3点骨切り術を施します。冷却療法やNSAIDで疼痛管理が困難になった場合には、外科的に大腿骨頭頸切除術または股関節全置換術などが行われます（図12-16、17）。

(3) リハビリテーション

初　期：骨頭頸切除術後では、過度の線維化による偽関節としての運動の制限を抑制するため、手術直後の覚醒前からできる

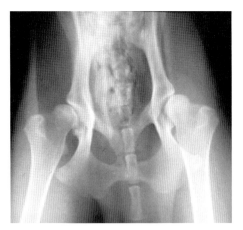

図12-16　ピレネー犬の股関節形成不全
適切な管理ができれば変形性股関節症の継発はかなり抑制できる。

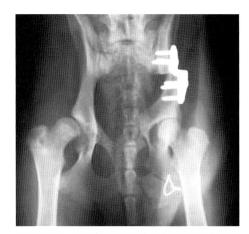

図12-17　股関節形成不全に対する3点骨切り術
（写真提供：北海道大学）

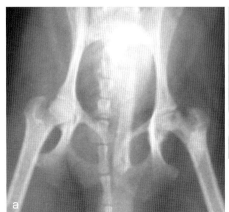
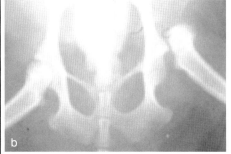

図12-18　大腿骨頭壊死症レッグペルテス病
bは右大腿骨頭頸切除後。

だけ早期に疼痛管理下で軽い屈伸運動を始めます。
　3点骨切り術や股関節全置換術の後には、組織の癒合に支障のない範囲で骨盤骨折整復術後のリハビリテーションと同様とし、NSAID投与、術野の冷却療法、PROM運動を行い、2週目頃からは補助付き歩行などの低衝撃性運動を追加で開始します。
中　期：急性期が経過した後は、患部の温熱療法後に徒手療法および低衝撃性運動を続けると同時に、経過をみながら水中療法を加えていきます。
後　期：過肥のコントロール、NSAIDによる疼痛管理、軟骨保護剤の経口投与、PROM運動、坐位－起立運動や水中運動などによる後肢の筋力強化などを行います。3～4カ月で疼痛が軽減して日常活動も改善されてきたら、慎重にNSAIDの減量を始めます。

（4）予　後
　中型犬までは肢の使用に良好な回復が望めます。大型犬では支持跛行が若干残り、ROMが制限されますが、痛みは消失するので日常的な活動性は落ちません。

3）レッグ（カルヴェ）ペルテス病

　小型犬種にみられる骨軟骨症で、大腿骨頭壊死症ともよばれます。大腿骨頭の虚血性壊死のため、大腿骨頭がいびつになり、股関節の不安定から重度の痛みや骨関節症が継発します（図12-18）。プードルで発症が多くみられますが、痩せていても発症するため、過肥だけが発症の要因ではないようです。

（1）治　療
　過肥は病態を悪化させますので、体重管理を厳重にしてください。過肥の解消とNASIDによる疼痛管理、および運動制限

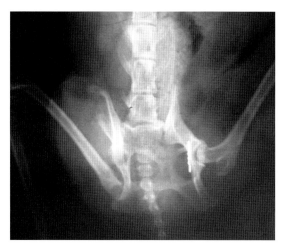

図12-19 股関節脱臼に対するトグルピンによる整復

用手整復後も関節が不安定で再脱臼が容易にみられる場合には、創外固定や観血的整復である関節包の縫縮術、スクリューやピン、トグルピンの使用による整復固定（**図12-19**）など、さまざまな手法による整復、およびエマースリングなどによる外固定が行われています。いずれにしても、外固定による褥瘡などの皮膚の損傷に注意してください。

（2）リハビリテーション

内固定をした場合には、急性炎症期には冷却療法と疼痛管理下での軽いPROM運動を行います。炎症と疼痛が消退して関節が安定してきたら、軽いストレッチ運動を加えます。次いで、制限付き歩行運動から低衝撃性運動を始めて筋肉の強化を図ります。ジョギングや水中療法のような激しい運動は整復後約4〜6週間制限します。

で経過を観察します。疼痛管理が難しく、QOLの低下がみられた場合には、大腿骨頭頸切除術により偽関節を形成します。

（2）リハビリテーション

初　期：手術直後から覚醒までの間に、冷却療法後ゆっくりとしたPROM運動を施します。炎症の急性期には、NSAIDと冷却療法による疼痛管理下でマッサージと、とくに後肢の後方への伸展運動とPROM運動、さらに補助付き歩行を課します。
中　期：疼痛が緩和した慢性期には、水中運動療法や傾斜床歩行で自動的な負重運動を工夫してください。
注　意：症例によっては、股関節の疼痛のトラウマのため、術後のマッサージはもちろん患肢への負重さえ拒否することがあり、水遊びを取り入れるなどさまざまな工夫が必要になることがあります。

4）変形性股関節症

前述の「9．骨関節症とリハビリテーション」を参照してください。

5）股関節脱臼

交通事故や転落などによる外傷性の脱臼、あるいは股関節形成不全による病的脱臼などとして発生します。しかし、病的脱臼は整復の対象になりません。外傷性の股関節脱臼では、大腿骨頭が頭側、背側、尾側、腹側などさまざまな方向に脱臼しますが、頭背側脱臼が多発します。

（1）治　療

用手整復した場合には外固定を併用する場合が多く、整復時の状態により1〜2週間継続します。頭背側脱臼の閉鎖的整復後は股関節の外旋運動は避けてください。腹側脱臼の整復後は、関節が安定するまで外転運動は避けてください。

12 後肢における主な疾患の特徴と理学リハビリテーション

1）大腿・下肢と膝関節の疾患の特徴とリハビリテーション

（1）大腿骨骨折

未成熟犬の大腿骨頭骨端軟骨部で近位端骨折が起こりやすく、大腿骨頭の成長不全による関節不適合から骨関節症を継発します。後遺しやすい大腿四頭筋拘縮は、大腿骨遠位と骨折部の化骨との癒着を伴う大腿四頭筋群の瘢痕化を特徴とします。
治　療：骨幹骨折では、プレート、髄内ピン、ワイヤー、スクリューなどによる内固定（**図12-20**）、トーマススプリント、キャストによる各種創外固定など、骨折片数や骨折の形態によってさまざまな器具や手技が適用されています。術後は、後述する大腿四頭筋の拘縮を避けるために、屈曲位で72時間固定します。
術後管理の原則：術後の固定前に、冷却療法と軽い屈伸運動を10〜20分間行います。ただし、骨固定の維持に少しでも支障がないようにします。骨端骨折に対するリハビリテーションは、骨癒合が進んで骨の転位の心配がなくなるまでは、PROM運動で筋の伸張や圧迫に負荷をかけないように慎重に行わなければいけません（**図12-21**）。
初期のリハビリテーション：当初は、軟部組織の癒着防止のために組織のスライドを促します。骨幹骨折などで固定が堅固な場合には、72時間後からNSAIDによる積極的な疼痛管理下で、冷却療法とPROM運動を1日3〜6回行います。患部へのアイシングを10〜20分間適用後、患部の遠位から近位に向かって穏やかにマッサージします。次いで、はじめに趾関節の可動域の範囲内で軽い屈伸を10〜20回行い、次いで飛節、膝関節、股関節の順に屈伸運動を行います。はじめのうちはストレッチ

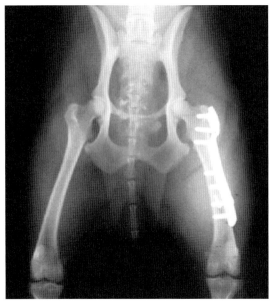

図12-20 大腿骨近位端骨折に対するプレート固定
(写真提供:北海道大学)

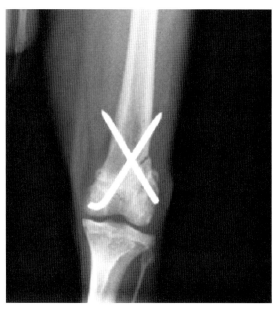

図12-21 大腿骨遠位端骨折
2本のピンでしっかりと固定されている。(写真提供:北海道大学)

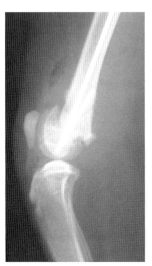

図12-22 大腿骨遠位端成長板骨折
不十分な整復と不適切な術後管理により大腿四頭筋群の拘縮に陥り、膝関節の屈曲ができなくなった。
(JR Davidson et al.: Rehabilitation for the orthopedic patient. Veterinary clinics of North America: Small animal practice, vol.35, No.6, 1357-1388, Fig3, 2005を許可を得て転載)

をかけないようにします。アイシングとPROM運動は術後の急性炎症期の3〜10日間続けますが、PROM運動時のストレッチは、状況をみながら徐々に付加していくようにします。処置後の屈曲位固定は続けます。

中期のリハビリテーション:患部の熱感と疼痛がみられなくなり炎症が消失したと判断されたら、温熱療法の適用とストレッチを徐々に付加していきます。PROM運動とストレッチの後には、患部にアイシングをします。大腿骨骨端骨折では、固定部の再破綻には最大の注意を払い、炎症消退後においてもPROM運動は穏やかに行い、骨癒合が進むまではストレッチによる負荷は禁忌です。屈伸運動中に筋の緊張などの痛みの徴候がある場合には、NSAIDの適用を続けます。

後期のリハビリテーション:X線による骨癒合状態の進捗に応じて、外固定を通常の伸展位の固定包帯に換え、運動制限を伴う自己負重を開始します。温熱療法の適用と関節のPROM運動とストレッチは、治癒過程の確認のためにも、病院で少なく

とも1週間に1度実施することを勧めます。
注　意：自宅での飼い主によるPROM運動やストレッチの実施は、飼い主の考え方や実行力にバラつきがあるので、勧められません。

（2）大腿部の筋損傷

治　療：外傷の修復後、筋の重大な断裂や裂傷では慎重な外科的修復後、冷却療法とNSAID適用下でPROM運動とマッサージを行います。

リハビリテーション：急性期の経過後は、温熱療法の適用とパルス超音波療法が有効であり、さらに軽いストレッチや水中歩行を行います。

（3）大腿四頭筋拘縮

　筋肉の外傷、若齢のための急速な仮骨形成、関節包の肥厚と線維化、そして不動化により、関節の硬化、四頭筋の線維化と下層の結節化骨への癒着、四頭筋線維の減少、筋機能の低下を引き起こします。

原　因：四頭筋癒着や後肢骨折疾患などともよばれ、子犬・子猫の大腿骨遠位骨端軟骨骨折治療後の廃用化や不動化により、継発症としてみられます（図12-22）。スプリントを膝関節を伸展位で装着すると、5〜7日間で不動化のため四頭筋の拘縮が起こります。外科的治療の遅れやリハビリテーションに対する理解不足が、発症を多くしているようです。

治　療：拘縮が始まった場合は、拘縮を緩和するために切開して組織を切り離しますが、組織の線維化の熟成、関節内の線維化、軟骨損傷の恒久化がみられる場合には、予後は不良です。最終的には膝関節が伸展したままになり、関節のROMがきわめて限局的になります。本症の最大の治療法は予防です。

手術直後のリハビリテーション：麻酔覚醒前からリハビリテーションを開始します。冷却療法下で軽いPROM運動を始めますが、術後は屈曲位で固定して大腿四頭筋を伸展位で維持します。スリングの装着は72時間以内とし、その間も可能ならば包帯を外してNSAID管理下で1日1回の冷却療法とPROM運動、浮腫防止のためのマッサージを行います。その後、屈伸運動と軽い屈曲ストレッチを追加します。膝蓋骨の可動化と軟部組織のスライディング（滑走運動）、すなわち屈伸運動は、さまざまな組織が線維化して互いに癒着するのを防止するために不可欠です。

初期のリハビリテーション：負重状態およびPROM運動での反応に応じて、体重移動を伴うゆっくりした引き綱運動など、筋肉の能動的な収縮と弛緩、膝関節の屈曲と伸展を促す運動を取り入れます。可能であれば3日目頃から爪先に負重するように包帯を工夫しますが、大腿骨遠位骨端骨折などで運動ができない症例では処置後しばらく屈曲位固定を続けます。

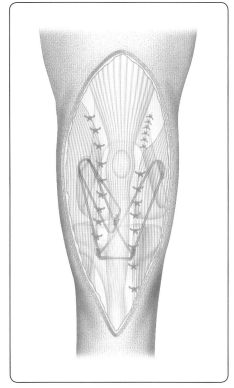

図12-23　前十字靱帯断裂整復法の一例
さまざまな整復法が報告されているが、図には支帯鱗状重層法の変法であるThree-in-one法を示した。中型〜大型犬に適用可能。（泉澤康晴：関節外法、Technical magazine for veterinary surgeons、vol.16、No.3、36-46、図10、2012を許可を得て転載）

（4）十字靱帯損傷・断裂

　前十字靱帯（CCL）での発生が圧倒的に多く、後十字靱帯（CdCL）単独または両者の発生はまれです。急性断裂は外傷の結果生じますが、靱帯線維の潜在的な変性が進行していると考えられています。

治　療：CCL損傷により関節は不安定となり、いずれ骨関節症が発現するため、とくに中型犬以上では関節の安定化手術が勧められます（図12-23）。その方法は、関節外固定法、関節内固定法、および脛骨粗面前進術などに分けられ、それぞれ多くの報告がなされています。関節固定に使用した人工物などはいずれ劣化により破断しますが、その間関節包およびその周囲の線維化により関節は安定化します。小型犬では、保存療法により4〜6カ月後に関節包周囲が線維化して、膝関節が安定化する場合が多いといわれますが、後に変形性関節症を継発することがあり、近年では整復手術が勧められています。

初期のリハビリテーション：初期には、冷却療法およびNSAIDによる疼痛管理下でのマッサージ、および軽いPROM運動から始めます。関節の安定化に使用した素材、あるいは骨

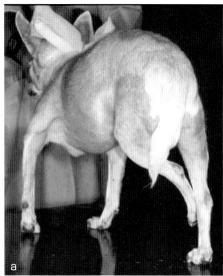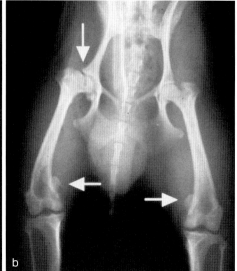

図12-24　膝蓋骨内方脱臼
a．左側膝蓋骨内方脱臼症例の臨床症状。
b．両側膝蓋内包脱臼に左大腿骨頭頸の骨折を併発した症例のX線画像。

切り術などの治療方法の違いをふまえて、ストレッチや関節負荷運動を増減します。
中期以降のリハビリテーション：急性期の経過後、疼痛や負重状態に応じて肢の使用を促し、制限付き水中歩行に加えて引き綱運動を始めます。疼痛が消失して運動意欲がみられる頃には、筋量の改善や術後筋萎縮の緩和を目指して運動量を増加していきます。
後十字靱帯断裂のリハビリテーション：基本的に前十字靱帯の場合と同様に進めます。

（5）側副靱帯損傷

重度の外傷の結果として、内・外側側副靱帯の損傷や断裂が起こります。多くは半月板の損傷を伴います。
治　療：損傷靱帯は、外科的に修復して関節を安定化します。術後は一定期間ロバートジョーンズ包帯またはキャストで軽く膝関節を不動化します。不動化により、関節の硬化とROMの狭小化、筋力の低下などが起こります。
初期のリハビリテーション：不動化期間は2～4週間を超えないようにして、なるべく早期から冷却療法に加えて軽いPROM運動、次いでPROM運動に軽いストレッチ運動を追加します。体重の移動、ゆっくりした引き綱運動、水中トレッドミル運動などによる負重促進運動に加えて、超音波療法が有効と思われます。
中期以降のリハビリテーション：4～6週目には軽い持久力運動と筋力強化運動を開始し、12～16週までにほぼ正常に回復することを目標にします。

（6）膝蓋靱帯断裂

まれにしかみられませんが、膝関節への直接的な重度の外傷、無理な屈曲による大腿四頭筋の激しい収縮によって起こります。
治　療：靱帯の外科的修復、あるいは関節創外固定器やスプリントで2～3週間固定後、慎重に保護的に再可動します。
リハビリテーション：2～3週間の不動化期間中とその後の3MHzのパルス超音波療法により、コラーゲンの効果的な生成を促します。スプリント除去後は、温熱療法の適用とそれに続く軽いPROM運動から始め、軽い保護包帯下での制限付きの引き綱運動へと徐々にリハビリテーションを行います。

（7）半月板損傷

半月板単独の損傷はほとんどみられず、十字靱帯や側副靱帯断裂と併発します。内側半月板の尾側面に損傷が多く、その理由は、負重時に大腿骨が脛骨に対して尾側に変位し、大腿骨顆が半月板に異常な圧縮力と剪断力を加えるためと考えられています。
治　療：損傷した半月板は必要に応じて、部分あるいは完全切除が行われます。
リハビリテーション：術後は、冷却療法とNSAIDによる疼痛緩和と炎症抑制下でPROM運動を行い、経過に応じて負荷をかけ始めます。

（8）膝蓋骨脱臼（図12-24）

小型犬では滑車溝が発育不良で浅い傾向があり、内方脱臼が多く発生します。
治　療：膝蓋脱臼のⅠ～Ⅳ度の重症度に応じて、関節包縫縮術、内側靱帯切断術、滑車溝形成術、脛骨稜転位術、矯正骨切り術

などが組み合わされて行われています。
初期のリハビリテーション：手術直後から冷却療法とNSAIDによる疼痛管理下で軽いPROM運動を行います。ただし、軟部組織の破綻につながるような負荷運動は、約2週間は見合わせます。
中期以降のリハビリテーション：炎症の急性期が終了する頃から、冷却療法とNSAID管理下のPROM運動、ごく軽いストレッチ運動、短時間の制限付き引き綱運動を開始します。歩様の状態をみながら、徐々にストレッチや歩行などの運動量を増やして筋力トレーニングを開始します。ただし、膝関節への負荷の増加は十分注意しながら行います。

（9）大腿骨遠位端の離断性骨軟骨症
骨軟骨症として大腿骨外側顆軸側面にみられます。
治　療：関節鏡または関節切開術で離断骨片を除去するとともに、軟骨の掻爬と穿孔を行って骨の再生を促します。
リハビリテーション：冷却療法とNSAIDによる疼痛管理下で、軽いPROM運動と引き綱歩行から始め、跛行の改善に応じて徐々に運動量と質を高めていきます。

（10）後肢の線維性ミオパシー
筋線維が密集した線維性結合組織に置き換わり、筋肉内に線維体が形成される病態です。侵されやすい筋肉は、半膜様筋、半腱様筋、大腿二頭筋、薄筋などです。ジャーマンシェパード、グレーハウンドなどの活発に運動する犬にみられる反復性外傷が、線維性ミオパシーの原因ではないかと考えられています。
リハビリテーション
①筋損傷直後の急性期にこの疾患が予想された場合：間欠的な冷却療法（15分間冷却、15分間休憩。これを2～5回繰り返す）を実施し、筋外傷の再発に注意しながらストレッチと筋力強化のプログラムを開始します。
②ROMが良好にもかかわらず筋の拘縮が疑われた場合：当該筋が伸展するようにキャストやスリングを装着し、ストレッチ運動や水中運動によって線維組織が伸張位で成熟することで、拘縮の進行を防ぐことができます。

（11）脛骨と腓骨の骨折
この部位の骨折は犬では多く発生します。骨癒合は前腕骨骨折より順調ですが、治療およびリハビリテーションはこれと同様に行います（◆の2）「（1）上腕・前腕骨骨折」参照）。

2）後肢端（足根骨、中足骨、趾骨）の疾患の特徴とリハビリテーション

（1）後肢端の骨折
治　療：足根骨、中足骨、趾骨の骨折は、非観血的整復とスプリントでの不動化、あるいは髄内ピン、ワイヤーなどのさまざまなインプラントを用いて観血的に整復・固定されます。固定の保護のため、2～3週間はキャストあるいはスプリントを軽く装着します。
初期のリハビリテーション：強固な固定がなされた場合には、関節と腱の可動性を維持するため、1週間に1度はキャストなどを外して、冷却療法とNSAIDの疼痛管理下で、軽いPROM運動などのリハビリテーションをできるだけ早期に開始します。PROM運動後は骨折部保護のためキャストなどを再装着します。
中期以降のリハビリテーション：キャストを除去した後には、矢状面ROM運動と負重性の治療運動および筋力強化運動を開始します。

（2）後肢端の脱臼
足根下腿関節側副靱帯、趾底側足根間靱帯、背側足根間靱帯の重度の損傷によって、さまざまな程度の足根骨脱臼が生じます。
治　療：大部分の損傷では、靱帯の初期修復あるいは人工靱帯による修復後、スプリントで2～3週間不動化します。
初期のリハビリテーション：麻酔覚醒前に軽いPROM運動を行い、スプリント固定後は週1回スプリントを外して、前肢の手根部と同様のリハビリテーションを行います。患部のPROM運動は矢状面で行い、決して内反や外反負荷をかけてはいけません。
中期以降のリハビリテーション：スプリントの除去後は、関節の安定性を評価し、適宜制限的な負荷運動とROM運動を継続しますが、軽く保護包帯はしておいた方がよいでしょう。

（3）アキレス腱断裂
アキレス腱は、腓腹筋腱、大腿二頭筋－半腱様筋－薄筋の合腱、および浅趾筋腱の三つの腱からなり、総踵骨腱ともよばれます。
治　療：腱断裂は腱縫合で外科的に修復し、通常はキャストやスプリントによる固定、創外固定などで管理し、固定期間は3週間以内とします。
初期のリハビリテーション：リハビリテーションの開始にあたって、組織の再破綻を招くような負荷をかけないようにします。他動運動に対する痛みや筋の緊張などの微妙な徴候も逃さないように注意しながら、軽いPROM運動を開始します。早期の負重と関節運動は、再建組織にストレスをかけて修復した腱のコラーゲンが平行に配列するのを促し、修復初期の腱強度を強くします。
中期のリハビリテーション：関節のPROM運動およびストレッチの負荷は、術後3週目以降から徐々に開始します。ホットパックによる温熱療法の後、マッサージおよび軽いPROM運動から始めます。経過に応じて徐々に制限付き歩行を始め、次いで低衝撃性運動を加えていきます。

後期のリハビリテーション：3カ月目頃から、制限付き歩行にゆっくりした水中歩行などの筋力アップトレーニングを加えていきますが、衝撃性の運動は厳禁です。

注　意：腱の強度および関節の機能は、数カ月から1年の改善期間が必要であり、この間の衝撃運動（走ったり、跳んだり、飛び降りたり）の制限を的確に指導する必要があります。

（4）浅趾屈筋腱転位

病　態：浅趾屈筋腱が踵骨を横断する本来の位置から内方あるいは外方に転位し、転位した腱が飛節の屈曲位あるいは伸展位で触知できることがあります。

治　療：外科的に腱皮膜を正常位に縫着し、飛節を2～3週間スプリントで固定します。慢性腱炎や滑液包炎の存在は、治癒を遅らせます。

リハビリテーション：スプリント除去後、軽いROM運動および負重を始め、次いでマッサージとストレッチを加えていきます。

（5）浅趾および深趾屈筋腱損傷

病　態：外傷による損傷が多く、腱付着部中節骨や末節骨でこれらの腱が損傷を受けると、着地・挙地時の肢端の運びが異常になります。

治　療：完全断裂であれば、外科的に再付着などの手術がなされ、その後2～3週間スプリントで固定します。

初期のリハビリテーション：麻酔覚醒前に軽いPROM運動を行い、スプリント固定後は1週間に1度のスプリント交換の際に、近接の関節のPROM運動を実施します。長期間の固定は治癒を遅らせて修復組織を脆弱にしますので、受傷後3週間以内に固定は外します。

中期以降のリハビリテーション：その後も運動制限は必要であり、組織の修復状況に応じて運動負荷を強めていきます。腱に萎縮や拘縮がみられる場合には、温熱療法あるいは3.3 MHz連続モード超音波療法を行い、PROM運動およびストレッチを加えます。

第13章 神経学的疾患における理学リハビリテーション

1. 急性脊髄伝導障害における理学リハビリテーション
2. 慢性脊髄伝導障害における理学リハビリテーション
3. 末梢神経障害における理学リハビリテーション
4. 神経筋疾患における理学リハビリテーション

　神経疾患は、機能の維持や回復に理学リハビリテーションが不可欠という点で他の疾病とは異なります。神経系の機能不全には、運動機能や自律神経機能の障害の他に、感覚（痛覚）消失、知覚異常（パレステジア）、刺激に対する感受性亢進（知覚過敏）などのさまざまな感覚異常が含まれます。したがって、神経学的検査法は是非ともマスターしておきたい基礎テクニックの一つです。そして病態に応じた徒手療法や運動療法、さらには物理療法の的確な理学リハビリテーションを実施することは、神経疾患症例に対する治療計画に組み込むべき重要な治療プログラムの一つともなっているため、これらのテクニックの適時の適応に精通しておかなければなりません。

❶ 急性脊髄伝導障害における理学リハビリテーション

　犬と猫にみられる急性脊髄伝導障害としては、ハンセンⅠ型の急性椎間板ヘルニア、骨折・脱臼などの外傷性脊椎損傷、および線維軟骨塞栓症（fibrocartilaginous emboli：FCE）などの血管性脊髄障害です。

1）急性脊髄伝導障害の病態生理

　脊髄に起こる障害には、振とう、圧迫、裂傷、断裂、虚血、浮腫、腫瘍などがありますが、その病の本体は、機械的損傷か血管性損傷にかかわらず、循環不全の結果としてもたらされる虚血性の脊髄神経壊死です（表13-1、図13-1、2）。この二次性組織障害のほとんどは、受傷から48時間以上経過して発生するといわれています。したがって、発症後24〜36時間以内の障害改善のための治療の開始または手術が重要な意味を持ちます。

A．血管性脊髄損傷

　脊髄灰白質に最も重度の損傷を引き起こし、多くは神経細胞帯を死滅させてしまいます。

B．単純振とう損傷

　血管性脊髄損傷と同様。

C．脊髄裂傷・断裂

　外傷性脊髄損傷で最も発生が多く、神経組織が形態的・機能的に破壊されて完全な損傷を引き起こすため、より重篤な病態に陥ります。

D．神経根圧迫

　神経根は椎間孔から外に出ているため、持続的な神経根圧迫を受けやすく、激しい疼痛がみられます。

2）障害からの回復

　中枢神経系機能の回復は神経組織の回復によるものではなく、残存した組織が損傷を受けた軸索の機能を代償することによります。したがって治療の目標は、残存している神経組織を早期に刺激して、最大限の機能回復を図ることです。

（1）血管性脊髄損傷

　発症当初は脊髄梗塞部周囲の浮腫が活動電位の伝導を妨げていますが、この浮腫の急速な消失によって、発症から1週間以降に突然劇的に改善することが少なくありません。

（2）圧迫性脊髄損傷

　髄鞘が損傷を受けて白質髄鞘路に影響を及ぼすことが多く、

表13-1 犬でよくみられる脊髄神経疾患に伴う組織障害

損傷の種類	椎間板ヘルニア	FCE	骨折／脱臼
振とう	＋	－	＋
圧迫	＋	－	＋
挫傷／裂傷	－	－	＋
虚血	＋	＋	＋

FCE：線維軟骨塞栓症
(N Olby, et al, Rehabilitation for the neurologic patient, Veterinary clinics of North America：Small animal practice, vol.35, No.6, 1389-1409, Table1, 2005を引用改変)

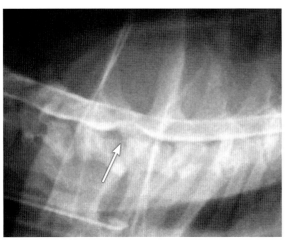

図13-1 椎間板ヘルニア
四肢硬直麻痺を呈した犬の脊髄造影で明確に描写されたC6・7間の椎間板ヘルニア。腹側から脊髄を圧迫する石灰化した椎間板（矢印）。

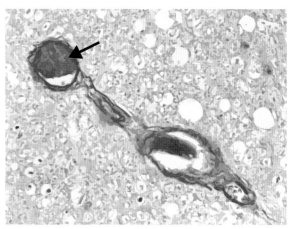

図13-2 線維軟骨塞栓脊髄症組織所見
線維軟骨片（矢印）が脊髄血管の一つを閉塞している。隣接する脊髄には壊死がみられる。(P Shealy, et al., Neurologic conditions and physical rehabilitation of the neurologic patient, DL Millis et al., Canine rehabilitation and physical therapy, St.Louis, Saunders, Figure 22-18, 2004を引用改変)

イオンチャネルを変形して血流を閉塞させ、最終的に軸索の機能に障害を及ぼします。急性ではあるが軸索の機能喪失および髄鞘の損傷が重度でない場合には、障害脊髄の36～48時間以内の減圧により症状が劇的に回復することがあります。損傷を受けた髄鞘の回復には時間がかかりますが、軸索の再有髄化により回復することがあります。一方、慢性圧迫性損傷では、軸索が障害を受けた場合には機能回復の可能性は低いようです。

（3）急性椎間板ヘルニア

さまざまな程度の脊髄の圧迫および振とうを引き起こし、脊髄の白質と灰白質のいずれもが損傷を受けます。圧迫性脊髄損傷と同様に、圧迫の程度とその解除までの時間によって、完全回復が望めるものから完全横断損傷を引き起こす重度なものまでさまざまです。

（4）外傷性脊椎損傷

脊椎骨折においても、新たな追加的損傷がなければ適切な外科的処置とリハビリテーションによって機能が回復することがあります。新たな追加的損傷とは、初期の外傷後の反復性の脊髄振とう、圧迫の原因となる脊柱不安定、および持続的圧迫であり、これを防ぐために初期の適切な外科的処置が重要となります。

3）リハビリテーション開始前の病態評価

（1）全身状態

A．病変の部位

身体検査、整形外科学的検査および神経学的検査によって全身をよく調べ、同時に存在する整形外科学的問題を含めたすべての病態を把握してください。神経病変が、第一～第五頸髄（C1～5）、第六頸髄～第二胸髄（C6～T2）、第三胸髄～第三腰髄（T3～L3）、第四腰髄～第三仙髄（L4～S3）、の四つの領域（表13-2）のどこにあるかを特定し

表13-2 犬の脊髄病変の局在部位と症状

病巣領域	運動機能	前肢の反射と筋緊張	後肢の反射と筋緊張
C1～5	四肢麻痺～四肢不全麻痺	亢進～正常	亢進～正常
C6～T2	四肢麻痺～四肢不全麻痺、前肢歩幅短縮／支持跛行	消失～低下	亢進～正常
T3～L3	対麻痺～対不全麻痺	正常	亢進～正常
L4～S3	対麻痺～対不全麻痺	正常	消失～低下

C：頸髄、T：胸髄、L：腰髄、S：仙髄
(N Olby, et al., Rehabilitation for the neurologic patient, Veterinary clinics of North America：Small animal practice, vol.35, No.6, 1389-1409, Table2, 2005を引用改変)

表13-3 犬の脊髄病変における重症度の判定に必要な評価項目

評価項目	C1～5	C6～T2	T3～L3	L4～S3
歩行：可／不可	要	要	要	要
麻痺：不全／完全	要	要	要	要
呼吸不全	要	要	不要	不要
深部痛覚*	要	要	要	要

要：評価をする必要がある。　不要：評価不要。
＊：深部痛覚：4指すべて、少なくとも第二指と第四指について、それぞれ評価する。
(N Olby, et al., Rehabilitation for the neurologic patient, Veterinary clinics of North America：Small animal practice, vol.35, No.6, 1389-1409, Table3, 2005を引用改変)

ます。

B．病態の重症度の評価

重症度を評価します。必要な情報を得るためのそれぞれの部位のパラメータを表13-3に示しました。

C．感覚過敏性の評価

感覚過敏の程度を評価し、疼痛の原因を見極めて特定します。

（2）歩　様

麻痺のレベルの評価

歩様から、歩行可能、四肢不全麻痺、対不全麻痺、単不全麻痺、偏不全麻痺のいずれであるかを見極めます。そして、完全麻痺（対麻痺）か、歩行不能の不全麻痺かを鑑別します。後肢不全麻痺の重症度は0～5等級の6段階に分類されます（表13-4）。

（3）深部痛覚

対麻痺の評価では、深部痛覚の有無が予後の判定に重要です。

深部痛覚は骨膜を刺激することが目的で、脊髄白質深層を走行する脊髄視床路および脊髄固有路の細い多シナプス性散在性経路を介して伝達すると考えられています。

表13-4 後肢不全麻痺の重症度分類

レベル	分類の目安
0	正常
1	感覚過敏のみ存在
2	不全対麻痺および運動失調
3	対麻痺
4	尿失禁を伴う対麻痺
5	深部痛覚消失を伴う対麻痺

A．深部痛覚の消失と治療

急性損傷時の深部痛覚消失は急性の脊髄伝導障害であり、機能的な脊髄横断損傷が示唆されます。しかし、これは必ずしも脊髄の解剖学的な完全横断損傷を意味しているのではありません。急性脊髄伝導障害に対する最も重要な獣医学的介入は、深部痛覚消失をもたらしている圧迫や虚血の原因の除去にあります。

B．深部痛覚と四肢麻痺

深部痛覚消失を伴う四肢麻痺はまれです。両前肢の深部

図13-3 前肢両側の肢軸の異常

浅胸筋の拘縮により肩関節が牽引された結果、両肘関節が外弯して肢軸に異常を来した症例。半側脊椎に対する術後に発現した後肢の非協調性歩行のために、前肢に体重を預けるようになった結果と思われる。前肢の肢軸異常に対してはマッサージ、他動的関節可動域（PROM）運動とストレッチで、非協調性歩行に対しては脊髄伝導障害に対する理学リハビリテーションを実施し、約4カ月で治癒した。

表13-5 脊髄伝導障害における脊髄機能の回復と運動能力の向上に有効な徒手療法および運動療法

効　果	操作・訓練	方　法
脊髄機能回復	神経機能回復刺激操作	マッサージ、屈伸運動、補助歩行運動
	脊髄反射刺激操作	屈筋反射刺激操作、伸筋反射刺激操作、補助歩行運動
	固有位置感覚刺激操作	知覚神経刺激操作、運動神経刺激操作、脊髄反射刺激操作、立位での体重移動、単純協調性運動、バランスボールなどを利用した協調性運動、補助起立運動、補助的屈伸運動など
運動能力向上	筋肉増強訓練	固有位置感覚刺激操作、陸上エクササイズ、水中エクササイズなど
	協調性運動向上訓練	固有位置感覚刺激操作、陸上エクササイズ、キャバレッティーレール、スラローム走行、アジリティー、水中エクササイズなど

痛覚麻痺では重度の頸髄損傷が疑われ、この場合には呼吸筋麻痺と心臓交感神経の緊張消失を伴うからです。例外として、頸髄膨大部のFCEなどによる灰白質病変では、片側または両前肢の深部痛覚が消失することがありますが、後肢の深部痛覚は保持されています。

C．評価法

通常、深部痛覚は肢端の指（趾）や爪根の鉗圧で評価しますが、4指が同じ反応を示すとは限りません。すなわち、4指の深部痛覚の回復の差によって、感覚の微妙な回復の違いが推測できることがあります。

（4）呼吸機能

重篤な頸部損傷では呼吸機能障害を伴う四肢麻痺に陥ります。呼吸機能を評価し、症状を悪化させる換気不全や他の呼吸器障害、あるいはリハビリテーションでの運動に伴う酸素不足を未然に予防しなければいけません。

（5）複合病態

急性脊髄伝導障害が原因で、他の運動器障害を継発することがあります。図13-3に示した症例は、半側脊椎（半椎）による後躯不全に対する手術後、後肢の非協調性歩行が治癒せずに前肢に体重を預けるようになった結果、浅胸筋の拘縮を起こして前肢の肢軸に異常が現れました。このような複合的な病態の見極めが大切です。

4）急性脊髄伝導障害症例に適用されるリハビリテーション

障害動物の機能を最大に回復させるために、動物、飼い主、および施療者が一体となって協力し合い、根気よく続けることが重要です。

（1）リハビリテーションの目標

急性脊髄伝導障害のリハビリテーションの目標は、術後炎症の消散、疼痛の緩和、脊髄機能の回復、関節可動域（ROM）の維持、萎縮筋肉および運動機能の回復などです。

（2）リハビリテーションの分類

この疾患で適用されるリハビリテーションは、もたらす効果によって下記の三つに分けられます（表13-5）。とくに前2者は互いに有機的に関連があり、その効果の違いに明確な線引きがある訳ではありません。

①脊髄機能回復のための訓練：神経機能回復刺激操作、脊髄反射刺激操作、固有位置感覚刺激操作
②運動能力向上のための訓練：筋肉増強訓練、協調性運動向上訓練
③物理療法（鍼治療を含む）：後述。

（3）リハビリテーションの目的

A．脊髄機能の回復

最も重要で初期から介入すべきリハビリテーションは、脊髄機能の回復のために、障害を受けた脊髄軸索の有髄化や軸索の連結を刺激し、あるいは残存した組織が損傷を受けた軸索の機能を代償するように刺激することで、できるだけ早く行う必要があります。これには、マッサージや屈伸運動などによる末梢神経である知覚・運動神経の刺激や、姿

勢性伸筋突進反応や屈筋反射などのさまざまな脊髄反射刺激、および固有位置感覚刺激操作などが有効です。

B．運動機能の回復

脊髄機能の回復に次いで、自立・歩行機能回復のための体重の減量、萎縮した筋肉の回復と協調性運動のためのリハビリテーションが重要です。これらの目標は、脊髄機能の回復、運動能力の向上および物理療法を有機的に組み込んだリハビリテーションを通して達成できます。

5) 脊髄機能回復のための訓練（第8・9・10章参照）

ここに挙げた訓練は、これまでまとまった形で紹介されたことはなかったと思われますが、脊髄機能回復のためのリハビリテーションメニューとして、大変効果的なものです。

（1）神経機能回復刺激操作：マッサージおよび麻痺肢の屈伸運動

知覚・運動の末梢神経を刺激するこの徒手療法は、生理学的特性として反射効果と機械的効果をもたらします。この操作は脊髄機能回復訓練に有効でありながら、一つの包括的（統合的）なテクニックとして解説されたことはこれまでなかったと思われます。

反射効果：マッサージや屈伸運動による末梢受容器の刺激が末梢での筋弛緩と細動脈の拡張を促し、同時に中枢性のリラクゼーション効果をもたらします。

機械的効果：リンパ流と血液流の循環を促し、浮腫と代謝性老廃物の排除、組織の酸素化と創傷治癒の活性化をもたらす動脈血流量の増大、および肢の運動性の増強が含まれます。

A．脊髄機能の回復効果

活動電位は、マッサージや屈伸運動によって末梢から脊髄を介して脳に伝導されることから、これら自体が脊髄伝導障害の回復を刺激する操作でありうると考えられます。

B．急性期のリハビリテーション

脊髄伝導障害回復手術または内科的治療開始直後から、1日3〜4回、脊髄患部上に15分間の冷却療法を行いながら、麻痺肢のマッサージと屈伸運動を行います。マッサージや他動的関節可動域（PROM）運動の際には、リラックスした雰囲気の下、適切なクッション性のある床に横臥させ、炎症の存在する術野には無菌的に冷却療法を適用します。

C．亜急性期のリハビリテーション

急性期を過ぎたら、患肢のマッサージ、屈伸を15〜20回、さらに各肢で自転車こぎ運動や補助屈伸運動を15〜20回繰り返して1セットとし、可能であればこれを1日2〜3セット行います。自転車こぎ運動やピーナツボールなどを使用した補助的屈伸運動などと合わせて続けることにより、約

図13-4　後肢端の伸展操作

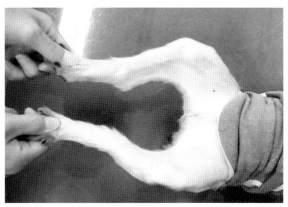

図13-5　屈筋反射刺激操作

仰臥位または腹臥位で補助者に前躯固定させ、両後肢端を親指と人差し指で持って揉んで圧を加えて刺激すると両後肢を屈曲しようとするが、その力に逆らって伸ばしたまま数秒間保持する。

1〜2カ月で起立維持可能な筋肉量の増加がみられます。

D．慢性期のリハビリテーション

リハビリテーションが進むと、屈伸運動などの際に肢の伸展反射が強く出てくることがあるので、施療者は肢の付け根に手を置かないようにします。肢が伸展緊張した際には軽いマッサージを行いながら弛緩を待ちます。

E．注　意

屈伸運動時に最も重要なことは、特に屈曲の際に肢端足底に施療者の手掌を当て、着地時と同じように圧をかけた状態で中手以下をしっかりと伸展させることです（図13-4）。

（2）脊髄反射刺激操作：屈筋（引っ込め）反射刺激操作

脊髄障害におけるこの反応は、脊髄伝導障害発生後の急性期を除いては、深部痛覚が認められない場合でも消失することはないことから、従来から筋力の改善効果を有するリハビリテー

図13-6 伸筋反射刺激操作

図13-7 補助的屈伸運動

ピーナツボールとバランスディスクを利用した屈伸運動。

ションの1テクニックとして利用されてきました。さらにこの反応は脊髄反射弓を刺激するため、脊髄障害部位における残存神経組織の機能回復刺激に貢献するものと考えられます。

方　法：仰臥位または腹臥位で大腿部を伸ばした状態にして、左右の手で両後肢の肢端部を保持し、指先で肢端部を刺激します。この刺激に反応して屈曲しようとする両肢の牽引力に逆らう力を施療者が加えることによって、筋力の増強を期待します。3～5回繰り返して1セットとし、これを1日3～4セット実施します（図13-5）。

予　後：継続していくと、深部痛覚が改善しないにもかかわらず反応が過敏になってきます。痙攣・硬直・伸展する陽性支持反応＊をみせるようになれば、本法によるさらなる筋力増強訓練の継続は限界と思われます。

＊陽性支持反応：足底の刺激や指の骨格筋を他動的に伸展することにより、肢全体が棒状に伸展する反応。屈筋反射刺激に対する過剰反応はこの陽性支持反応と関連していると思われる。

（3）脊髄反射刺激操作：伸筋反射刺激操作

この反応は伸筋反射を利用する反応であり、上位運動ニューロン（UMN）障害や大腿神経の機能低下の症例に対しても適用できます。

方　法：以下の二つの方法があり、それぞれ10～15回の繰り返しを1セットとし、1日2～3セット行います。

①動物を（補助して）起立させ、患肢を床と直角にした状態で爪先が床すれすれになるまで臀部を静かに持ち上げ、再び肢端を床に着け、自立して体重を荷重するように促し、それを補助・維持します（図13-6）。

②肢端または足底に施療者の手掌を当て、それを動物の体幹の方に押して患肢を屈曲させ、伸展反射を誘発させる方法です。

（4）固有位置感覚刺激操作

脊髄反射刺激操作と同様の理由から、たとえ随意運動がない場合でも前述の知覚・運動神経刺激操作および脊髄反射刺激操作も固有位置感覚を刺激するといえます。また以下に示したバランス運動、補助起立運動、補助的屈伸運動、補助歩行運動なども、固有位置感覚の回復刺激に効果的なエクササイズです。これらは、随意運動は可能であるが固有位置感覚の障害がある症例に適用します。

A．体重移動運動

立位で体幹部を左右に押して体重を移動させ、後肢でバランスをとって負重する訓練をします。

B．単純協調性運動

立位時に4肢のうちの1肢を地面から持ち上げると、犬は体重を再配分して他の三肢で負重するよう調整します。この運動を1肢ずつ順番に行います。トリーツで体重移動を誘導してもよいでしょう。

C．バランスボール

直径の大きな運動用ボールで、動物の前躯または後躯、あるいは腹部全体をその上に乗せて、後肢または前肢のみに負重させます。ボールを転がすことにより、その動きに応じて動物は強制的に負重肢を移動させられるため、バランスをとる訓練となります。

D．バランスボード

底に1本の横木を取り付けた板で、動物をその上に立たせると板がぐらぐらすることで身体を協調させてバランスをとるため、肢に力が入ります。

バランスディスクやクッションマットも同様に有用です。

E．補助的屈伸運動

後躯にハーネスを装着し、またはピーナツボールを利用

第13章 神経学的疾患における理学リハビリテーション

図13-8 自転車こぎ運動
低速トレッドミルと車いすを用いて行う、自転車こぎ運動による補助歩行運動。足底を確実に着地させる。

して、後肢足底をしっかりと着地させて行う補助的な屈伸運動、あるいは立ち上がり運動や起立運動などは、固有位置感覚刺激と筋力回復に非常に有効です（**図13-7**）。この運動を30〜50回繰り返して1セットとし、1日に2〜3セット行います。

F．低速トレッドミル上での補助歩行運動

低速陸上トレッドミル上に跨がせた板に前肢を乗せ、あるいは車いすを利用して、犬の尾方から両後肢をそれぞれ片手で持ち、自転車こぎ運動と同じように大きく歩幅をとり、かつ足底をしっかりと床面に押しつけるように着地して歩かせます（**図13-8**）。この方法は、これまでリハビリテーションメニューとして紹介されたことはないと思われますが、後肢の運びと足底の着地、そして爪先の去地までの一連の肢の運び（運歩）を思い出させて固有位置感覚を刺激するとともに、肢筋力を向上させる優れた方法です。

注　意：神経筋機能が低下している症例では、施療者が身体を支えて運動を行う必要があります。

6）運動能力向上のための訓練（第10章参照）

（1）筋肉増強訓練

A．固有位置感覚刺激操作

バランス運動、補助的屈伸運動、補助起立運動、補助歩行運動も筋肉量と筋力の増強（筋肉増強）に有効であるため、随意運動がみられるようになった症例はこれらの操作の比重を高めます。

B．陸上および水中エクササイズ

すべてのエクササイズが筋肉増強および運動能力向上効果を有するため、病態に応じて、あるいは症例や施療者の慣れ、または設備などを考慮して、適時最適なプログラムを企画します。

（2）陸上エクササイズ

A．補助歩行

車いすやスリングを用いた補助歩行の速度は、4肢の足底全体を床に着けて確実に4肢で歩行できるスピードでリードします。1日数回の短時間の補助歩行から始め、負荷を徐々に高めていきます。歩行時間を2〜5分、休憩を挟んで5回を1セットとし、1日4〜8セットを運動能力に応じてゆっくり行います。

B．陸上トレッドミル歩行・走行

補助歩行を陸上トレッドミル上で行い、補助が不要な場合は飼い主が前方から励ましながら歩行・走行訓練を行います。4肢の足底を確実に着地して歩けるスピードで、時間は2分くらいから徐々に延長していきます。肢を引きずり出したら休憩または中止します。

C．負荷運動

自力歩行が可能になったら、負荷運動を併用します。キャバレッティーレール歩行、不安定床歩行、腰や患肢へのおもり装着、おもり引き運動、そして坂道歩行などの抵抗歩行を開始し、後肢に徐々に負荷をかけていきます。

（3）水中エクササイズ

水中エクササイズには、プールでの水遊び、水中歩行、水中トレッドミル、水中ダンシング運動、川や海での水遊びや水泳などがあり、動物の病態と慣れに応じて適時適切なエクササイズを選択します。

有効性：水中エクササイズは、体重の負荷が難しい場合の筋肉の増強、とくに肢の前進運動に必要な筋力の回復に効果的です。

注　意：水泳は使用する筋肉の収縮が強力なため、椎弓または椎弓根切除術後は、周囲筋組織が治癒するのに十分な術後4週目頃から慎重に開始します。

A．水への慣れ

水を怖がる症例では、ライフジャケットを着用させて浅い水深での水遊びから始め、徐々に水深を深めていきます。はじめから泳げる犬は少なく、また筆者の経験では3カ月経過（週1回）しても泳げなかったバーニーズ・マウンテン・ドッグもいました。

B．後肢を動かさない症例

水中トレッドミルやプールでの水中運動で後肢を動かさない症例に対しては、尾を持ち、親指の爪でその皮膚を圧迫刺激することにより、後肢を前後に動かし始めます。これも脊髄反射の一つと思われ、水中で足を動かすことにより、筋力の回復に貢献します。また、水中で自転車こぎ運動を行って肢を動かすように促します。

C．水中歩行

水中での歩行訓練は、手術野の感染予防に注意して、手術数日後から開始します。歩様に応じて歩行スピードと水深を調整することで、歩様の多様なレベルに対応します。水深と速度が自由に選択できる水中トレッドミルは大変有用です。

（4）協調性／敏捷性／持久力運動

目　的：日常生活に不自由のない活動ができるようになったら、家族との以前のような楽しい野外活動ができるように、いっそう運動能力を高めます。

方　法：前述の陸上および水中エクササイズによる筋肉増強運動に加えて、坂道や階段の歩行・走行、軟地や砂地などの不安定床歩行・走行、トレッドミルの速度を上げたり運動時間を延長する、さらに跳躍運動やスラローム走行、アジリティーなど、スピードと敏捷性を要求するエクササイズを取り入れていきます。

注　意：焦らず、気長に徐々に運動量を負荷していくことにより、少しずつ、しかし確実に、かつての運動機能を取り戻していきましょう。

7）物理療法

（1）物理療法の効果

物理療法の効果は、以下のようにまとめられます。

鎮痛効果：冷却・温熱療法、低周波電気療法、低出力レベルレーザー療法、鍼灸療法。

軟部組織の弛緩作用：温熱療法、高周波療法、超音波療法、鍼灸療法。

治癒促進作用：低出力レベルレーザー療法、超音波療法。

他動運動作用：低周波電気療法。

神経刺激作用：鍼灸療法、電気鍼療法、低周波電気療法、低出力レベルレーザー治療。

（2）冷却・温熱療法

A．冷却療法

術後の急性炎症と疼痛は、患部への冷却剤の適用、アイシングによって軽減されます。術後急性期の1週間程度は、術野の無菌的保護布の上からタオルに包んだ冷却剤を10〜20分間適用します。炎症が強い場合には4時間ごとに1日2〜3回程度繰り返します。

B．温熱療法

慢性化した強ばりや拘縮した軟部組織には、温熱療法およびそれに続くマッサージが効果的です。体表を加温するには、保冷剤（ジェルパックなど）を電子レンジで温めてタオルに包んで患部に当てます。

注　意：麻痺部に対する過冷却や過加温には厳重に注意してください。

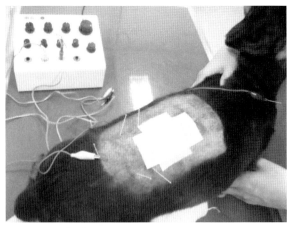

図13-9　電気鍼療法
術後2日目から適用した急性椎間板ヘルニアの症例。

（3）低出力レベルレーザー療法

疼痛緩和や創傷治癒促進などの有効性が高い物理療法といえます。さらに、神経賦活作用の効果も期待されています。

（4）超音波療法

効　果：一般的に、深部の軟部組織への超音波の適用は、その温熱効果により組織血流を改善して治癒を促すとともに、疼痛緩和にも有効です。

適　応：急性脊髄疾患および神経筋痙攣の症例に対する非外科的治療の一つとして、軸上筋への超音波の適用は疼痛緩和および筋痙攣の治療に有効といわれています。

禁　忌：超音波療法は、露出した脊髄には禁忌であり、連続モード超音波の適用は神経外科手術を受けた術野の術後には推奨されません。

（5）神経筋電気刺激法（NMES）

効　果：組織血流量の増加、疼痛緩和、廃用性筋萎縮の開始遅延に有効といわれています。

方　法：急性脊髄疾患症例の患肢筋群へのNMESの適用は、患肢がある程度の運動が可能になるまで、1日1回、15分間続けます。

禁　忌：椎弓切除術や椎弓根切除術後の術部へのNMESの適用は、十分に術創が治癒するまでは禁忌です。

（6）電気筋刺激（EMS）

脊髄損傷症例などで除神経筋を興奮させるために適用され筋の他動運動効果が得られます。

（7）電気鍼療法（図13-9）

経穴に刺入した鍼に微弱電流を流すことにより、疼痛緩和や創傷治癒を促す物理療法です。椎間板ヘルニアなどには一般的に次の方法が行われています。

表13-6 脊髄伝導障害の病態区分と理学リハビリテーションメニュー

レベル0：手術・治療直後から約10日間の急性期のリハビリテーション	
目標	術野の消炎・疼痛管理、脊髄機能回復刺激、組織萎縮・筋力低下予防
内容	術野の冷却療法、麻痺肢のマッサージ、屈伸運動、屈筋反射刺激操作、伸筋反射刺激操作、低レベルレーザー療法、低周波電気療法、電気鍼療法

レベルⅠ：深部痛覚陰性・後肢対麻痺に対するリハビリテーション	
目標	脊髄機能回復刺激、固有位置感覚刺激と筋力増強
内容	各種脊髄反射刺激操作、麻痺肢のマッサージ、屈伸運動、自転車こぎ運動、水中での麻痺肢の運動刺激、水中エクササイズ、補助歩行、物理療法

レベルⅡ：短時間起立維持可能な症例に対するリハビリテーション	
目標	神経機能回復刺激、固有位置感覚刺激と筋力増強
内容	レベルⅠと同様の各種神経反射刺激操作、他動・補助運動、補助歩行、自転車こぎ運動、坂道歩行、バランスボードなどによる協調性運動、水中運動による麻痺肢の筋力増強、物理療法

レベルⅢ：腰痿と懸垂跛行を示す症例に対するリハビリテーション	
目標	固有位置感覚刺激と筋力増強
内容	レベルⅡと同様の他動運動および補助運動、スピード・傾斜角度を上げた陸上トレッドミル、水深を浅くしスピードを上げた水中トレッドミル、水泳

レベルⅣ：軽度の懸垂跛行を示す症例に対するリハビリテーション	
目標	固有位置感覚刺激、筋肉増強、協調性運動
内容	屈伸運動、車椅子補助歩行、水中エクササイズ、スピード・傾斜角度を上げた陸上トレッドミル、アジリティーを含むさまざまなエクササイズなど

A．刺鍼点として利用する経穴

大椎、百会、腎兪（左右）、脾関（左右）、足三里（左右）、崑崙（左右）、湧泉（左右）などの経穴が利用されます。

B．粗密通電パルス療法

督脈の大椎-百会、脾関-足三里（左右）に刺鍼し、周波数1～5Hzおよび30～60Hzを15～20分間通電します。

8）脊髄伝導障害の病態区分とリハビリテーションプログラム

病態に応じたリハビリテーションメニューの概要を**表13-6**に示しました。この表では、治療開始時または手術直後～約10日間の急性期であるレベル0から、日常生活にほぼ支障のないレベルⅣの病態まで5段階に区分し、レベルごとのリハビリテーションの目標とその内容、すなわちメニューについて整理してあります。

レベル0の術後約10日間の急性炎症期から回復した症例が、レベルⅠの深部痛覚陰性で後肢対麻痺の重度症状を示さずに、レベルⅡやレベルⅢに直接移行することも多くあります。これは、脊髄の圧迫障害の重症度と圧迫解除までの経過時間の違いによると考えられます。リハビリテーションは、レベル0の急性期段階から始めることがきわめて重要です。

（1）レベル0：急性期のリハビリテーション

治療開始または手術直後から約10日間の急性期が分類されます。

病態：原因の程度により、深部痛覚陰性のものから軽症の症例まで、さまざまな病態を示すものすべてを含みます。また、発症から手術（治療開始）までの経過時間によっても示す症状は異なります。この時期に一過性に屈曲反射がみられないことがあります。

目標：さまざまな病態とレベルの症例が含まれているものの、いずれにしても消炎・鎮痛、脊髄機能回復刺激操作と諸組織の萎縮および筋力低下予防が基本的な目標です。

有効性：麻痺肢に対するできるだけ早期の神経機能回復刺激操作と脊髄反射刺激操作は、障害を受けた脊髄の機能賦活に非常に有効と考えられます。

手術症例のリハビリテーション：手術後、抜糸までの間に行います。1日2～3回、1回10～20分程度の術野に対する冷却療法により、炎症と痛覚の緩和が得られます。これに加えて、

必要であれば非ステロイド抗炎症薬（NSAID）による疼痛管理下で、麻痺肢のマッサージおよび他動的関節可動域（PROM）運動または屈筋反射刺激操作などの脊髄機能回復訓練を開始します。

非手術例のリハビリテーション：急性期には背部痛を示す患部に冷却療法をします。創傷治癒促進や疼痛緩和効果を有する低出力レベルレーザー療法を加えて、脊髄機能の回復と軟部組織萎縮の予防を目指します。

（2）レベルⅠ：深部痛覚陰性・後肢対麻痺に対するリハビリテーション

病　態：発症後または術後10日程度の急性期を経過した時点で深部痛覚が消失した病態を示すレベルをさしますが、自覚排泄能がみられない重症例から2〜4カ月で深部痛覚が回復するようなレベルの症例を含みます。

目　標：治療目標はレベルⅡへの移行ですが、深部痛覚の回復までの経過が長ければ数カ月〜半年以上を要するかもしれません。

予　後：屈筋反射（引っ込め反射）が発現しても深部痛覚が回復せずに、残念ながらこの段階であきらめざるをえない症例も多いと思われます。筋肉量が回復したにもかかわらず深部痛覚が回復せず、補助起立させても大腿部の筋肉が緊張しない症例では、これ以上の回復は難しいかもしれません。

　著者は、リハビリテーション開始までの時間が長く、きわめて重度の萎縮を呈していた大腿部の筋肉量が、熱心な筋肉増強訓練によって約2カ月で起立維持が可能な筋肉量まで回復したレベルⅠの症例を経験したことがあります。

リハビリテーション：脊髄機能回復訓練と筋肉増強訓練に全力をあげます。

注　意：体重過多で後肢への荷重の増大は厳に戒めなければなりません。軽ければ持ち上がる後躯が過荷重に対する筋力不足のために起立できなくなるからです。

（3）レベルⅡ：短時間起立維持可能な症例に対するリハビリテーション

病　態：急性期経過後に深部痛覚が軽度に存在し、補助により立たせると一時的に起立位をとることができるものの、固有位置感覚はなく、前進運歩による歩行もできない症例が分類されます。

目　標：固有位置感覚と筋力の回復によるレベルⅢへの移行を目指します。厳しい病態ではありますが、あきらめずにリハビリテーションを続けてレベルⅢまで何とか改善させ、車いすを腰痿の支えに利用して自力歩行訓練できるまでを目指します。

リハビリテーション：後肢の前進歩行の記憶をよみがえらせるべく、補助的屈伸運動、屈筋反射刺激操作、自転車こぎ運動、そして足底を床面に着けた補助歩行訓練などを行います。さらに下り坂で頭部を下に向けて、後躯への負担を低減させて行う後躯の起立訓練など、固有位置感覚刺激操作を主体とした脊髄機能回復訓練と筋肉増強訓練に全力をあげます。

予　後：肢の筋肉量と筋力は、2〜3カ月すれば目に見えて増加してきます。レベルⅢまでは1〜4カ月で改善しますが、重症例では半年以上を要する場合もあります。レベルⅠの場合と同じく、体重管理は厳重に行わなければいけません。

（4）レベルⅢ：腰痿と懸垂跛行を示す症例に対するリハビリテーション

病　態：明らかな腰痿と両後肢の懸垂跛行のため、後躯の負重に確実さがみられず、食餌や排泄のための歩行は自ら何とか行うことができるレベルです。固有位置感覚は鈍く、肢のスイング期に肢端先端を地面に引きずるために爪が削れていることもあります。

目　標：固有位置感覚の回復と筋肉増強。

リハビリテーション：固有位置感覚刺激操作、および筋肉増強のための水中エクササイズやさまざまな陸上エクササイズで、運動能力向上に努めてください。回復が順調な症例では1〜3カ月で次のレベルⅣに移行できますが、半年以上を要する場合もあります。中型犬以下では、家庭の浴槽を利用して水泳を週2〜3回（水泳5分、休憩3〜5分を5〜10セット）行うと、回復が急速に進みます。

予　後：1カ月単位ではありますが、筋力の回復とともにリハビリテーションの効果が目にみえて出てくる症例が多く、飼い主はスタッフ以上に動物の日々の症状の改善に期待を込め始めます。一方、手術やリハビリテーションまでの経過が長かった症例では、この段階で症状が固定する症例も出てきます。

注　意：体重管理には厳重な注意が必要です。この段階でリハビリテーションの手抜きをすると、病状が固定する症例もでてきます。

（5）レベルⅣ：軽度の懸垂跛行を示す症例に対するリハビリテーション

病　態：軽い腰痿を伴うものの危なげなく歩くことができ、日常生活にはほぼ支障ないレベルです。固有位置感覚はほぼ正常であり、ごく軽い懸垂跛行や後肢の運びに遅れがみられるものの、肢端背側の爪が削れるほどではなくなっています。しかし水中トレッドミルで歩かせると後肢の前進に明らかな遅れがみられ、筋力の強化と運動スピードに対する改善が望まれます。

目　標：前進運歩に関連する筋群の増強と、歩様の協調性およびスピードに慣れることを目指します。

リハビリテーション：強力な筋力トレーニングを主体にした2〜3カ月間の水中エクササイズや協調性運動訓練などで、ほぼ正常に回復できるレベルと思われます。

予　後：レベルⅠやⅡから改善してきた例では、さらに時間の

経過を要します。半年以上リハビリテーションを継続しても病態の進展が望めない場合には、レベルⅢと同様にこの段階で病状が固定する症例も少なくありません。

9）予後

（1）深部痛覚陽性症例
脊髄の原疾患に対する適切な処置後に病態の進行がみられず、患肢の深部痛覚が存在する症例では、多くが運動機能は実用的なレベルまで回復させることができます。

（2）深部痛覚陰性症例
リハビリテーションによって筋肉量の回復がみられるものの、深部痛覚が回復せず、かつ補助起立しても大腿部の筋肉群が緊張せず、一方で脊髄反射が強く発現して陽性支持反応が出始めると、これ以上のリハビリテーションの継続は難しい、すなわち脊髄伝導障害からの回復の限界かと思われます。

（3）対不全麻痺
A．予後の指標
　対麻痺の予後は、深部痛覚の有無が最も信頼できる指標となります。また、後肢機能の回復前に随意的に尾が振れるようになれば、良好な予後が期待できます。この運動機能は、残存している軟膜下の軸索によって信号が伝達されていることによると考えられています。

B．脊椎骨折
　骨折部を不安定な状態のまま放置すると深部痛覚消失を伴う対麻痺へと悪化する可能性があります。変位を伴う脊椎骨折例で深部痛覚を消失した症例では、機能回復の可能性は非常に低くなります。

C．線維軟骨塞栓症（FCE）
　治療開始後7～10日以内に症状が急速に回復することがあります。これは病変が灰白質に集中することが多く、その周囲の浮腫の消失が白質の機能の改善に関連しているためであると考えられています。

D．深部痛覚消失
　深部痛覚消失を伴う対麻痺から回復した犬では、軽度の尿失禁（32％）や便失禁（41％）が比較的高率に残ります。9カ月後には約40％で随意運動機能が回復し、再び尾を振ることができるようになりましたが、深部痛覚や尿失禁は回復していません。運動機能回復までの平均は約9カ月でしたが、18カ月後に回復した例もみられています[1]。

（2）四肢不全麻痺
四肢すべてに影響が及ぶ病態では、一般にリハビリテーションを行うことが難しくなるため、回復経過がさらに長期化します。四肢麻痺では頸髄が冒されている可能性が高く、呼吸機能にも影響があり、病態は重度であるため、長期に及ぶリハビリテーションは動物ではなかなか困難です。

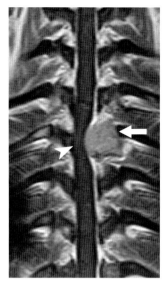

図13-10　T7椎体に発生した骨肉腫
MRI造影水平断像により右側から脊髄（矢頭）を圧迫する骨肉腫（矢印）が明瞭に描写されている。（宇根　智、脊椎の骨腫瘍、Technical magazine for veterinary surgeons、vol.18、No.5、pp36-43、2012、図4Bより許可を得て転載）

❷ 慢性脊髄伝導障害における理学リハビリテーション

慢性的な障害には、一般に、急性症の後遺症、椎骨およびそれに付随する軟部組織構造の退行変性および腫瘍（図13-10）に加えて、ウォブラー症候群、変性性脊椎症、ハンセンⅡ型椎間板ヘルニア、環軸亜脱臼、脊髄管狭窄、脊髄空洞症、脊髄嚢胞性疾患、退行性腰仙椎障害、脊髄周囲の腫瘍や血腫などの疾患が含まれます。

症例の歩行機能が維持されている間に、保存療法や外科療法、リハビリテーションを開始する必要があります。

1）慢性脊髄伝導障害の病態生理

（1）脊髄圧迫障害
脊髄圧迫性病変を原因として、神経組織の圧迫や脱髄から軸索膜の変性、やがては軸索の壊死などに進行することにより、神経学的機能不全が生じます。脊髄圧迫病変に対して減圧術で機能の回復が促進される場合は、脊髄の機能が残っており、症状が劇的に悪化してはいない場合です。

（2）脊髄変性症
進行性の疾患であり、後肢の麻痺から始まりますが、前肢の麻痺へ進行し始めると日常生活において著しい不自由さが目立つようになります。

2）リハビリテーション前の病態評価

（1）鑑別診断
　運動器症状を示す他の慢性疾患、膝の変形性関節症や硬直性脊椎症などとの鑑別診断が重要です。

（2）注　意
　慢性不全麻痺症例、中でも頸部に障害がある場合には感覚過敏が重大な問題となることがあります。また、長期的な症例では、排尿障害による慢性尿路障害などの二次的な影響に注意が必要になります。症状の慢性化に伴う筋萎縮の評価に注意してください。

3）リハビリテーションの基本

（1）目　標
　慢性脊髄疾患のリハビリテーションの目標は、術後の疼痛緩和と治癒促進、ROMの改善、筋萎縮の矯正、神経機能障害の改善と進行抑制です。

（2）方　法
　リハビリテーションである脊髄機能回復訓練と運動能力向上訓練との組み合わせで改善を目指します。一方、進行性の脊髄変性症では、リハビリテーションによって症状の進行をある程度抑制できるものの、症状は徐々に進行するため、安楽死までの終末期を見すえたリハビリテーションとなります。

4）脊髄機能回復訓練

　これには、末梢の神経機能回復刺激操作、脊髄反射刺激操作および固有位置感覚刺激操作の三つの方法がありますが、固有位置感覚刺激操作は次項の運動能力向上訓練の中で解説します。

（1）神経機能回復刺激操作
適　応：慢性疾患症例の神経学的障害の慢性度は、長期におよび重度であるほどROMが強く制限されています。随意運動や筋力がない神経疾患症例、あるいは固有位置感覚消失により正常歩行ができない症例が対象になります。

方法－マッサージの後のPROM運動：低下したROMの改善のため、ROMの正常範囲内でPROM運動とストレッチを行います。その際、屈曲・伸展後に当該関節の遠位肢を牽引して関節を伸ばした状態にし、限界点で数秒（～15秒）間保持します。運動の前にはマッサージを行い、さらにストレッチがかかる筋群に前もって温熱療法を行っておくとなおよいでしょう。動物が不快を示すようであれば、運動後は関節に冷却療法を適用して痛みを抑制します。

（2）脊髄反射刺激操作
　急性脊髄障害と同様に、20回を1セットとし、1日に2～3セットを実施します。

5）運動能力向上訓練

　運動能力に応じて、多様なエクササイズの中から適したものを組み合わせてリハビリテーションメニューを作成し、飽きずに楽しく続けられるように工夫が必要です。

（1）固有位置感覚障害が軽度な症例
適　応：脊髄伝導障害の病態区分のレベルIVに評価される症例が対象になります（表13-6参照）。
目　標：筋力と固有位置感覚機能の維持。
方　法：歩行が可能なため、筋肉増強訓練が主体になります。多様な遊びや水中運動で、筋力と固有位置感覚機能を低下させないようにします。

（2）固有位置感覚障害が重度な症例
適　応：病態区分のII～IIIに評価される症例が対象になります。
方　法：四肢に随意運動が少しでも残っている症例であれば、脊髄機能回復訓練と筋肉増強訓練が主体になります。

　慢性症例の場合、固有位置感覚と筋萎縮の改善と維持が目標となります。

　補助的屈伸運動や立ち上がり運動は、肘関節や肩関節、膝関節や股関節の屈伸に関わる筋力のエクササイズになります。補助歩行、抵抗歩行、水中療法、バランス運動および協調性運動の有用性は、急性の脊髄伝導障害の場合と同様です。

　改善までの経過が長引く慢性疾患症例では、とくに運動療法が重要で、根気よく続けて進行を少しでも抑制します。

6）物理療法

　急性脊髄伝導障害の場合と同様に、冷却療法、超音波療法、神経筋電気刺激療法（NMES）などが適用となると同時に、有効性が期待されます。とくに不動化により筋萎縮をきたした筋肉に対しては、NMESを適用することで筋力の回復が期待されます。

7）予　後

　慢性脊髄疾患による障害が徐々に蓄積していく間は、その障害を機能的に代償することができます。しかし一方で、急性脊髄疾患に比べて迅速かつ完全な回復は期待できません。

❸ 末梢神経障害における理学リハビリテーション

　末梢神経障害は外傷性や血管性（血栓性）損傷、あるいは手術失宜などの医原性損傷によって引き起こされます。末梢神経は中枢神経系とは異なり、シュワン細胞の存在下で1日に1～4mm程度の速度で再生します。

1) 病態生理

知覚神経および運動神経が障害を受けると、障害のレベルによって次のような病態が背景となって多様な麻痺が生じます。

（1）ニューラプラキシー

一過性の神経伝導障害であるこの損傷は、圧迫、一過性虚血、鈍性外傷などで起こります。軸索は断裂していませんが軸索伝導は消失します。伝導の喪失は、髄鞘の損傷あるいはエネルギー不足のため軸索の静止電位が維持できないことが原因であると考えられます。

（2）軸索断裂

軸索は崩壊しますが、軸索を包む神経内膜やシュワン細胞鞘は保持されるため、再生して正しい標的細胞鞘と結合する可能性があります。とくに、軸索が標的の近くで損傷を受けた場合にはうまく再生することができます。

（3）神経断裂

神経の全構造が切断されると、軸索には再生能力があるものの、再生には断裂した軸索が標的とするシュワン細胞鞘を見つけ出す必要があり、困難を伴います。

2）臨床症状

（1）感覚麻痺

知覚神経障害によって感覚が麻痺します。また、異常感覚（錯感覚）および感覚過敏を引き起こして、自傷行為が発現することがあります。

（2）筋萎縮と後遺症

除神経や全麻痺神経が分布する骨格筋は、運動神経の麻痺によって重度の廃用性筋萎縮が発現し、次いで筋拘縮へと進行します。成長期であれば骨格も変形することがあります。

3）リハビリテーション前の病態評価

（1）臨床的評価

障害部位の決定には、体表デルマトームの表在性知覚神経反応検査、運動機能および深部痛覚の評価によって、病変の正確な場所とその重症度を確定しておく必要があります。

（2）筋電図検査

筋と神経の電気生理学的検査や神経伝導速度検査によって、障害の程度と経過の推移をより詳細に評価することができます。

4）治療とリハビリテーション

神経切断では、切断された神経を外科的に早急に再建します。末梢の急性神経障害では、麻痺部の刺激操作、すなわちマッサージ、PROM運動、あるいは電気刺激などのリハビリテーションを直ちに開始します。

図13-11　橈骨神経麻痺による前肢の麻痺
この症例では、麻痺の原因が不明で、さまざまな刺激療法にもかかわらず症状に変化はなかった。

（1）神経機能回復刺激操作

A．PROM運動とストレッチ

障害のある筋とその拮抗筋のストレッチ、拘縮した筋群の温熱療法やマッサージなどが有効です。できれば事前に温熱療法を行い、その後PROM運動とストレッチなどを1日2〜3回実施することが勧められます。

B．脊髄反射刺激操作

坐骨神経障害がある場合は、屈筋・伸筋反射刺激操作を行っても屈筋反射が誘発されないことがあります。伸筋反射刺激操作を行うときは、身体の支えにバランスボールを利用してもよいでしょう。

C．橈骨神経刺激操作

橈骨神経麻痺（図13-11）では、前肢を伸展して手根を支えて、足底での負重を試みる操作を行います。施療者が後駆を少し持ち上げた手押し車運動を試みたり、バランスボールを利用して前肢に荷重をかけて患肢の座りに慣らします。約1分間ずつ5回繰り返して1セットとし、1日2〜3セット行います。

D．予後

機能が低下した症例に対する根気よいリハビリテーションで、筋や神経筋の緊張の改善が見込まれます。

（2）運動（エクササイズ）療法

障害を受けた末梢神経の部位と障害の程度によって、多様なメニューの中から最適なものを選択してプログラムを組んでください。

目　標：少なくともある程度四肢の随意運動が可能な場合には、

筋力、神経バランスと協調性運動の改善・向上を目標として行います。

方　法：立ち上がり運動、補助的屈伸運動、補助歩行運動、抵抗歩行、水中療法などが対象になります。立ち上がり運動には膝の自動的伸展が必要ですが、膝および足根関節の屈伸は他動的に行います。その他のバランス運動および協調性運動なども慢性脊髄障害と同様に有効です。

（3）物理療法

末梢神経麻痺に対するNMESの適用により、神経原性（廃用性）萎縮の開始を遅らせたり、萎縮した筋の回復を助長したりできる場合があります。罹患筋の神経支配が完全に消失している場合には、NMESが最適な物理療法で、罹患筋群を1日1回、約15分間刺激します。

5）予　後

ニューラプラキシーでは、通常受傷後2週間以内に回復しますが、髄鞘に損傷があると回復に4～6週間を要します。軸索断裂あるいはニューラプラキシーの症例の予後は、神経断裂よりは期待が持てます。

❹ 神経筋疾患における理学リハビリテーション

犬で発生する神経筋疾患は、神経障害（ニューロパチー）、接合部障害、筋障害（ミオパチー）などです。神経筋疾患でよくみられる臨床症状は、全身性脱力や下位運動ニューロン（LMN）の機能不全などです。

1）病態生理

神経筋疾患では、一般に筋萎縮が劇的に進行して筋拘縮に陥り、関節運動を制限します。食道、喉頭、あるいは咽頭筋に波及すれば、嚥下困難や誤嚥性肺炎を引き起こします。

（1）脊髄症（ミエロパチー）およびボツリヌス中毒

さまざまな原因で生じる脊髄障害全般をさしてミエロパチーといい、これは心筋にまで影響を及ぼすことがあります。これらの疾患では、多種多様な病理学的経過が起こるため、リハビリテーションプログラムは慎重に計画します。

（2）神経障害（ニューロパチー）

ニューロパチーは、リハビリテーションが最も必要で、免疫介在性多発性神経根炎（犬ではクーンハウンド麻痺として知られる）、*Neospora caninum* 感染性神経炎、遺伝的な変性性疾患、糖尿病続発性による中毒性疾患、退行性腰仙椎疾患などでみられる圧迫性などのニューロパチーなどがあります。

（3）筋障害（ミオパチー）

ミオパチーには、免疫性多発性筋炎や原虫性筋炎などの感染性／炎症性、筋ジストロフィーなどの変性性、代謝性ミオパチーなど多くの疾患があります。

2）リハビリテーション前の病態評価

一般臨床検査は、標準的な方法で行います。

運動機能：歩様や四肢の麻痺状況を詳細に評価し、LMN障害の重症度および範囲を特定します。

筋障害：全身性筋障害がある場合には心エコーで詳細に評価します。筋萎縮の有無とROMを評価して、リハビリテーション開始前の評価を確定します。

呼吸機能：喉頭機能や発咳、とくに低換気や誤嚥性肺炎の有無を確認します。

嚥下機能：食道と咽喉頭機能を評価します。鳴き声の変化、飲食時の嚥下状態、食物の逆流などの有無を確認します。巨大食道はX線検査で確認します。

3）リハビリテーション

（1）目標と方針

リハビリテーションの目標は、各疾患に特有の病態生理および神経学的障害に応じて計画します。居住空間に配慮し、プログラムには、ROMの維持、神経原性筋萎縮の予防と機能の回復などを含み、運動療法と理学療法との効果的な組み合わせを選択します。

（2）神経機能回復刺激操作

末梢神経障害と同様に、PROM運動、屈筋反射刺激操作、膝蓋腱（伸筋）反射刺激操作、橈骨神経刺激操作などの他動運動を、症例に応じて組み合わせて行います。

（3）エクササイズ

末梢神経障害と同様に、立ち上がり運動、補助歩行、歩行運動、水中療法、バランス運動および協調性運動などを、症例に応じて組み合わせて実施します。

（4）物理療法

全身性の神経筋不全症例へのNMESの適用は、組織血流を増加させ、神経原性萎縮の発現を最小限にするのに有効です。NMESは、1日1回、15分間患部の筋群に適用します。

4）予　後

神経筋疾患は基礎疾患と密接な関連があり、予後を左右する重要な要因となっています。

基礎疾患を有する症例：基礎疾患の進行が防止できない場合には、リハビリテーションによる改善は難しく、施療者の役割は症状を緩和することにとどまります。

食道、咽頭、喉頭の機能障害の症例：誤嚥性肺炎の有無が予後を左右します。

人工呼吸の症例：呼吸器障害は一般に予後が悪いと考えられています。

重度の筋萎縮の症例：筋萎縮が重度になるほど、さらに筋拘縮がみられるようになると、たとえ基礎疾患が解消されても回復が難しいことがあります。

寛解が期待される疾患の症例：寛解までの期間を乗り切ることが施療者の努めとなります。ボツリヌス中毒で約3週間、多発性神経根炎では3～6週間がその期間といわれています。

参考文献

1) NJ Olby, T Harris, K Muñana, et al. : Long-term functional outcome of dogs with severe thoracolumbar spinal cord injuries. J Am Vet Med Assoc, 222:762-9, 2003.

第14章 内科的重症例、外傷性重症例および高齢動物の看護と理学リハビリテーション

1. 重症例の一般的看護と理学リハビリテーション
2. 内科的重症例の看護と理学リハビリテーション
3. 外傷性重症例の看護と理学リハビリテーション
4. 高齢動物の看護と理学リハビリテーション

　最終章では、内科的重症例、外傷性重症例、および高齢動物における看護上の問題点と、それに必要なテクニックおよびリハビリテーションについて解説します。これらはワンステップ、スキルアップした看護テクニックでもあります。特に、ますます増えつつある高齢動物については身体的・生理学的特徴を体系的に整理し、高齢から老化していく動物に対する考え方を、飼い主に説明できるように理解する必要があります。

❶ 重症例の一般的看護と理学リハビリテーション

　小動物のリハビリテーションは、現在では整形外科疾患の術後や神経疾患を中心とした症例から、高齢による障害、全身性疾患、神経・筋の衰弱、心肺機能障害、全身性の衰弱、悪性腫瘍、そして外傷に関連した疾患など、多様な症例に対して適用が広がりつつあります。

　そこで本項では、原因にかかわらず重症例に共通した看護とリハビリテーションについて解説します。

1）重症例の看護の基本

目　標：リハビリテーションプログラムの第一の目標は、生活の質（Quality of life：QOL）を高め、治療に関連した合併症や副作用を低減させることです。

環　境：重症の動物が入院する場合、通常は集中治療室（intensive care unit：ICU）が利用されます。しかし手術室に隣接したICUは、治療効果が高いとはいえ、一般的には明るくて混雑し、しかも騒音のために決して安静な場所とはいえないことが多いようです。

注　意：入院室では飼い主の顔がみえないことや、また頻繁な診察も動物にとってストレスの原因となりますので、動物をいかにリラックスさせてストレスを低減させることができるか大変重要な問題です。

2）重症疾患に関連した身体機能の変化

病　態：重症疾患に伴う身体活動の低下は、身体にとって大きなストレスとなり、筋骨格系および循環器系の機能が大きく低下します。重症例の不活発性は、褥瘡性潰瘍、肺合併症、深部静脈血栓症、そしてICUの滞在期間と入院期間延長のリスクを増大させます。

不動症例の特徴：不動症例では、筋肉量が急速に減少して運動不耐性が生じます。これは筋肉の不活動の結果、炎症関連サイトカインが活性化し、タンパク分解を亢進させたり筋線維再生を抑制したりして、急性および慢性の筋細胞の損傷と細胞死を引き起こすことが原因です。さらに、同じように心肺機能の低下が急速に進行します。

注　意：リハビリテーション施療中は、動物全体の様子、心拍数、心調律、呼吸数、毛細血管再充満時間（Capillary refilling time：CRT）などのバイタルサインを慎重かつ綿密にモニターし、治療への反応性を評価して活動性の増大や、リハビリテーションによるストレスおよび代償不全が起きないように注意しなければなりません。

図14-1 右下横臥位ポジショニング
重症例の肺分泌物が気管へ移動しやすいように背側を上方へ向け、頭部は挙上するが、口吻は下方へ向ける。

図14-2 V字クッション
伏臥位で安楽に休息できる。

3）一般的看護

（1）ポジショニングの重要性

看護でいうポジショニングとは、特異的治療法として、体位を利用することをいいます。横臥位や伏臥位など、病態や症状などに応じて有効な体位にすることが重要になります。

褥瘡予防：座位や伏・横臥位で体表の骨の出っ張りが床面と接触する部位は、最初に褥瘡が生じやすい部位です。自ら寝返りできない症例では、短時間ごとに観察を行い、皮膚の白色化や紅斑等の褥瘡の前兆を見落としてはいけません。

呼吸の保護：体位変換は、肺への血流の配分に影響を及ぼし、換気／血流比の改善、無気肺の予防、腹部圧迫軽減による肺容積の増大、呼吸活動の低下防止、および発咳能力の改善などの効果があります（**図14-1**）。

体位変換：自ら寝返りできない症例では、褥瘡予防や呼吸保護のため、2～4時間ごとに右横臥位、伏臥位、左横臥位に体位変換を行います。

（2）療養環境

看護態勢：動物看護師はマッサージ、関節の他動的可動域（PROM）運動、あるいは補助起立などの基本的テクニックをマスターしておくことが望まれます。

環境：清潔で動物の安静が保たれる場所が確保され、自立できる滑らない床面であることが必要です。褥瘡性潰瘍（床ずれ）や尿や便汁による慢性炎症（尿やけ）を防止するために、マット、床敷き、吸収性パッド等を利用します。

褥瘡予防：褥瘡のおそれのある症例では、頻回の体位変換に加えて柔らかくて深い床敷きを用い、楔型スポンジ、毛布、枕などで動物を伏臥に保つことなどが効果的です（**図14-2**）。さらにドーナツ状のクッションやエアーマットなどの利用を考慮します。これらの使用は褥瘡ばかりではなく、肢の浮腫、筋肉や関節の強ばり等の予防と軽減に有効であり、動物にとっての快適性を向上させます。

4）リハビリテーションの適用

重症動物に対するリハビリテーションは、獣医師の指示を受け、あるいは獣医師および飼い主と相談の上施療します。ICU滞在症例や悪性腫瘍症例では、可能な限り具体的な目標を設定して治療的運動を行います。

評 価：施療者は、症例の病歴を詳細に把握した上で、なおかつ自身による身体検査などの諸検査を実施して、その評価結果を記録します。評価の項目としては、浮腫、挫傷あるいは褥瘡の部位と程度、起立または歩行の状態、自覚神経機能、疼痛スコアの他、疾患に応じた状態などです。

方 法：基本的な治療法として、温熱療法、マッサージ、関節のPROM運動や自発的ROM運動、軽度の運動療法、低周波電気療法などが挙げられます（**図14-3**）。一般の動物看護師でも基本的な徒手療法や簡単な運動療法はマスターしておくことが望まれます。

効果の提示：リハビリテーション開始前の評価および経過中の再評価により、リハビリテーションの効果の変化を飼い主に提示しましょう。

注 意：症例に適用される治療計画に対して、リハビリテーションが支障になってはなりません。

5）腫瘍症例の看護とリハビリテーション

症例に応じた特定のリハビリテーションが有効となります。

A．放射線治療適応症例

放射線療法で遅発性障害として現れる皮膚と皮下組織の線維化が肢の組織に及ぶと関節のROMが制限されます。患

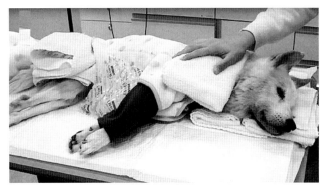

図14-3　高齢と脳梗塞により全身性萎縮と多発性の関節拘縮をきたした症例の温熱療法
マッサージと関節ROM運動の前に、タオルで包んだ加温したジェルパックを患部に当て、温熱療法を行っている。

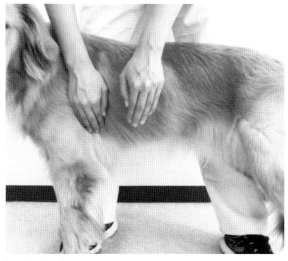

図14-4　胸部叩打法
患部肺野を縮気法（手掌をカップ状にして）で叩打する。その際、背側から腹側へ向かって進め、遊離させた分泌物をより大きな気管支へ移動させる。

部領域にPROM運動とマッサージを行うことにより線維化の影響を抑制することができます。

B．末期的腫瘍症例

薬物による総合的な疼痛管理に加えて、穏やかで低強度のマッサージや理学療法を取り入れた包括的疼痛管理療法によって、QOLを向上させます。

6）補助的疼痛管理

全身性疾患や腫瘍性疾患の動物は、間違いなく疼痛か、少なくとも不快感に関連する一連の徴候を示すため、総合的な疼痛管理が必要です。

A．疼痛の徴候

疼痛を示す行動徴候として、発声、忌避、姿勢の変化、身震い、情動不安、抑うつ、睡眠周期の乱れ、食欲不振、攻撃性、興奮、頻脈、頻呼吸、高血圧、瞳孔散大、あるいは唾液分泌増加などの諸症状がみられます。動物の現すこのような疼痛信号を決して見落とさないでください。

B．疼痛緩和法

局所的な痛みであれば、4℃に冷やした保冷剤などを用いた10～20分間の冷却療法を試みてください。マッサージ療法は、疼痛、疲労、ストレス、不安、悪心、あるいは抑うつなどの諸症状を緩和します。

従来の薬物管理で十分な疼痛・症状の緩和が得られない場合には、（電気）鍼療法やマッサージ療法などの補助的療法が役立つ場合があります。

❷ 内科的重症例の看護と理学リハビリテーション

本項では、内科的重症疾患に特徴的な看護とリハビリテーションについて解説します。

1）内科的重症例の特徴

原因疾患に対する積極的な獣医学的介入に加えて、全身性の虚弱化や代謝系の不活化によって起立不能に陥るため、内科的重症例では特に呼吸器系の管理と組織の萎縮防止が重要な看護の課題となります。

2）呼吸器系の管理

（1）胸部体位ドレナージ法（図14-1、3）

前述のポジショニングとともに、動物の体位を利用して肺患部における気管分泌物の排出を促す方法です。

適応症：肺炎、肺膿瘍、肺挫傷の他、長期横臥や人工呼吸、全身性筋力低下、あるいは神経機能障害による無気肺などです。

方　法：胸部X線またはCT検査に基づいて、分泌物が大きな気道へ排出されるように、罹患した肺を最上位に位置させるように体位を定め、肺病巣の分泌物が区域気管支から主幹の気管支、そして気管へと流れ出るようにします。

注　意：頭側を下位にすると腹部臓器が下方へ移動して横隔膜が圧迫され、呼吸困難をきたすので、できるだけ避けましょう。

（2）胸部の叩打法と振動法

肺病巣の分泌物が、振動によって区域気管支から主幹の気管支、そして気管へと流れ出るようにする手技です。

第4部 臨床例に対する理学リハビリテーション

図14-5　胸部振動法
叩打法で遊離させた分泌物をより大きな気道へ移動させるため、叩打法の合い間の呼気時に両手掌を胸壁に当てて、力強く胸壁をバイブレーションする。気管に移動した分泌物を発咳で排出させる。叩打法の合間の呼気時に4～6回行う。

表14-1　重症例の胸部に対するリハビリテーションの禁忌

動揺胸郭／肋骨骨折
気胸
血小板数　＜30,000/μℓ
開放創／切開縫合創領域
頸部～胸部の皮下気腫
管理できない疼痛の存在
重度の循環不全病態

(AM Manning, Physical rehabilitation for the critically injured veterinary patient, DL Millis, et al. eds., Canine rehabilitation and physical therapy, St.Louis, Saunders, Box23-1, 2004 を引用改変)

A．方　法
叩打法：肺の罹患領域の胸壁をカップ状にした手掌で叩打する方法で、背側から腹側に向かって行います（**図14-4**）。
振動法：動物を立位（または横臥位）にし、手や腕を胸壁に押し当てて呼気時に胸壁を素早く揺する方法（バイブレーション）です（**図14-5**）。いずれも振動により分泌物をより遠位へと移動させます。

C．注　意
叩打は正常肺野に正しく行っても無気肺を引き起こすため、罹患している肺葉の罹患領域に限局して行います。叩打の強さよりも正しい部位を叩打することが重要です。

D．禁　忌（表14-1）
血行動態の不安定時、外傷性心筋炎、動揺胸壁、肋骨骨折、強膜腔疾患（乳び胸、膿胸、血胸、気胸）、血小板減少症、開放創、疼痛、および肺や胸部の腫瘍への叩打および振動は禁忌です。

3）徒手療法（第9章参照）

（1）マッサージ

A．適　応
自立・歩行できない重症例、運動が制限された重症動物の大部分にとって、運動の代わりとして欠くことのできないものです。

B．方　法
マッサージは、軽擦法、揉捏法、および叩打法などによる軟部組織と筋に対する治療的操作です。初期には、軽擦法のストローキング、エフルラージュそしてリンギングのみとし、病態の改善に伴って、揉捏法、叩打法、屈伸運動を取り入れます。

C．効　果
反射効果：末梢受容器への刺激が末梢での筋弛緩と細動脈の拡張を促し、同時に中枢性のリラクゼーション効果をもたらします。
機械的効果：リンパ流と血液流の循環を促すことにより、浮腫と代謝老廃物を排泄し、組織の酸素化と創傷治癒の活性化をもたらす動脈流を増大させます。さらに拘束性結合組織への操作、ROMの運動性と肢の運動性の増強が含まれます。
臨床的効果：局所循環の増大、神経系の鎮静効果、筋痙攣の軽減、浮腫の緩和、瘢痕組織の縮小等があります。

D．禁　忌
不安定で感染した骨折部位や悪性・重度の疾患に適用してはいけません。

（2）長期経過例の肢端
病　態：寝たままで約1カ月間経過すると、四肢肢端は萎縮と拘縮から指が伸展開帳せずに丸まってしまい、足底で負重できなくなります。
方　法：肢端が丸まったままの状態で一度でも拘縮してしまうと回復がなかなか難しいため、マッサージの際には支障のない限り、四肢肢端の全指をしっかりと広げる伸展ストレッチをしてください（**図13-4参照**）。

（3）関節の他動的可動域（PROM）運動
適　応：起立困難な症例の肢運動が可能な肢について行います。廃用性萎縮に陥りやすい組織（腱、靱帯、関節軟骨）、および筋肉の正常な活動性を維持するため、関節の治療的運動としてPROM運動を行います。
効　果：重症例における低レベルの運動活性は、虚血・再灌流障害とそれに続く炎症を抑制し、多臓器不全と急性呼吸器切迫症候群のリスクを最小限に抑えると考えられています。ROM運動は、上記効果とともに収縮した組織を伸ばし、筋肉の強ばりを軽減します。軽～中等度のストレッチと組み合わせるとな

およいでしょう。
方　法：横臥状態または衰弱している動物では、入院後の早期にPROM運動を開始します。動物が横臥した状態で、各関節を20～30回ずつ屈伸して1セットとしますが、病態に応じて1日2～数セットと回数を増減します。関節の拘縮が疑われる場合には、さらに頻回に実施する必要があります。

4）補助起立・屈伸運動と補助歩行（第10章参照）

適　応：病態が改善し、多少起立が可能になった症例には、起立や筋力トレーニングを始めます。重症例における軽～中等度の運動は、筋や関節への血流を改善し、廃用性萎縮に伴ってみられる変化を抑制します。
器具・用具：歩行不可で横臥状態の症例の補助起立と補助歩行に使用する重要な道具は、スリング（吊り具）、車いす、および治療用ボールなどです。
方　法：初期には、スリングやボールを使って1～2分間の起立を数回促す程度から始め、病態と体力に応じて徐々に時間や回数を増加させ、負荷をかけていきます。ピーナツボールを利用した後肢の屈伸運動は、歩行できない犬の肢力増進には、水中運動以外で最も有効なリハビリテーションです。
注　意：いずれの運動でも苦痛を与えない範囲で実施することにより、気分転換を促して血液やリンパ流を改善し、運動機能や姿勢バランスを保持あるいは向上させることができます。

5）低周波電気療法（第11章参照）

適　応：ROMの改善、筋力増強、筋の再活動、および疼痛緩和のための経皮的電気神経刺激法（TENS）や電気鍼療法が行われています。
神経筋電気刺激法（NMES）：収縮可能な筋線維を漸増させて罹患した筋の最大収縮力を増大させることにより、廃用性萎縮の予防と肢の機能改善に有効です。NMESは、全身性疾患や神経障害のために長期間にわたって横臥している動物すべてに適応できます。
運動療法との併用：NMESとPROMおよびストレッチの併用は、ROMの改善、筋の拘縮と肢機能の障害の予防に有効です。
電気筋刺激法（EMS）：本法も長期間不使用の筋の再活動の促進に有効です。

❸ 外傷性重症例の看護と理学リハビリテーション

受傷のタイプは、単独あるいは複数の整形外科的外傷や軟部組織の外傷、そして頭部、胸部、腹部、四肢あるいは全身的な部位の損傷などさまざまです。他の重症例と異なり、受傷時のショックと出血、それに続く疼痛と炎症で重度の全身性炎症性症候群に陥っています。

本項では、このような外傷性の重症例における看護とリハビリテーションについて解説します。

1）外傷性重症疾患の特徴

安静の重要性：運動不能に陥った消耗性の損傷から回復するには、疼痛管理と長期間の安静が重要です。
不動化による影響：長期間の運動不能は、身体の損傷部位と健康部位の両方のシステムに悪影響を及ぼします。
リハビリテーションの目的：重症例に行うリハビリテーションの目的は、損傷による合併症、および長期間の運動不足による二次的な合併症を防ぎ、体調を整えて快適性を改善・維持し、長期間の廃用性萎縮や拘縮から回復させることです。

2）外傷に対する筋骨格筋系の反応

（1）初期反応と影響

重度外傷を負った動物は、意識の低下と痛みのために動くことができなくなり、動くことのできない動物はコラーゲンの合成と分解のバランスが異常になります。出血や続発する炎症や変性のためにコラーゲンの合成が活性化し、さらに運動不足のためにこのコラーゲン線維が固く押し固められて、拘縮の原因となります。これが内因性あるいは外因性の原因による筋肉の短縮・硬結です。

（2）内因性筋拘縮

内因性拘縮の変化は構造的で、炎症過程あるいは外傷過程によって生じることがあります。損傷では、外傷、出血、炎症あるいは虚血などによって筋組織の構成要素が再構築される過程で線維化と癒着を引き起こします。
経　過：筋肉での出血に次いでフィブリンが沈着しますが、2～3日で緩い結合組織網を形成する細網線維がフィブリンに取って代わります。動きのない患部では結合組織網がより密になり、伸展に対する抵抗が高まります。

（3）外因性拘縮

神経学的あるいは力学的要因による拘縮で、長期間の不動化や廃用によって生じますが、麻痺性あるいは痙攣性の筋疾患などもその原因になります。
経　過：麻痺した筋肉は反対側の拮抗筋に十分な抵抗力を与えることができず、結果として拮抗筋の筋拘縮を引き起こします。この拮抗筋に対してストレッチを負荷して、拘縮を予防・改善します。

（4）関節拘縮

関節拘縮が生じると、関節をROM全般にわたって動かすことができなくなります。

表14-2 運動器の治療

処置内容		効果	頻度
冷却療法（急性期）		炎症・浮腫・疼痛の緩和	4時間ごと
温熱療法（非急性期）		循環の改善、筋痙攣・疼痛の緩和	4～6時間ごと
マッサージ		循環の改善、癒着の予防・軽減・緩和、疼痛の緩和、浮腫の軽減	4～6回/日
関節可動域（ROM）運動	他動	関節ROMの維持、拘縮の抑制、ROM狭小化の防止、筋弾性の維持、循環の改善、浮腫の軽減	4～6回/日
	自動	上記に同じ。さらに、骨生理学的機能の維持	4～6回/日
スプリントとキャストの連続使用		筋肉と関節を長期間伸長させて筋肉と関節の拘縮を矯正	

(AM Manning, Physical rehabilitation for the critically injured veterinary patient, DL Millis, et al. eds., Canine rehabilitation and physical therapy, St.Louis, Saunders, Table23-1, 2004を引用改変)

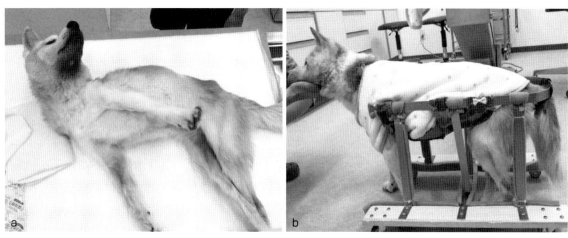

図14-6 脳梗塞により全身性の筋肉萎縮と関節拘縮を起こした高齢犬
温熱療法、マッサージおよびPROM運動とストレッチなどにより、自家製の車いすに乗せることができ（b）、周囲に関心を持つまで回復した。

原　因：関節可動性の欠如、不適切な姿勢での関節の不動化、関節痛、麻痺、筋損傷などによって起こります。浮腫、出血および虚血が、筋拘縮および関節拘縮の発現を促進します。

注　意：肢を不動化する際はできるだけ短縮位を避けて関節を中立位にし、伸筋および屈筋の筋線維の長さと緊張を均等にして拘縮を防ぐべきです。

3）治療とリハビリテーション（表14-2）

（1）初期の看護とリハビリテーション

積極的な獣医学的介入の後、患部の不動化と寝返りに加えて、4時間ごとに患部に10～20分間の冷却療法を施します。また快適な寝具を用います。四肢の末端から近位にかけて弾性包帯を装着することにより、リンパ管と血管を適度に圧迫して体液の間質への遊出を防ぎます。これは浮腫や腫脹の予防と軽減に有効です。

A．疼痛管理

受傷や術後の炎症急性期の疼痛管理は、非ステロイド性抗炎症薬（NSAID）に加え、マッサージ前に冷却療法を施すことによって行います。マッサージや屈伸運動で筋が緊張するようであれば、その部位は十分な鎮痛が得られていないかもしれません。中枢性の痛みの感覚を慎重に判断してください。痛みを感じないようであれば、次に述べるようなリハビリテーションを始めます。これらの方法で疼痛管理が不十分であれば、リハビリテーションの開始はまだ早いと思われます。

B．リハビリテーション

痛みがコントロールできない部位を除いて、受傷の48時間後から他動的運動を開始します。冷却療法、軽いマッサージ、そして穏やかなPROM運動を行います。動かして支障のない関節すべてを10～20回程度、1日に4～6回屈伸します。

（2）中期以降のリハビリテーション

急性炎症消退後は、基本的に慢性期の外傷症例に対するリハビリテーションに移行します。障害のレベルに応じて適切な徒

手療法と運動療法を組み合わせて行います。

（3）拘縮の予防と対処

拘縮の進行を抑制する理学リハビリテーションは、歩行の促進、他動的・自動的ROM運動、患部の関節と筋肉のマッサージおよびストレッチなどです（**図14-6**）。中等度の拘縮の治療では、1日3～4回、20～30分間患部領域にスプリントを装着し、PROM運動とマッサージを行います。重度の拘縮には、キャストやスプリントを用いて関節と筋肉をなるべく長期間伸張状態にします。

（4）骨折症例のリハビリテーション

手術後1～4日目から、冷却療法の後、骨折部の上下の関節の慎重なPROM運動を開始して軟部組織のスライディングを始めます。適切な骨折癒合が完了するまで、このPROM運動はきわめて慎重に行います。とくに骨幹端や骨端骨折では、骨折整復部の再破綻を決して生じさせてはなりません。

4）予後

基本的には、外傷に対する手術による整復度合いと治癒経過、およびリハビリテーションの開始時期に依存します。創の整復が元通りに行われ、リハビリテーションの開始が早ければ、萎縮も癒着も最小限に抑えられるため、機能的な障害も少ないでしょう。

❹ 高齢動物の看護と理学リハビリテーション

高齢動物のリハビリテーションプログラムの作成には、病態の正確な評価と診断が前提となります。小動物医療における高齢犬のケアは、今後ますます困難な課題となってくるにちがいありません。

1）高齢動物の特徴

（1）高齢と老化

ヒトの場合は、WHOによって中齢（middle age）は45～59歳、中高齢（elderly）は60～74歳、高齢（aged）は75歳以上と定義されていますが、犬ではこのような年齢区分が定まっているわけではありません。

A．犬の高齢

一般的に、犬の高齢については欧米では**表14-3**に示すように考えられていますが、日本では小型犬が多く、著者の個人的見解では全体に長生きしている印象があります。一般に、小型犬は大型犬より、雑種の犬は純血種より、非肥満動物は肥満動物より、去勢犬は非去勢犬より、室内犬は室外犬より、長生きすると考えられています。

表14-3　欧米で高齢とみなされる犬の一般的年齢

分類	体重(kg)	年齢(m±SD)
小型	<9	11.48±1.86
中型	9～23	10.19±1.56
大型	24～41	8.85±1.38
超大型	41<	7.46±1.27

(RA Taylor, et al., Physical rehabilitation for geriatic and arthritic patients, DL Millis, et al. eds., Canine rehabilitation and physical therapy, St.Louis, Saunders, Table24-1, 2004を引用改変)

表14-4　犬における老化の影響

代謝における影響
代謝率の低下
免疫機能の低下（易感染性）
自己免疫性疾患の発生増加

身体機能における影響
体重に対する脂肪の割合の増加
皮膚の肥厚・色素沈着過剰・弾性の低下
肢端肉球の角化過剰・弾性の低下
筋・骨・軟骨量の減少、変形性関節症の発症増加
肺の線維化・弾性低下、肺分泌物の粘度上昇
肺活量の減少
発咳反射と呼気能力の低下
尿失禁の出現・増加
心拍出量の減少
神経系細胞数の減少

(RA Taylor, et al., Physical rehabilitation for geriatic and arthritic patients, DL Millis, et al. eds., Canine rehabilitation and physical therapy, St.Louis, Saunders, Box24-1, 2004を引用改変)

B．老化現象

表14-4に示すように、高齢になるにつれてさまざまな老化現象がみられるようになります。老化が及ぼす影響は多様ですが、そのすべてに共通しているのは、変化のスピードの差こそあれ進行性で、不可逆的であることです。

（2）内科系の老化の特徴（表14-5）

高齢動物の飼い主は、食欲の低下や活動量の減少などの生活スタイルにみられる特定の変化について、動物が単に老化したため、あるいは関節症になったため、とあきらめている場合が多いようです。しかし、内分泌障害、肝疾患、腎障害、心機能障害などの慢性病態に陥っていることも多く、施療者はこれらの疾患が日常生活の活動に及ぼす影響を理解しておく必要があります。たとえば甲状腺機能低下症の犬は無気力になり運動量が低下する（**図14-7**）ため、関節障害や無気力と間違われやすくなります。

リハビリテーションとの関係

老化で特に問題となる運動障害、神経筋疾患や関節症などに対するリハビリテーションを効果的に実行するために

表14-5 老齢犬の諸臓器・器官にみられるさまざまな障害

臓器・器官	疾患
心血管系疾患	弁膜症、フィラリア症、心筋症、心内膜炎・症、心外膜疾患、不整脈、高血圧症
上部気道疾患	喉頭麻痺、短頭種気道症候群、咽頭・喉頭腫瘍、気管支軟化、気管虚脱
下部気道疾患	肺水腫、肺炎、腫瘍、胸水、気管支炎、気胸
消化器疾患	吸収不良性腸疾患、タンパク喪失性腸疾患
肝・膵・胆管疾患	慢性肝炎、肝硬変、中毒性肝炎、膵炎、胆管炎、胆結石症、腫瘍
内分泌疾患	副甲状腺機能亢進症・低下症、甲状腺腫瘍、インスリノーマ、糖尿病、甲状腺機能低下症、副腎皮質機能亢進症・低下症、胸腺腫、褐色細胞腫
尿路疾患	腎不全
血液・免疫疾患	再生性・再生不良性貧血、リンパ腫、白血病、血管肉腫、止血障害、全身性紅斑性狼瘡（エリテマトーデス）、免疫介在性多発性関節炎

(RA Taylor, et al., Physical rehabilitation for geriatic and arthritic patients, DL Millis, et al. eds., Canine rehabilitation and physical therapy, St.Louis, Saunders, Table24-2, 2004を引用改変)

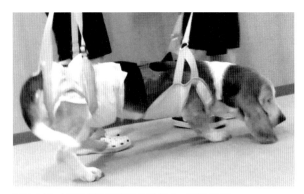

図14-7 高齢犬に対する補助起立・補助歩行
高齢と甲状腺機能低下症により無気力から起立不能に陥った症例。

は、併存する全身的または特定臓器障害に伴う疾患の慎重な診断と治療が必要です。施療者は、運動障害や生活活動の障害を有する高齢動物に行うリハビリテーションの効果に対して影響を及ぼす病態について、主治医と綿密な情報交換を忘れてはなりません。

（3）運動器系の老化の特徴

QOLに影響を及ぼす重要な要因は、筋骨格系と神経系の運動器システムの老化です。

萎縮の進行：筋肉と骨は老化に伴い確実に萎縮し、筋肉量と骨量の減少が起こります。

筋肉機能の低下：線維化の亢進、筋線維の萎縮、筋肉への酸素輸送能の低下によって、筋機能が低下します。

骨カルシウム量の低下：腸管からのカルシウム吸収能が低下し、骨カルシウム量が低下します。

肥　満：運動性低下に伴い、過肥が進行する一方で筋の萎縮が進み、廃用性の骨粗鬆症が発現しやすくなります。

関節ROMの制限：関節症から変形性あるいは強直性関節症に進行し、筋肉や骨の萎縮と相まって、ROMがさらに制限されるようになります。

2）高齢動物のQOLの維持

（1）高齢動物特有の問題と対応

A．認知障害

老化に伴う認知障害では、家庭でのさまざまな躾の忘失、睡眠・覚醒サイクルの混乱、食餌や周囲の環境の無視、顔見知りや場所の認知障害など、ヒトと同じ諸症状が現れます。

B．獣医師の役割

老化に関連する健康問題を対象として、高齢動物の症例には早期発見・早期治療で対応することが求められます。

C．飼い主指導

飼い主には正常な老化過程、適切な栄養・運動などについて指導してください。さらに、動物の水分や食餌の摂取量、体重の増減、排便排尿の量や質などの異常、運動への耐性や量の変化、嘔吐や下痢、皮膚や被毛の変化、視覚や聴覚の変化などについても注意を払うように指導してください。必要に応じて死別カウンセリング等も必要になります。

（2）疼痛管理

高齢犬には、椎間板疾患をはじめ変性性脊髄症や腫瘍など、疼痛を伴う疾患も高率にみられるようになります。

A．薬物の選択に対する配慮

高齢犬は体内の生理学的バランスを保つのが難しいため、疼痛管理はできるだけ生理学的バランスに影響の少ない方法を選択すべきです。若年齢の犬に比べて胃腸が弱いことを考慮し、抗炎症薬や鎮痛薬は胃腸への副作用がより低い薬剤やオピオイドなどを選択します。

B．薬物減量作戦

生理学的リスクの少ない疼痛管理の他の療法として、低衝撃運動、低強度運動、マッサージ、温熱療法、骨関節症に対する遅効性の軟骨保護剤や栄養補助薬（サプリメント）の適用などを考慮します。

（3）栄養学的配慮

A．肥満防止

高齢動物は一般的に、筋量が減少し、骨関節症が存在する可能性が高く、運動量が低下しているため、過肥に陥りやすくなります。過重な体重は、老齢犬では不可逆的にな

りやすく、重度の歩行障害を発症しやすくなります。

25％の食事制限をした8週齢から生涯にわたる犬の飼育実験では、平均寿命は延び、慢性疾患の徴候の出現が低下すると報告されています[1]。

B．高齢動物の食餌

高齢動物には、低カロリーで筋量の維持に良質のタンパクを給餌し、ミネラルやビタミンも十分含んでいることが重要です。心、肝、腎、あるいは骨関節症などの病態に応じた食餌管理を忘れてはなりません。

3）高齢動物の骨関節症（第12章「骨関節症」の項参照）

（1）高齢動物の骨関節症の特徴

骨関節症は、高齢犬では最大で20％が罹患するごく一般的な疾患です。

A．進行と悪循環

罹患した高齢犬は、痛みやROMの制限のため運動量が制限され、動作が鈍くなり、筋萎縮が進行してQOLが低下する一方、脂肪の蓄積が進んで、さらに骨関節症が進行する、という悪循環に陥ります（**図14-8**）。その継発症である変形性関節症は、高齢動物にとっては進行性疾患であり、機械的・生体力学的事象が次々と進行し、最終的には滑膜の炎症、軟骨下骨の硬化、軟骨の崩壊、関節周囲の骨棘形成を引き起こし、ついには関節硬直症に至り、関節が癒着してしまいます。

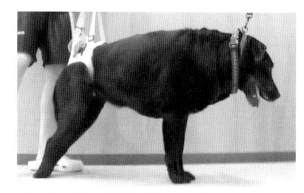

図14-8 過肥と多発性骨関節症により起立不能に陥った高齢犬

（2）骨関節症の管理

高齢犬の骨関節症の管理の基本は、臨床徴候の重症化を抑制・軽減し、疼痛や不快感を抑えることにあります。その上で薬剤への依存度をできるだけ小さくするため、体重の減量、薬物療法、運動療法、物理療法などを組み合わせて行うリハビリテーションが効果を発揮します。

方　法：高齢犬の総合的な病態の管理を成功させるため、筋力と関節機能の改善、年齢相応のQOLの維持、疼痛と不快感のコントロール、病態の進行速度の抑制、可能であれば損傷組織の修復促進などの対応が必要です。

（3）薬物の適用

骨関節症は非炎症性関節疾患に分類されてはいますが、炎症性細胞からのさまざまな炎症性メディエーターのため、滑膜が肥厚し、関節軟骨の劣化が進行します。

A．NSAID

とくに骨関節症の進行症例における薬物治療で基礎となる薬物です。しかし、すべての犬がすべての薬剤に等しく反応するわけではありません。NSAIDの最良な反応を見極めるため、2週間程度の試用期間を設けて慎重に評価した後、最適な薬剤を選択します。なおNSAIDは、高齢犬に対しては胃腸障害などの副作用が出やすいため、飼い主に日々の便の性状など慎重な観察を指示してください。

B．軟骨保護剤・栄養補助食品（サプリメント）

遅効性の関節軟骨保護剤やサプリメントは、病態に応じた有効性があると考えられていますが、短期間で効果が現れるわけではないため、使用にあたっては1〜2カ月の試用期間を設けて慎重に評価して選択します。

C．注　意

副腎皮質ホルモン薬や強力な抗炎症薬の影響で食欲が増進しますが、これらの薬剤はさまざまな副作用を有しています。投与する場合にはできるだけ限定的に使用することを守ってください。長期投与によって十字靱帯断裂を引き起こしやすくなるなどの副作用は、よく知られた事実です。

（4）肥満防止

高齢動物に対する体重管理は非常に重要です。高齢化により運動量が低下するため、従来と同等量のエネルギーの給餌では必然的に肥満が進行しやすくなります。飼い主に対して、QOLの回復と維持のためには理想体型への改善と維持が必須であることへの理解を求めねばなりません。

4）高齢動物のリハビリテーション

（1）リハビリテーションの原則

目　的：体重の減量、関節を安定させ、保護することによりROMの改善および関節痛の緩和を目的として行います。

方法：低衝撃性運動：高齢動物の骨関節症のリハビリテーションにおける制限された低衝撃性運動は、支持筋を強化することで関節機能を改善し、これにより疼痛を緩和してNSAIDの必要量を低減できる優れた運動療法です。引き綱をつけた制限歩行、トレッドミル歩行、ジョギング、水中トレッドミル歩行、水泳や傾斜の緩い階段や坂道の上り下りなどがこれにあたります。

効　果：不働（廃用）による筋肉の萎縮と衰弱を防ぎます。筋

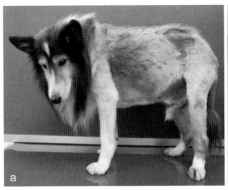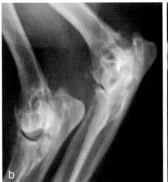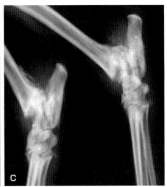

図14-9　多発性関節症により歩行困難に陥った高齢犬
温熱療法、徒手療法および主として水泳によるエクササイズで、同年齢と同様な運動能力を回復した。b．肘関節、c．足根関節。

肉は関節の支持に緩衝材として作用しているため、運動療法による関節周囲筋の強化は関節の安定化と保護に効果的です。
飼い主との協力：家庭での運動療法などに無理なプログラムを提示した場合には、飼い主の協力が得られなくなるおそれがあります。初期にはとくに、飼い主も動物も楽しく行えるようにプログラムを工夫する必要があります。

（2）リハビリテーションの実行

A．運動療法

①ウォーミングアップ：運動のウォーミングアップとして、はじめに患部筋肉群を温め、それからマッサージとPROM運動とストレッチを行います。ただし炎症が存在する場合には、はじめは温めるのではなく冷却すなわちアイシングを適用し、同様に進めます。

②低衝撃性運動：症例の運動能力に応じて、短時間のインターバルを挟みながらより軽い運動から開始します。5分間の休息を挟んで5分間ほどの歩行を5回繰り返した運動に支障がなくなる頃から、運動量を増やしていきます（**図14-9**）。水中歩行も取り入れましょう。初期には、30分間の運動を1回行うより10分間の運動を3回行う方が効果的です。運動後に疼痛が強くならないように、運動量の増加は徐々にしていくようにします。

③クールダウン：運動後は、少なくとも10分間のクールダウンの時間を取りましょう。まず運動のペースを落として5分間歩行し、次にPROM運動とストレッチ運動を行います。疼痛、腫脹、筋痙攣の緩和にはクールダウン・マッサージ（ウォーミングアップとは反対の順序で行う）が効果的です。そして最後に、炎症軽減のため疼痛部分に10～15分間のアイシングをします。

B．物理療法

①超音波療法：連続モードで1～3.3MHzの温熱効果と非温熱効果が期待されます。1MHzの波長の装置であれば、温熱効果は5cmの深部まで期待されます。非温熱効果としては、細胞膜の透過性、細胞膜のカルシウム輸送、間質腔からのタンパクと血球の除去、栄養素の交換等の亢進が期待されます。

②経皮的神経電気刺激療法（TENS）、電気鍼療法：患部関節へのTENSや電気鍼治療も、鎮痛効果を有します。

C．注意と禁忌

体重の減量が進むまでは関節に無理がかからない歩行や水泳を行い、関節への過荷重を極力制限するべきです。関節炎が悪化している場合は炎症が増悪するおそれがあるため、動物に運動を強制してはいけません。

5）飼育環境の適正化

寒冷で湿った環境であれば、暖かく乾燥した飼育環境へ改善してください。また運動障害によって床に寝込むことが多くなるため、床ずれの防止にクッション性の良好な敷物を用います。寝具には温熱毛布を使用することによって、朝の体の強ばりが緩和されます。そして寝る場所は、歩行に支障がないように周囲に段差のない場所を選択します。

6）まとめ

初期評価、潜在する整形外科的疾患や代謝性疾患の精査、体重管理、骨関節症のコントロール、低負荷運動を推進する環境の修正、経過の監視のための獣医師による定期的な評価などを行い、飼い主と動物自身が楽しんで運動するよう工夫することを心がけましょう。

参考文献

1) RD Kealy, et al. : Effects of diet restriction on life span and age-related changes in dogs, J Am Vet Med Assoc 220:1315-1320, 2002.

付録 補装具・矯正具

1. 補装具とその種類
2. ボディースリング（吊り具）
3. 車いす（カート）
4. コルセット
5. ブーツ
6. 補助具、矯正具と義肢
7. まとめ

　最後に、障害動物のための装具、補助具、矯正具について概説します。
　本来これらはヒトと同じように、身体にフィットするようにオーダーメイドで作製されるべきです。補装具の種類によっては既製品やレディメイドのものもありますが、製造者も少なく動物の多様な体型に合った製品を入手することは、実際には困難です。多くはインターネット上で販売されており、表示されたサイズなどだけではその動物に対する適合性の判断が難しいので、製品の選択は慎重に行う必要があります。

❶ 補装具とその種類

1）ヒトの補装具

　ヒトの補装具は、補装具と福祉機器に分類され、さらに細かく分類すると補装具には、義足や義手のほか、頸や腰部などの身体の部位ごとの補装具があります。福祉機器とは、杖および車いすなどをいいます。補装具は、大きく医療用装具と更生用装具の二つに分けられます。この分類は、考え方として動物用にもあてはめることができます。

医療用装具
　医学的治療が完了する前に使用するものであり、または純粋に治療手段の一つとして使用する装具のことをいいます。

更生用装具
　医学的治療が終わり、変形または機能障害が固定した状態で、日常生活動作などの向上のために使用する装具のことです。

安全性：ヒトでは、補装具は義肢装具士法（昭和63年4月1日施行）により、安全性と信頼性が確保されています。

2）動物の補装具

　動物の補装具には、装具（矯正具および義肢）、補助具などがあります。

（1）種　類

　装具と補助具を分類する定義はありませんが、装具はコルセット、2輪や4輪の車いす（カート）、矯正具、義肢などを含み、補助具はブーツ、ボディースリング（吊り具）などという分類になるでしょう。また、同じものでも使用目的により「装具」になったり「補助具」になったりする場合があるかもしれません。さまざまなものが開発され、主にインターネット上で販売されていますが、輸入品は大型犬用のサイズが、日本製は小型犬用サイズが多いようです。

（2）位置づけ

　動物用として補装具を製造・販売する事業者は農林水産省の許可が必要ですが、これが意味するのは「動物用医療機器」の製造・販売者という位置づけだけです。一部の装具は形式上ギプスの扱いとなり、動物用保険の適応となる場合があります。また、一部のコルセットなども、製造元によっては動物用保険の適応となるものがあります。

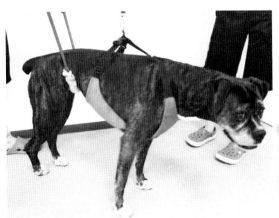

図15-1　前躯用スリング
さまざまなタイプと大きさのものが販売されている。

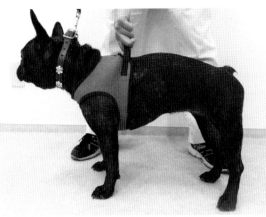

図15-2　腰椎コルセットとスリングの併用
腰痿症例の補助歩行に有用である。(写真提供：東洋装具医療機器製作所)

図15-3　前・後躯用スリング

（3）役割

神経学的または整形外科学的機能障害をもつ動物の日常生活機能の改善を介して、補装具は生活の質（QOL）の向上に重要な役割を果たしています。弱くなったり失ったりした機能を補完して運動機能を改善し、動物の自立性を取り戻すことに加え、動物の介護から解放された飼い主の「QOL」を増すことにも貢献できます。

（4）注意

動物用の補装具は、さまざまな犬種や体型に合わせる必要があるため生産性が低く、またヒト医療と異なり法で管理された装具ではないため、体系化や標準化がなされておらず、器具の開発も、今のところ個人的に行っているという感があります。

❷ ボディースリング（吊り具）(図15-1〜3)

1）適応

スリングは、横臥状態の動物の起立の補助や、歩様不安定の動物の歩行の補助、排便・排尿時の補助に有用であり、ハンドラーの負担を軽減することができます。軽度の歩様不安定であれば、前躯用のハーネスで代用することができます。

2）種類とサイズ

前躯用、胴体用、あるいは全躯用などさまざまなタイプがあり、スリングには身体力学を考慮した長いストラップが付いています。一時的には、バスタオルやさらし布のような長い布に肢用の穴を開けて代用できます。その他にもスリングを基本としたさまざまなリハビリテーション装置として、四肢バランス

付録 補装具・矯正具

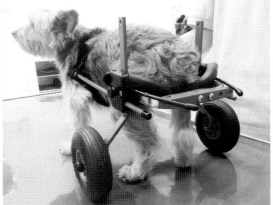

図15-4　医療用にも用いることができる車いす
リハビリテーション過程で補助歩行に用いる車いすは、肢筋力の改善に応じて支持台の高さなどが調節可能な可変式である必要がある。

装置、吊り下げ装置、補助歩行装置などが考えられています（第10章参照）。

3）選び方のポイント

犬の体格に応じた適正サイズのスリングを選択し、前躯用では呼吸を妨げないもの、後躯用では排泄に支障がないものを選択してください。動物の体重がかかる部分は、皮膚への過剰な圧迫や、刺激や痛みを与えない素材と形状で、体重が楽に預けられる構造が望まれます。

4）使用法

スリングを装着して起立や歩行訓練、あるいは固有位置感覚刺激運動をする場合は、ハンドラーは、犬に1足1歩ごとに足底に正しく負重した歩行を確実に実行させます。リハビリテーションの進行に応じてスリングの吊る力・支える力を調整して、肢に荷重をかけていきます。

5）注　意

とくに歩行訓練では、ハンドラーが速く歩くと犬は患肢を挙上したまま歩いたり、あるいは引きずったりするため、決して急いで歩かせてはなりません。患肢の足底に確実に負重できるスピードで誘導します。疲れて患肢端を引きずりだしたら訓練の意味がないので、休憩または中止とします。

❸ 車いす（カート）

車いすは、歩行回復リハビリテーションの過程で後肢の歩行補助用具として用いる場合、つまりヒトでいう医療用装具として用いる場合と、これ以上の歩行改善が見込めない歩行障害が固定した症例のための日常活動の更生用装具として用いる場合の二つに分けられます。

後肢用として2輪の車いすが多種類販売されていますが、4肢の歩行補助として用いることができる4輪の車いすもあります。

1）医療用車いす

後肢の機能を補完し、歩行回復訓練を行うことを目的に使用します。

使用法：歩行回復リハビリテーション過程での車いすは、歩行訓練時または監視可能時のみ装着します。車いすを用いた補助歩行訓練で重要なことは、患肢足底をしっかりと床に着けて負重して歩けるスピードで、ハンドラーが誘導することです。決して前肢の運歩のスピードで歩かせてはいけません。疲れて患肢を引きずりだしたら休憩するか中止します。

選択のポイント：症例の体型および固有位置感覚や筋力の改善に応じて肢への荷重を調節することができるように、支持台の高さが1cm単位で調節できることが必須です（**図15-4**）。

応　用：車いすは、家庭での自転車こぎ運動時の起立補助装置としても利用できます。自転車こぎ運動は、固有位置感覚の刺激および筋肉増強効果の両方に有効性が高いリハビリテーションです。

注　意：後肢を引きずったまま前肢のみで移動できることを犬が覚えてしまった場合は、車いすを用いた歩行訓練は中止します。

2）更生用車いす

動物の身体に支持を与え、横臥による悪影響を防ぎ、飼い主と動物の自立性を取り戻すために有益です。

第4部 臨床例に対する理学リハビリテーション

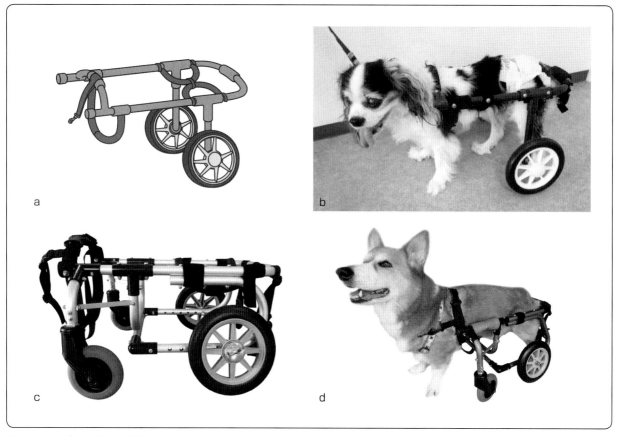

図15-5 更生用の車いす(カート)

後躯麻痺の症状が固定した症例ではできるだけ体型に合わせた製品を選択する。
a、b．前躯に問題のない症例に用いる2輪カート。bの症例はなんとか歩行できるためまだ肢は吊っていない。
c、d．変性性脊髄症を対象に開発された4輪カートは、後躯だけではなく前躯の不安定な症例に対しても使用できる。(写真提供：アニマルオルソジャパン)

構造と選択のポイント：更生用車いすは、回復不能な障害を持つ犬の体型と目的に応じて2輪または4輪を装着し、軽量フレームで設計・製造されています(**図15-5**)。

獣医師と相談して製品の適用に求められる動物の体型や部位を正確に計測し、軽量でかつ堅牢な構造で、機敏な動きに対応でき、装着するためのベルトと皮膚の相性のよい製品を選択します。可能ならば試用してから購入するのが安心ですが、インターネット販売ではなかなか難しいようです。

注意：車いすの使用で運動性が上がり、より活動的になり行動範囲も広まるため、新たな外傷を生じないように注意が必要です。長時間の使用後は、負重した際にカート支持台に接触する身体部位に循環障害が生じやすいので、確認を忘れないでください。

❹ コルセット (図15-6)

1) ヒト用と動物用の違い

ヒト用のコルセットは胸腰椎用装具に分類され、きつく締め

図15-6 オーダーメイドのコルセット
(写真提供：東洋装具医療機器製作所)

つけることで腹腔内圧を高め、脊椎を安定させて痛みを軽減します。しかし、4肢歩行の動物では形態的に腹圧を高めることが難しく、この目的への適用は十分ではありません。動物用では主に腰痿のある動物に対する後躯の安定化が目的となります。

付録 補装具・矯正具

図15-7 犬用ブーツ
さまざまなタイプがペットショップやインターネットで販売されている。（写真提供：アニマルオルソジャパン）

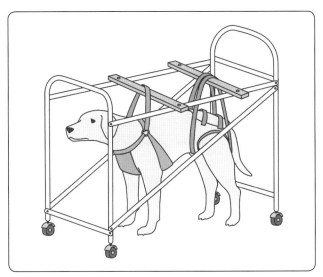

図15-8 簡易補助歩行装置
4脚に車輪を取り付け、背上方に前後躯のスリングのストラップを取り付ける棒を渡し、手押しで補助歩行ができる軽量構造とする。

2）適　用
　日本での人気犬種であるダックスフンド系には椎間板ヘルニアの発生が多く、その後遺症である腰痿のある動物に対して後躯を安定させるために適用されます。

3）選び方のポイント
　胸腰部にだけではなく腹部にもフィット感が必要であり、オーダーメイド製品ではそれがある程度可能です。市販製品を使用する場合は、サイズやフィット感、重さや堅牢さを詳細に評価し、より個体に適したものを選びます。

4）注　意
　四肢の周り、特に前肢尾側と後肢頭側の擦り傷に十分注意する必要があります。

❺ ブーツ（図15-7）

1）適　用
疾患：椎間板ヘルニアの後遺症などによる固有位置感覚障害、橈骨神経や腓骨神経麻痺などで肢端がナックリングを起こしている症例の肢端の背側面や爪を保護するために利用されます。
予防・保護：作業犬、長時間運動犬、そり用犬などでは、連日

の走行、尖った石や氷などによる外傷や凍傷から保護するために利用されています。真夏の昼間の舗装道路上の散歩時にも必要かもしれません。

2）構造と機能
　犬用ブーツは靴下様で、足裏は滑りにくい構造で、肢首部分は面ファスナーなどで留めて外れないように工夫されているものもあります。

3）選び方のポイント
　選択にあたっては、洗濯機で洗濯可能か、防水性や耐水性、擦り切れやすさ、底の滑りにくさ、装着時の肢端とのフィット感、肢首部分の留め具などを考慮します。

4）注　意
　ブーツは必要時にのみ履かせるようにし、その際も肢端の形状や皮膚の状態をよく観察して、ほどよくフィットしているかどうかを調べ、かつ清潔に保つように心がけます。自家製でも問題ありませんが、装着時に肢首部分の血行不全を起こさないよう注意します。

❻ 補助具、矯正具と義肢（図15-8～14）

1）使用目的と機能的留意点

（1）使用目的
　補助・矯正具装着の目的は、安静、固定、関節の保護、動き

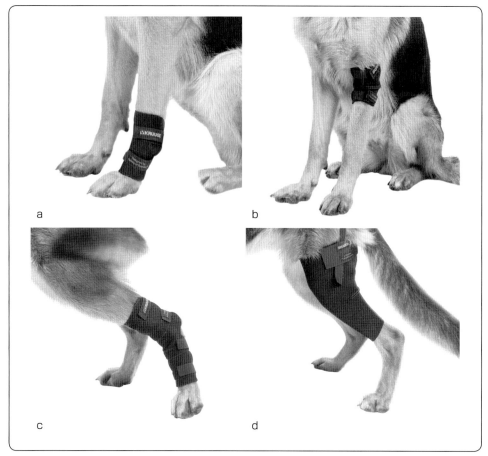

図15-9 関節部の簡易プロテクター
a．手根関節、b．肘関節、c．足根関節、d．膝関節。（写真提供：酒井医療株式会社）

の制御、運動補助、運動障害予防、あるいは矯正などです。選択にあたっては、運動の制御か補助かのいずれであるかを考慮する必要があります。

（2）選択上の留意点
①身体の一部の運動を補助する目的の場合：矯正具は筋肉の作用の代わりや、補助ができるものでなければなりません。
②術後・障害直後の痛みの軽減、関節保護のための補助・矯正の場合：骨、靱帯、または筋肉などによってもたらされるべき本来の安定性の欠如を補うものとなります。

（3）使用上の注意
軟部組織の粘弾性に対する補助・矯正具使用にあたっては、誤った使用法により組織に新たな損傷を与えないようにします。

2）装着時の機能性
（1）機能の修飾
補助具等の選択にあたっては、施療者は症例の補助具等の適用部位の運動学的特性を考慮する必要があります。器具に本来備わっている固有の動きと、装着した際に動物の体の動きと連動した場合の相互関係について、考慮する必要があります。

（2）波及的影響
補助具等によっては、ある関節の運動を制御し、それにより必然的に他の関節や身体の一部の動きを変化させる場合もあります。このことはすなわち、二つ以上の体の部位の自由度を制御または変化させるということであり、できる限り避けたい事態です。このように補助具等の開発には常に解決すべき課題が存在しています。

3）矯正具を使用する際に考慮すべき付加的要素
（1）機能性と快適性
矯正具を装着する部位、すなわち矯正具の表面とその接触面の皮膚とのフィット状況について、皮膚の清潔さと生物学的な機能性の保持を考慮する必要があります。さらに、適用する動物にとっての使い勝手や満足度もできる限り考慮します。

（2）影　響
動物の様々な運動におけるすべての場合で、矯正具が動物の運動機能に及ぼす影響について、慎重に評価すべきでしょう。

（3）保守管理
矯正具の清潔さや機能の保持のために、洗浄や手入れのしや

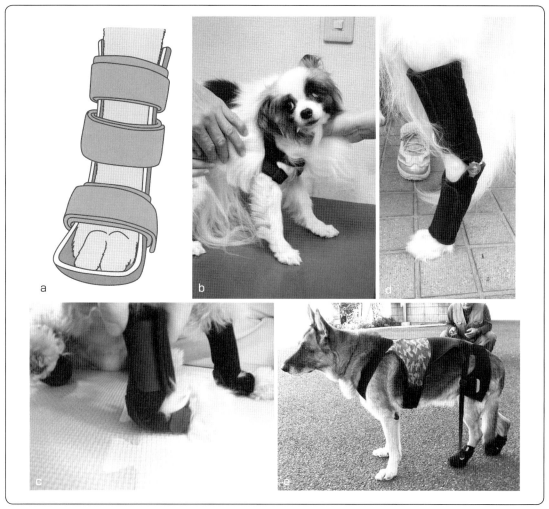

図15-10 矯正・保護具

前肢の肩・肘・手根関節、後肢の膝関節・足根関節などの不安定、過伸展、ナックリングなどに対する矯正具あるいは保護具などが、日本においても開発されるようになってきた。
a．プラスチック製既製品によるナックリング症例に対する矯正装具。
b．肩関節の保護装具。老齢のため肩関節の筋力低下で歩行不安定な症例（ながいき動物病院、木庭敏也先生のご厚意による）。
c．手根・足根関節の安定化のための保護装具。手根・足根関節が不安定なリウマチ様関節炎症例（セントラル動物病院、依田綾香先生のご厚意による）。
d．足根関節の装具。四肢不全麻痺を呈した頸椎椎間板ヘルニア症例に対するリハビリテーション過程で発生した、靱帯損傷による足根関節の過伸展を制限する装具（とおやま犬猫病院、遠山和人先生のご厚意による）。
e．股関節・右肢前進不全に対する矯正装具。老齢による後肢の筋力低下と股関節異常による右後肢の内転に対する矯正、および右肢前進補助のため、肢端と腰部を結ぶゴム製スリングを装着した症例（とがさき動物病院、諸角元二先生のご厚意による）。
（b～e写真提供：東洋装具医療機器製作所）

すさも大切なファクターです。

（4）注　意

　症例の神経系や筋骨格系の状態、運動機能の変化に応じて使用する矯正具の適合性を常に評価し、矯正具の使用による新たな障害を生むことのないように管理する必要があります。

4）義　肢（図15-12）

（1）動物の補装具としての義肢

　4肢歩行動物は3肢歩行によく適応するため、日常的な生活にそれほど支障があるわけではないことから、義肢の使用はそれほど普及していないようです。

　小動物の断肢の原因は、外傷（約65％）と腫瘍（約35％）でほとんどが占められますが、まれに骨髄炎や感染症、除神経による機能喪失で切断を余儀なくされることがあります。前肢は後肢に比べて体重の負荷が大きく、前肢の切断は動物に対して大きな影響を与えます。それゆえに複数の肢に障害がある場合には前肢に義肢を装着することは困難と思われます。

（2）義肢の構造

　義肢を構成する部品は、ソケット（肢端と連結）、パイロンまたは軸部（支持部）および接地部（足）からなります。義肢

図15-11 前十字靱帯断裂に対する安定化手術後に装着された装具

膝関節周囲の線維化を促すために、膝関節と足根関節の運動を制限する装具。（オガタ動物病院、守屋弘美先生のご厚意による。写真提供：東洋装具医療機器製作所）

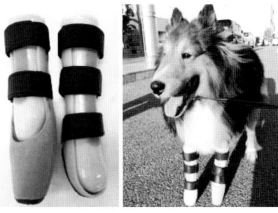

図15-12 左・右前肢の義肢

脚長差はコルクで補高してある。（写真提供：アニマルオルソジャパン）

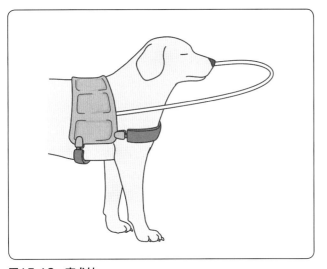

図15-13 盲犬杖

図15-14 頭頂部保護装具

悪性腫瘍により頭頂骨を切除したため、外力から頭頂部を保護するためのヘルメット様装具。（クローバー動物病院、蜷川圭一先生のご厚意による。写真提供：東洋装具医療機器製作所）

は、患肢肢端からソケットの鋳型をとって作製されますが、その取り付けは、一般には空気を用いた吸引やシリコンやウレタンを用いた接着、あるいはハーネスが使用されています[1]。

7 まとめ

病態に最も適した補装具（補助具、矯正具、もしくは義肢）を開発・装着するには、それらが動物に及ぼす生体力学的な問題を理解し、さらに構成する材質の性状とそれが機能に及ぼす影響や、症例のさまざまな病態ごとの要因を考慮する必要があります。また、症例の病態は日々変化するため、装着した補装具による動物への影響を常に評価し、いつでも臨機応変に対応できる体制にしておかなければなりません。

動物のリハビリテーションが専門分野として認められれば、より進んだリハビリテーションが展開されるようになることから、この分野のさらなる発展が見込まれると期待されます。

参考文献

1) C Adamson et al., Devices, Orthotics, and Prosthetics, Vet Clin Small Anim 35:1441-1451, 2005.

索引

欧文

1軸性関節　10
25％エタノールパック　128
2軸性関節　10
3軸性関節　10
3点骨切り術　165, 166
Ⅰ型筋線維　46
Ⅱ型筋線維　46
Ⅱ型コラーゲン　36, 37
Adequan　158
Arndt-Schultzの法則　136
BCS　54, 55
CCL損傷　169
Cosequin　158
CP　79
CRT　189
CS：chondrotin sulfate　159
CT検査　78
efflerage　101
EMS：electrical musle stimulation　135
E-pad　135
FCE：fibrocartilaginous emboli　173, 176
FCP　162
friction　103
GaAlAsレーザー　131
GaAsレーザー　132
GAG　156, 158
GAGPS　158
GAG多硫酸　158
gallium-arsenideレーザー　131
helium-neonレーザー　131
ICIDH　4
impairment　3
laser　130
LMN：lower mortor neuron　79
LMNサイン　79
LMN障害　85, 86
LLLT：low level laser therapy　130
Neospora caninum 感染性神経炎　186
NMES：neuromusular electrical stimulation　135
NSAID　44, 45, 197
OCD　159, 162, 163
Perna canaliculus　159
petrissage　102
physiotherapy　95
PROM運動　106, 153
rehabilitation　3
ROM：range of motion　16, 56, 57, 69, 72, 105
ROM改善効果　96
S/DMOAD　158
SADMOA　158
Salter-Harris Ⅳ型骨折　160
shaking　103
stroking　101
SYSADOA　158
tapotements　104
TENS：transcutaneous electrical nerve stimulation　135
three-in-one法　169
UAP　162, 164
UMN：upper mortor neuron　79
UMNサイン　79
UMN障害　79, 85～87
vibration　103
wringing　101

和文

◆◆◆ あ ◆◆◆

アイシング　127, 153
アイスマッサージ法　129
アキレス腱　73, 171
アキレス腱断裂　171
アコースティック・ストリーミング　137
アジリティー　119
アスコルビン酸塩　158
亜脱臼　74
圧縮　16
圧迫性萎縮　40
圧迫性脊髄損傷　173
圧迫脊髄　78
圧迫法　103
圧迫包帯　153
軋轢音　73
アデカン　158
アミノ酸　158
アラキドン酸　159
アルキメデスの原理　121

◆◆◆ い ◆◆◆

医学的リハビリテーション　3
威嚇反射　89, 90
異化作用　158
医原性損傷　41, 184
萎縮　43
萎縮防止　151
異常感覚　185
位相時間　133
痛みの域値　100
痛みの徴候　59
痛みの評価　58
一過性虚血　185
一般身体検査　80
遺伝的な変性性疾患　186
移動性　69
犬用体脂肪計　54
犬用ブーツ　203
犬用万歩計　59
医療用車いす　116, 201

医療用装具　199, 201
咽頭反射　90
インフォームド・コンセント　53
陰部神経　87
インプラント　44, 171
インペアメント　3

◆◆◆ う ◆◆◆

ウエイトリフティング　44
ウォーク　63
ウォーミングアップ　103, 198
ウォブラー症候群　183
運動軸数　10
運動神経　14, 79, 83, 84, 86
運動神経単位　42
運動神経反射　88
運動能力向上訓練　179, 184
運動不耐性　189
運動補助　203
運動量　59
運動（エクササイズ）療法　96, 111, 185
運歩　63

◆◆◆ え ◆◆◆

エアーマット　112, 190
栄養補助食品　158, 197
会陰反射　87
腋窩動脈　21
腋下リンパ節　21
液浸法　137
液体窒素ガス　128, 129
エネルギー消費量　122
エネルギー密度　131
エネルギー量　132
エフルラージュ　101, 103
エマースリング　167
遠位　8
円運動　67
炎症関連サイトカイン　189
炎症期　31, 32
炎症沈静　127
遠心経路　79, 84
遠心性神経　14

◆◆◆ お ◆◆◆

横断面　7
応力　48
オーダーメイド　202, 203
オーバーストレッチ　110
オピオイド　196
オフロード歩行　120
オメガ-3-脂肪酸　159
重り引き運動　120
オルトラニーテスト　74, 76
音圧効果　137
温灸　143
温熱効果　137
温熱療法　129, 130, 180

◆◆◆ か ◆◆◆

カート　201
外因性グルコサミン　159
外因性拘縮　193
下位運動ニューロン（LMN）　79, 80, 85
回外　17
外固定　47
介在ニューロン　79, 85
外傷性関節疾患　138
外傷性重症例　193
外傷性脊椎損傷　174
外旋　17
外側　8
外側傾斜　17
外側広筋　24
階段歩行　117
外腸骨動脈　27
回転　17
外転　17, 19
回転運動　16
外転神経　90
回内　17
飼い主　111, 148
飼い主指導（高齢動物）　196
外反　58
外反角度　57
回復期　31, 32
外貌　67, 80
解剖学　7
開放性損傷　31
海綿質骨　44
加温媒体　129, 130
可逆的不動化　45
顎緊張　89
角度計　56
駆足　64
かけあし　64
荷重　34, 44
過剰仮骨　34
下腿部　73
滑液　36, 37, 39, 156
滑液層　13
滑液包炎　138
滑車溝形成術　170
滑車神経　90
カップリング　134
滑膜　12, 36, 37
滑膜炎　38
滑膜細胞　37, 156
滑膜層　13, 37
可動域運動　105
可動結合　9
可動制限　106
過肥　54
痂皮下の治癒　33
ガリウム-アルミニウム-ヒ素レーザー　131
ガリウム-ヒ素レーザー　131
簡易補助歩行装置　203

索　引

感覚過敏　185
感覚神経　79
間隔通電パルス刺激　142
感覚麻痺　185
間欠性跛行　66
寛骨骨折　165
患肢強制自重歩行　120
環軸亜脱臼　76, 183
環軸関節　76
感情　80
緩衝作用　157
眼振　90
眼振反射　90
関節　36, 56
　アライメント　61
　骨折　153
　障害　38
　損傷　153
　複雑骨折　106
　不動化　38
　モビライゼーション　108
　緩み　58
関節液　36, 37
関節炎　38
関節窩　10
関節外固定法　169
関節角度　56
関節可動域　16, 47, 56, 57, 69, 72, 105
関節可動域改善　96, 119
関節可動域拡大　125
関節可動角度　16, 105
関節緩衝機能　156
関節腔　9
関節硬化　130
関節拘縮　138, 193
関節拘縮症例　107
関節硬直症　197
関節腔内視鏡検査　78
関節固定角度　155
関節固定術　155
関節疾患　138
関節手術後　152, 153
関節上結節の剥離骨折　160
関節創外固定器　170
関節頭　10
関節内固定法　169
関節軟骨　36
関節安定化手術　169
関節不安定症　73
関節包　9, 37, 46, 156
関節包滑膜　157
関節包縫縮術　170
感染性関節炎　77
完全麻痺　112
顔面　89
顔面神経　89, 90
寒冷性蕁麻疹　129

◆◆◆　き　◆◆◆

器具　111
義肢　203, 205, 206
義肢装具士法　199
基節骨　18
基礎通電パルス刺激　142
拮抗筋　25, 46
基底核脳病変　83

キャスト　47
キャスト固定　45
キャバレッティーレール　112, 119
ギャロップ　64
キャンター　64
嗅神経　91
求心経路　79, 84
求心性神経　13
急性期のリハビリテーション　181
急性脊髄疾患　180
急性脊髄伝導障害　173, 175, 176
急性椎間板ヘルニア　173, 174
急性疼痛　135
胸囲　54, 55
共感性対光反射　90
強拘歩様　66
胸神経　14
矯正具　203, 205
矯正骨切り術　170
矯正装具　205
協調性運動　111, 180
強直性関節症　37, 156
胸部振動法　192
胸部体位ドレナージ法　191
局所性麻痺　83
局所性両側麻痺　83
極性興奮の法則　134
虚弱体質　119
挙地　63
棘下筋拘縮　160
挙揚肢　63
起立維持運動　114
起立維持補助装置　112
起立負重運動　112
起立補助装置　112
近位　8
筋萎縮　39, 41, 46, 69, 75, 83, 90, 185
筋衛星細胞　40
筋外膜　12
筋・腱接合部　12
筋拘縮　40, 185, 193
筋細胞　12
筋ジストロフィー　186
筋周膜　12
筋障害　186
筋伸展反射　86
近赤外線領域　131
筋線維　12
筋損傷　58
筋断裂　39
緊張緩和　99
筋電図検査　185
筋肉　11
　収縮　46
　障害　39
筋肉しぼり　103
筋肉増強訓練　179
筋肉増強効果　96
筋肉容量　58
筋変性　40
筋力　58
筋力強化　47
筋力強化運動　171

筋力トレーニング　44

◆◆◆　く　◆◆◆

クールダウン　127, 198
クーンハウンド麻痺　186
楔型スポンジ　190
屈曲　16, 17
屈曲位固定　168, 169
屈曲運動　107
屈曲角度　56, 57
屈曲ストレッチ　109
屈曲反射　88
屈筋腱拘縮　165
屈筋腱損傷　172
屈筋反射　58, 85, 87,
屈筋反射刺激操作　114, 177
屈腱　164
屈伸運動　104, 113, 153, 193
クラッシュアイスパック　128
グリコサミノグリカン　156, 158
グルコサミン　156, 159
グルコサミン塩酸塩　158
車いす　112, 201, 202
車いす補助歩行運動　115, 116
グレーハウンド　163, 171

◆◆◆　け　◆◆◆

頸胸郭　29
経穴　138, 140, 142, 143, 180
軽叩打法　104
脛骨圧迫試験　74, 75
脛骨神経　87
脛骨粗面前進術　169
脛骨の骨折　171
脛骨前滑り試験　74
脛骨稜転位術　170
軽擦法　101
傾斜床歩行　117, 118
頸神経　14
頸髄　80
頸背部　76
経皮的電気神経刺激法（TENS）　135, 193, 198
頸部　76, 90
経絡　138, 140
血管新生　46
血管性脊髄障害　173
血管の分布　46
結合組織の弛緩　100
血漿タンパク　77
血流量　46
ケラタン硫酸　156
腱　12, 41
　再可動　47
牽引　16, 19
腱炎　41, 164
肩関節　71
　亜脱臼　159
　骨折　160
　疾患　159
腱間膜　13
腱・腱鞘炎　138
肩甲棘　71
肩甲骨　18
肩甲部　71, 72

腱・骨接合部　12
腱鞘　12, 13
懸垂期　63
懸垂跛　63, 65
懸垂跛行　63〜66, 182
腱損傷　154
　治癒形式　41
肩帯運動　17
腱断裂　41
原虫性筋炎　186
肩の疾患　159
懸跛　63, 65
肩跛行　65, 68
原発性骨関節症　157

◆◆◆　こ　◆◆◆

股（関節）異形成　76
交感神経系　13
後躯麻痺　113
後躯用スリング　200
抗血栓作用　158
抗骨関節炎構造変性剤/予防維持薬　158
交叉性伸展反射　85, 87
後肢端の骨折　171
後肢端の触診　72
後肢端の脱臼　171
後肢対麻痺　182
後肢の関節角度　56
後肢の骨折疾患　169
後十字靭帯　74, 169
後十字靭帯断裂　75, 170
高周波　133, 135, 142
拘縮　43, 130, 193
　予防　195
恒常性　48
甲状腺機能低下症　112, 195
鉤状突起部　71
合成抗菌剤　45
更生用車いす　116, 201, 202
更生用装具　199, 201
後退歩行　66
交替浴　129
叩打法　104, 191
抗張力　41, 48
後方短縮　64, 65
後方ドロアーサイン　74
肛門括約筋　87
肛門反射　87
高齢　195
高齢動物　195〜197
コールドレーザー　130
股関節　58, 74, 75
股関節亜脱臼　58
股関節形成異常　165
股関節形成不全　74〜76, 154, 165〜167
股関節全置換術　165
股関節脱臼　75, 167
呼吸器障害　187
国際障害分類　4
国際生活機能分類　4
極超短波　130, 133, 136
極超短波療法　136
コセクイン　158
骨延長術　162
骨塩量　44

209

骨格　18
　アライメント　16
骨格筋　11, 12
骨関節炎　132
骨関節炎遅効性対策薬　158
骨関節症　39, 153, 157, 167, 197
骨吸収　47
骨棘　73, 197
骨切り術　162
骨-靱帯複合体　48
骨性関節強直　36
骨折　73, 152
　治癒過程　35
　治癒形式　34
骨折骨腫　36
骨折症例　195
骨切除術　162
骨端骨折　167, 195
骨端軟骨　163
骨端軟骨板損傷　153
骨頭頸切除術　36, 165
骨軟骨症　39, 154, 166
骨肉腫　75
骨の再構築　161
骨の連結　18
骨盤　23, 75
骨盤運動　16, 17
骨盤腔　23
骨盤骨折　75, 465
骨盤肢跛行　65, 68
骨膜炎　73
骨癒着　36
ゴニオメーター　56
コマンド　53
固有位置感覚　61, 79
　回復　125
固有位置感覚刺激　113, 115, 119, 123
固有位置感覚刺激操作　178, 179, 184
固有位置感覚障害　184, 203
固有位置感覚反応　83
コラーゲン　12, 156, 158
コラーゲン線維　12, 48
　再配置　33
コルセット　202
強ばり　130
混合跛　65
混合跛行　65, 67
コンディショニング運動　160
コンドロイチン硫酸　156, 159
コンドロイチン硫酸塩　158
混跛　65

◆◆◆ さ ◆◆◆

再可動　43
　骨の　44
　軟骨の　45
　筋肉の　47
　靱帯および腱の　48
再生　31, 32
再断裂　48
再調整　49
再有髄化　41
座位-立位のポジショニング運動　117

坂道歩行　67, 117
錯感覚　185
削痩　54
坐骨　23
鎖骨下動脈　21
坐骨結節　75, 76
坐骨神経　88
坐骨神経障害　185
挫傷　31
さする　101
サプリメント　158, 197
挫滅組織除去　33
三叉神経　89
酸素吸入装置　122
酸素供給　46

◆◆◆ し ◆◆◆

飼育環境　148
シェイキング　103, 128, 129, 130, 180
持久力運動　46, 180
持久力トレーニング　46, 47
軸下筋　30
軸索　41, 42
　再有髄化　110
　代償機能　110
軸索再生　42
軸索断裂　42, 185
軸上筋　30
軸部（支持部）　205
趾行型　8
趾行型立位　7
趾骨の骨折　171
支持期　63
四肢筋肉量　54
肢軸　61, 62, 176
　異常　162
支持跛　63, 65
支持跛行　63〜65, 66
四肢不全麻痺　175, 183
支持包帯　152
自傷行為　185
矢状面　7
視診　67, 69
視神経　89, 90
刺鍼点　140, 180
姿勢　61
肢勢　16, 61, 62
姿勢筋　46
姿勢性伸筋突進反応　84, 85
姿勢反応　83
肢勢反応　83
肢端　69, 70, 72
支柱跛　65
支柱肢　63
弛張性跛行　66
膝蓋関節の触診　73
膝蓋腱　86
膝蓋腱反射　86
膝蓋骨　73
膝蓋骨脱臼　170
膝蓋骨内方脱臼　74, 170
膝蓋骨内方脱臼整復術　105
膝蓋靱帯断裂　170
膝蓋反応　85
膝窩リンパ節　26
膝関節　23, 24, 58, 73, 74

自転車こぎ運動　114, 179, 201
自転車こぎ補助歩行運動　115
四頭筋癒着　169
支跛　63, 65
自発的関節可動域運動　106, 107
しぼり上げ　103
ジャーマンシェパード　163, 171
社会的リハビリテーション　4
尺骨　18
尺骨神経　88
尺骨内側鉤状突起　71, 162
　癒合不全　162, 163
　離断　162, 163
獣医師　147
周囲長　54, 55
自由運動　48
臭感　91
十字靱帯　12
十字靱帯損傷　58, 169
十字靱帯断裂　169
終止部　13, 48
重症例　189, 190
重心　61, 63
柔軟性の回復　99
揉捏法　101, 103
周波数　133, 134
修復の様式　31
襲歩　64
重量強制負荷歩　120
縮気叩打法　104
手拳叩打法　104, 105
手根関節過伸展　164
手根関節固定術　155
手根関節損傷　164
手根関節脱臼　164
手根骨　18
手根部　69
種子骨　18
手術切開創　33
出血凝固期　31, 32
術後管理（骨折）　152
出力密度　131
出力ワット　132
主動筋群　25
手刀叩打法　104, 105
受動的関節可動域運動　106
腫瘍　73
腫瘍症例　190
腫瘍性疾患　191
シュワン鞘　42
循環運動　17
循環改善　40
循環の活性化　99
ジョイントマウス　154, 159
上位運動ニューロン　80
上位運動ニューロン（UMN）障害　79, 178
上位の疼痛反応　88
障害の克服　4
障害物　112
衝撃運動　171
踵骨　73
踵骨・アキレス腱部　73
硝子軟骨　39

照射時間　132
掌側　7, 8
常歩　63
消耗性萎縮　40
消耗性関節症　157
症例の再評価　148
上腕骨　18
　骨折　160
上腕骨遠位端骨折　107
上腕骨外側顆　160
上腕骨端尾側頭　159
上腕骨頭内側脱臼　159
上腕骨内側顆の離断性骨軟骨症（OCD）　162, 163
上腕三頭筋反射　86, 87
上腕動脈　21
上腕二頭筋腱滑膜炎　72
上腕二頭筋腱鞘炎　41
上腕部　71
蹄行型　8
ジョギング　119
食餌（高齢動物）　197
触診　67, 69, 70
褥瘡　190
除神経筋　135
触覚　90
徐発性跛行　66
処方箋　148
自力起立　117
自力歩行　117
自力遊泳　121
自律神経　14
自律神経系　13
伸延　16
鍼灸療法　138, 140, 141
心筋　11
伸筋反射　58, 59, 87
伸筋反射刺激操作　178
神経インパルス　79
神経学的機能不全　183
神経学的検査　79, 80, 87
神経学的検査表　80〜82
神経機能回復刺激操作　110, 113, 177, 184, 185
神経機能障害　191
神経筋痙攣　180
神経筋疾患　186
神経筋電気刺激法（NMES）　135, 180, 193
鍼経穴　140
神経根圧迫　41, 173
神経軸索　42
神経刺激効果　113
神経障害　133, 186
神経性筋萎縮　46
神経代償性機能賦活効果　96
神経断裂　185
神経賦活刺激　100, 133
神経ブロック　77
神経麻痺　40, 100
人工呼吸　191
進行性脊髄変性症　184
新鮮創　31, 33
靱帯　12, 41
靱帯炎　41
靱帯接合部　47
靱帯損傷の治癒様式　41

索 引

靭帯断裂 41
診断的麻酔 77
伸展 16, 17
伸展運動 107
伸展ストレッチ 109
伸展反射を利用した運動 114
振とう 41
振動法 103, 191
心肺機能 121
深部横摩擦法 104
深部温度 137
心不全症例 119
深部痛覚 79, 88, 89, 175, 178,
深部痛覚陰性 175, 182, 183
深部痛覚陽性 183
深部の加温 136
深部摩擦 100

◆◆◆ す ◆◆◆

随意運動 88
随意筋 11
水泳 125
水温 124
水中遊び 124, 125
水中運動 126
水中運動（エクササイズ）療法 120, 124, 152, 179
水中起立 124
水中自転車こぎ運動 125
水中ダンス運動 125
水中トレッドミル 123, 125, 179
水中歩行 125
スイミングボード 125
水溶性超音波ジェル 137
スイング期 63, 64
スキンローリング 103
スクリュー 44
スタンス期 63, 64
ストライド 63
　改善 119
ストレス解消 100
ストレッチ運動 108
ストローキング 70, 101, 103
スプリント 48, 195
滑り運動 16
スライディング 100
スラローム歩行 120
スリング 47, 112, 200

◆◆◆ せ ◆◆◆

生活機能 4
生活習慣 148
整形外科学的検査 69, 72
整形外科学的疾患 151
清拭 33
成熟期 32
贅性仮骨 34
正中神経 88
正中動脈 21
成長期骨関節疾患 154
成長期整形外科的疾患 154
静的ストレッチ運動 109
精密検査 68
生理学的運動 17

赤外線 130
脊髄 13, 14, 79, 80
脊髄圧迫障害 183
脊髄円錐 13
脊髄機能回復訓練 177, 184
脊髄空洞症 183
脊髄周囲の血腫 183
脊髄周囲の腫瘍 183
脊髄症 186
脊髄障害 41, 88, 133
脊髄神経 13, 14,
脊髄神経壊死 41, 173
脊髄振とう 41, 174
脊髄損傷 86
脊髄伝導障害 110, 113, 175, 181
脊髄嚢胞性疾患 183
脊髄の急性伝導障害 88
脊髄背根 79
脊髄反射 79, 84,
脊髄反射弓 79, 86
脊髄反射刺激操作 114, 177, 178, 184, 185
脊髄病変 83, 175
脊髄腹根 79
脊髄分節 13, 14, 80
脊髄変性症 183
脊髄裂傷・断裂 173
脊柱 29
脊椎管狭窄 183
脊椎関節症 138
脊椎骨折 183
脊椎症 138
舌咽神経 90
石灰沈着 34
舌下神経 90
接近 16
接地部（足） 205
設備（水中運動） 122
施療者 147
施療者（水中運動） 123
線維化防止 151
線維性仮骨 35
線維性ミオパシー 171
線維性癒着 108
線維層 37
線維軟骨 39
線維軟骨塞栓症（FCE） 173, 183
線維軟骨塞栓脊髄症 174
前躯用スリング 200
浅頸リンパ節 20
仙骨 77
仙骨神経 14
仙骨隆起 76
浅趾屈筋腱転位 172
前肢肢端の骨折 163
前肢デルマトーム 21
前肢の運動 19
前肢の関節角度 56
前十字靭帯（CCL） 169
前十字靭帯断裂 74, 75, 107, 206
前十字靭帯断裂整復法 169
全身性炎症性症候群 193
全身性完全麻痺 83
全身性筋力低下 191

仙髄 80
仙腸関節 17, 23, 77
仙腸関節脱臼 165
浅部痛覚 88
前方短縮 64, 65
前方ドロアーサイン 74
前腕骨骨折 160
前腕部 70

◆◆◆ そ ◆◆◆

創外固定 162, 167
早期骨端軟骨閉鎖 162
爪根鉗圧 89
総腫骨腱 73, 171
創傷治癒 31
　阻害因子 34
　促進 97, 132, 130, 133, 138
創傷治癒過程 32
創傷治癒形式・様式 32, 33
創傷治癒効果 132
増殖 31, 32
増殖期 31, 32
装置 111
足底 72
足底側 7, 8, 63
続発性骨関節症 157
側副靭帯 58, 71, 74
側副靭帯損傷 170
側副靭帯の修復 162
速歩 63, 64, 67
ソケット（肢端と連結） 205
組織到達深度 137
組織の可動化 99
組織の脆弱化 100
組織の再構築 33, 151, 161
組織のスライディング 151
組織の破綻 151
速筋線維 46
側屈 17
足根関節 72
足根骨骨折 171
足根骨脱臼 171
粗密通電パルス刺激 142, 143
粗密通電パルス療法 181
損傷 31

◆◆◆ た ◆◆◆

第1期癒合 33
第2期癒合 33
第3期癒合 33
第一脳神経 91
体位変換 190
ダイエット 122
体温調節機能不全症例 129
体幹皮筋反射 87, 88
第九脳神経 90
体型 54
退行性腰仙椎障害・疾患 183, 186
対光反射 90
第五脳神経 89
第三脳神経 90
第七脳神経 89, 90
体脂肪計 54
体脂肪率 53
代謝性ミオパチー 186

体重 53
第十一脳神経 90
体重移動運動 178
体重管理 54
第十二脳神経 90
第十脳神経 90
代償機能の賦活 100
対称性 69
対側速歩 64
大腿骨遠位骨端軟骨骨折 169
大腿骨遠位骨端軟骨板離開 107
大腿骨遠位端骨折 168
大腿骨遠位端成長板骨折 168
大腿骨遠位端の離断性骨軟骨症 171
大腿骨近位端骨折 168
大腿骨骨折 167
大腿骨骨端骨折 168
大腿骨頭壊死症 154, 166
大腿骨頭頸切除 47, 117, 165
大腿骨頭靭帯 12
大腿四頭筋 24, 25, 86, 167, 168, 170
大腿四頭筋拘縮 167, 169
大腿神経 87
大腿神経分枝 88
大腿深動脈 27
大腿直筋 24
大腿動脈 27
大腿部 75
大腿リンパ節 26
大転子 75, 76
第二脳神経 89, 90
体表 7
第四脳神経 90
第六脳神経 90
打診槌 86
ダックスフンド 203
他動的可動域運動（内科的重症例） 192
多発性関節症 198
多発性神経根炎 187
タポテメンツ 104
多硫酸グリコサミノグリカン 158
単関節 9
断肢 155
単シナプス反射 85
単純協調性運動 178
単純振とう損傷 173
ダンス運動 119
弾性包帯 194
短波 136
断裂 41

◆◆◆ ち ◆◆◆

遅延治癒骨折 34, 36, 138
知覚異常 88
知覚神経 13, 84, 86, 88
知覚神経線維 14
知覚神経反射 88
知覚ニューロン 85
遅効性骨関節炎予防維持薬 158
恥骨 23
恥骨結合 23

211

着地 63
肘異形成 162
中間広筋 24
肘関節 70, 71, 154
肘関節形成不全 162
肘関節骨折 160, 161
肘関節脱臼 161
肘関節不適合 160, 162
中国棒灸 143
中手骨 18
中手骨骨折 164
中心管 14
中枢神経 13
中枢神経系 13, 14
中枢神経系機能の回復 173
中節骨 18
中足骨の骨折 171
肘突起癒合不全（UAP） 71, 162～164
治癒過程 31
超音波 136, 137
超音波検査 137
超音波療法 136, 138, 180, 198
腸骨 23
腸骨骨折 165
超短波 130, 133
超短波ジアテルミー療法 136
蝶番関節 163
直接カップリング法 137
陳旧開放創 31, 33
鎮痛効果 127, 132, 140, 142

◆◆◆ つ ◆◆◆

椎間孔 14
椎間板ヘルニア 76, 78, 100, 113, 174, 180, 203, 205
椎弓根切除術 179
対不全麻痺の予後 183
対麻痺 83
通電方法 142
使い捨てカイロ 130
ツボ 138, 140
吊り具 112, 200
吊り下げ式補助歩行装置 112, 116, 117
吊り下げ装置 112

◆◆◆ て ◆◆◆

蹄行型 8
蹄行型立位 7
低酸素環境 40, 46
低周波 133, 135, 142
低周波電気療法 46, 133, 193
低周波電流装置 142
低周波パルス通電治療 140, 142
低出力レベルレーザー 132, 133, 143, 140
低出力レベルレーザー療法 130, 131, 180
低衝撃性運動 48, 119, 161, 197, 198
ディスアビリティ 3
低速トレッドミル 114
手押し車運動 119
手押し車反応 84

デブリードマン 33, 159
デューティーサイクル 134, 137
デルマトーム 14, 22, 27, 29, 88
電気筋刺激（EMS） 135, 180, 193
電気刺激療法 133
電気鍼 140, 142, 180, 198
電極 134
電極クリップ 142
電気療法 133
電磁放射線 130
点頭運動 65, 66
伝播速度 134

◆◆◆ と ◆◆◆

同化作用 158
動眼神経 90
頭頸部の触診 76
橈骨 18
橈骨矯正骨切り術 162
橈骨骨端線早期閉鎖 162
橈骨神経 87, 88
橈骨神経刺激操作 185
橈骨神経麻痺 119, 203
導子 134
橈尺骨折 161
等尺性運動 50
頭側 7, 8
等速性運動 50
等張性運動 50
頭頂部保護装具 206
疼痛管理 141, 153, 194, 196
疼痛緩和 130, 132, 133, 142, 191
疼痛緩和効果 96
疼痛軽減 100
疼痛スコア 58
疼痛の徴候 191
疼痛抑制 135
疼痛抑制効果 96
動的ストレッチ運動 109
動的バランス 114
糖尿病続発性による中毒性疾患 186
頭背側脱臼 167
頭背側腸骨棘 75, 76
頭部 89
動物の補装具 199
動物のリハビリテーション 3, 95
動物用医療機器 199
ドーナツ状のクッション 190
トグルピン 167
床ずれ 190
徒手療法 96, 99, 152, 192
突発性跛行 66
跳び直り反応 83, 84
トランスデューサー 136
トリーツ 50
トリガーポイント 129
トレッドミル 112
ドレナージ 16, 99
ドロアーサイン 74
トロッコ 64
トンネル通行 120

◆◆◆ な ◆◆◆

内因性拘縮 193
内科的重症例 191
内固定 47
内旋 17
内側 8
内側肩関節不安定症 159
内側広筋 24
内側靱帯切断術 170
内側側副靱帯 170
内腸骨動脈 27
内転 17, 19
内反 58
内反角度 57
ナックリング 203, 205
なでる 101
なみあし 63
軟骨 36, 45, 156
　障害 37
　代謝 37
軟骨下骨 157
軟骨基質 45
軟骨形成異常犬種 162
軟骨細胞 156
軟骨保護効果 158
軟骨保護剤 158, 197

◆◆◆ に ◆◆◆

肉芽 31
二相性電流 133
二頭筋腱鞘炎 159
乳酸 39, 40, 46
ニュージーランドミドリイ貝 159
ニューラプラキシー 41, 185, 186
ニューロパチー 186
尿失禁 183
尿やけ 190
認知障害 196

◆◆◆ ね ◆◆◆

粘着歩様 66

◆◆◆ の ◆◆◆

ノイロメーター 140
脳 13, 14
脳機能 80
脳梗塞 194
脳神経 13, 14, 79, 89
脳神経系検査 89
上り下り運動 117

◆◆◆ は ◆◆◆

ハーネス 112
排液 16, 99
背角 14
配穴 142, 143
敗血症 77
背根 14
背枝 14
背側 7, 8, 14
背側傾斜 17
背断面 7
バイブレーション 103, 192
廃用 43, 46

廃用（不働）性萎縮 39, 40, 46, 185, 192
背腰部 76, 77
パイロン 205
破壊吸収酵素 129
剥離骨折 47
跛行 64～66
跛肢 65, 67
パスカルの法則 121
バセットハウンド 162
波長 134
発痛点 129
発痛点治療 103
パッド 70, 72
波動性 71
鼻を舐める反応 90
バネ秤 54, 55
馬尾神経 13
ハムストリング 25
はやあし 64
バランス 61
バランス床 112
バランスディスク 112, 117
バランスボード 112, 178
バランスボール 112, 178
鍼 140
鍼治療 140
パルス時間（幅） 133
パルス電流 133
パルス波 137
パルス率 134
半月板 170
半月板損傷 73, 170
汎骨炎 71, 73
瘢痕 33
瘢痕形成 33
瘢痕組織 138
反射弓 79, 84, 85
反射亢進 86
反射中枢 79
反重力筋 20
ハンセンⅠ型椎間板ヘルニア 173
ハンセンⅡ型椎間板ヘルニア 183
半側脊椎 176
半椎 176
ハンディキャップ 95
反応性筋痙縮の減少 127

◆◆◆ ひ ◆◆◆

ヒアルロン酸 45, 77, 156, 158
ヒアルロン酸ナトリウム 158
ビート板 125
ピーナツボール 112, 113, 115
非温熱効果 137
非開放性損傷 31
引き綱歩行 117
尾骨神経 14
腓骨神経麻痺 119, 203
腓骨の骨折 171
皮質骨 44
非ステロイド性抗炎症剤（NSAID） 44
尾側 7, 8

索 引

肥大性骨ジストロフィー　73
ビタミンD$_3$　44
引っ込め反射　85
引っ込め反射刺激操作　177
ヒトの補装具　199
ヒトのリハビリテーション　95
非びらん性関節炎　3, 77
皮膚転がし　103
皮膚知覚帯　14, 88
皮膚の引きつり　89
肥満　54
肥満体型　54
肥満防止　197
表在性痛覚　88
病態評価　53, 54
病的脱臼　167
表面張力　121
敏捷性運動　180

◆◆◆ ふ ◆◆◆

不安定な床　114, 117
フィブリン　77, 193
負荷運動　179
不可逆的不動化　45
負荷の種類　96
不完全麻痺　112
腹囲　54, 55
副運動　16
伏臥位-座位のポジショニング運動　117
腹角　14
複関節　9
副交感神経系　13
腹根　14
伏在神経　88
腹枝　14
福祉機器　199
副手根骨　18
副神経　90
副腎皮質ホルモン　44, 45, 48
腹側　7, 8
腹側傾斜　17
負重　44, 63
負重運動　167
負重期　63
負重軸　165
負重促進運動　170
不随意筋　11
不全麻痺　112
物理学的エネルギー　130
物理療法　96, 127, 135, 180, 186, 100
不働　43
不凍液　128, 130
不動化　43, 46, 47, 105
不動化の方法　45
不動結合　9, 23
不動症例　189
不動性萎縮　39
不働性萎縮　46
踏み直り反射　84, 85
フリクション　103, 104
振り子運動　63

フリスビー　120
不良肉芽　31
浮力　121
プレート　44
プレート内固定　162
プロテオグリカン　12, 36, 37, 156
プロテクター　204
プロプリオセプション　79
分極現象　134
吻側　7, 8

◆◆◆ へ ◆◆◆

平滑筋　11
平均空間強度　137
ペーパースライドテスト　83
ペトリサージュ　102
ヘミセルロース　158
ヘリウム-ネオンレーザー　131
変形性関節症　37, 73, 77, 105, 132, 156, 197
変形性股関節症　75, 125, 165, 166, 167
変形性手根関節症　155
変性性脊椎症　183
片側歩き反応　84
偏側性麻痺　112
ペントサン多硫酸　158

◆◆◆ ほ ◆◆◆

包括的疼痛管理　191
棒灸　143
方向用語　7
放射線治療適応症例　190
ボール遊び　120
歩行困難症例　80
保護装具　205
保護包帯　171
ポジショニング　190
補助起立　112, 193
補助具　122, 203
補助的屈伸運動　178
補助的疼痛管理　191
補助歩行　112, 114～116, 193
補助歩行装置　112
補装具　199, 205
保存療法　159
ホッピング反応　83
ボツリヌス中毒　186, 187
ボディースリング　112, 200
ボディ・コンディション・スコア　54, 55
歩幅　63～66
ホメオスタシス　48
歩様　63
歩様検査　61, 66, 67
保冷剤　128, 180

◆◆◆ ま ◆◆◆

マイクロ波　133
マイクロ波療法　136
毎秒パルス　134

摩擦法　103
摩擦マッサージ　160
マズル　7
瞬き反射　89, 90
末期の腫瘍症例　191
マッサージ　99
マッサージ（内科的重症例）　192
マッサージのテクニック　101
末梢神経　13, 84, 88, 89
末梢神経障害　41, 42, 88, 184
末梢神経性病変　83
末梢神経断裂　42
末節骨　18
マトリックス　36
麻痺　175
マンガン　158
慢性関節疾患　138
慢性脊髄疾患　184
慢性脊髄伝導障害　183
慢性疼痛　135
慢性不全麻痺　184
慢性変形性関節症　73
万歩計　59

◆◆◆ み ◆◆◆

ミエロパチー　186
ミオパチ（シ）ー　39, 186
水遊び　124
水の相対密度　120
水の抵抗　121
水の特性　120
水の粘性　121
水への慣れ　124

◆◆◆ む・め・も ◆◆◆

無気肺　191
無菌的湿潤環境　33
迷走神経　90
メインパッド　61
メインパッド圧迫　89
免疫介在性多発性神経根炎　186
免疫性多発性筋炎　186
免重　65, 74
盲犬杖　206
毛細血管再充満時間　189
もみ　102, 103
問題点の解析　148

◆◆◆ や・ゆ・よ ◆◆◆

薬物減量　196
役割分担　147
遊泳　125
有害刺激　86
有酸素運動　111
遊走性跛行　66
誘導肢　64
遊離骨片　163
癒合不全　138
ゆさぶり法　103
癒着　34
　防止・予防　48, 99, 100, 151

腰囲　55
腰痿　68, 182, 203
腰神経　14
腰神経叢　27
腰髄　80
陽性支持反応　178
腰仙骨神経叢　27, 30
腰椎コルセット　200
腰尾運動　66
横木障害物運動　119

◆◆◆ ら・り・れ・ろ ◆◆◆

ライフジャケット　122
ランドマーク　57
リウマチ　155, 164
リウマチ性関節炎　77
リウマチ様関節炎　205
理学リハビリテーション　3, 49, 95
理学療法　95, 96
陸上運動（エクササイズ）療法　111, 179
陸上トレッドミル歩行　117, 179
リコンディショニング　49
離断性骨軟骨症　71, 72, 159, 160
立位　7
リハビリテーション　3
　受け入れ　149
　効果　59
　装置　200
　目的　49
リハビリテーション科専門医　3
リハビリテーションプログラムの目標　189
良性肉芽　31
療養環境　190
リラックス効果　96
リンギング　101
稟告聴取　53, 66
リンパ機構　14
冷却圧迫装置　128
冷却媒体　128
冷却療法　127, 153, 180
冷水浴　129
レーザー　130
レーザー光の透過深度　132
レーザー光発生装置　131
レーザー治療装置　130
レッグ（カルヴェ）ペルテス病　154, 166
連続波　137
老化　195
老齢　205
ロバートジョーンズ包帯　170

◆◆◆ わ ◆◆◆

腕神経叢　21, 30

あとがき

　本書執筆のきっかけは、2013年に至ってもわが国に動物のリハビリテーションに関するテキストブックが出版される動きがみられないことが第一の動機でした。もちろん翻訳本としてはこれまでにも数冊出版されており、特に本書執筆の手本となった「犬のリハビリテーション」では私もずいぶんと勉強をさせていただきました。しかし、それらの翻訳本はあまりにも詳しかったり、獣医師を対象にしたものであったり、また徒手療法や運動療法などの実践書であったりと、いわゆる教育現場でのテキストブックとして企画されたものではありませんでした。そこで、"浅学老生"を顧みず、さらに出版社にご無理をお願いして、こうして本書の出版に至りました。

　当初は、2014年春に出版の計画で執筆・編集を進めておりましたが、2014年2月に著者がスキー転倒事故による後遺症のために自ら理学療法を受けることになり、リハビリテーションの早期開始の重要さを図らずも実体験した次第です。そして、一度萎縮や拘縮した筋肉や関節の機能を元に戻すためには、大変な労力と時間を要することを身をもって知りました。

　しかし、そのような体験や知識があったからといって本にすることができるわけではありません。最後になりましたが、本書がこうして出版の運びになったのは、ひとえに本書の編集に当たられた飯塚玲子氏の柔軟で丁寧な編集作業と、私に対する切れ目のない激励によって初めて成されたものと、深く感謝している次第です。

2015年1月　藤永　徹

参考文献

1. Jean-Pierre Hourdebaigt、Shari L. Seymour 著、岩﨑利郎 監訳：ドッグ・マッサージ、東京、インターズー、2003（マッサージの理論とテクニックについて詳しい）
2. Barbara Bockstahler、David Levine、Darryl Milli 著、枝村一弥、佐野忠士 訳：犬と猫のリハビリテーション実践テクニック、東京、インターズー、2010（リハビリテーション全般、特に物理療法について詳しい）
3. 上野博史：椎間板ヘルニアの診断法 神経学的検査、Technical magazine for veterinary surgeons、14（5）、17-32、2010.
4. David Levine、Darryl L. Millis、Denis J. Marcellin-Little、Robert Taylor 著、川崎安亮・大渡昭彦・藤木誠 監訳：サンダース ベテリナリー クリニクスシリーズ1（6）リハビリテーションと理学療法、東京、インターズー、2006（動物のリハビリテーション全般について理論的および実践的に詳しい）
5. Darryl L. Millis、David Levine、Robert A. Taylor 著、北尾貴史・角野弘幸 監訳：犬のリハビリテーション、東京、インターズー、2007（動物のリハビリテーション全般について理論的および実践的に詳しいだけでなく、基礎的知見についても詳しい）
6. 坂内祐美子 著：犬のホリスティックマッサージ、東京、インターズー、2007（癒やしとマッサージについて詳しい）
7. 日本伝統獣医学会編：小動物臨床鍼灸学、日本伝統獣医学会、東京、2012（小動物の実践的な鍼灸療法に関する本邦唯一の成書）
8. Samanth Lindley、Penny Watson 編、長谷川篤彦監修：犬と猫におけるリハビリテーション、支持療法および緩和療法－疾病管理に関する症例検討－、東京、学窓社、2012（病態別の臨床的なリハビリテーションについて詳しい）
9. 藤永　徹　関連業績
    1）浅利和人、藤永 徹：重度椎間板ヘルニアを呈したダックスフント5症例に対する理学療法士の介入と理学療法プログラムに関する考察、帝京科学大学紀要、Vol.6、41-46、2010.
    2）藤永 徹ら：症例でみる－犬の実践リハビリテーション－①ダイエットリハビリテーション、J-Vet、25（6）、56-65、2012.
    3）藤永　徹ら：症例でみる－犬の実践リハビリテーション－②整形外科的疾患へのリハビリテーション、J-Vet、25（8）、82-96、2012.
    4）藤永　徹ら：症例でみる－犬の実践リハビリテーション－③神経学的疾患へのリハビリテーション（1）、J-Vet、25（10）、60-69、2012.
    5）藤永　徹ら：症例でみる－犬の実践リハビリテーション－③神経学的疾患へのリハビリテーション（2）、J-Vet、25（11）、70-84、2012.
    6）後藤優志、菊池沙莉、小圷麻奈美、関美貴子、髙橋 類、幡野沙愛耶、三井七花、村田　緑、山本　幸、渡邊絵未、川村和美、藤永　徹：犬の水中運動における異なる水温下での身体反応からの適正水温の検討、日本動物看護学会誌、18（1）、1-6、2014.
    7）髙橋 類、幡野沙愛耶、後藤優志、渡邊絵未、山本　幸、中山久仁子、藤永　徹：レッグペルテス病により大腿骨頭骨頚切除術を行った異なる性格の犬2頭に対するリハビリテーションの有効性、日本動物看護学会誌、18（1）、21-25、2014.
    8）藤永　徹：動物看護師のためのリハビリテーション、動物看護学 各論、動物看護学会、409-434、2014.
    9）藤永　徹：外科疾患に対するリハビリテーション 総論、Technical magazine for veterinary surgeons、19（1）、4-13、2015.

◆著者略歴

藤永　徹

昭和43年3月	北海道大学獣医学部卒業
昭和45年3月	同大学大学院修士課程修了
昭和45年4月	北海道農業共済組合連合会家畜診療所　獣医師
昭和50年4月	農林省家畜衛生試験場　研究員
昭和59年4月	北海道大学獣医学部　助教授
平成2年2月	北海道大学教授　獣医学部家畜外科学講座担任
平成7年4月	北海道大学大学院教授　獣医学研究科獣医外科学教室担任
	その間5年間にわたり付属動物病院長を務める。
平成20年3月	同上　定年により退職
平成21年4月	帝京科学大学アニマルサイエンス学科教授
	同学科において動物看護師養成教育、ならびにアニマルケアセンターにおいて小動物リハビリテーションの教育・研究と診療にあたる。
平成25年8月	同上　定年により退職

TEXTBOOK
小動物のリハビリテーション入門

2015年2月20日　第1版第1刷発行
2023年12月5日　第1版第4刷発行

著　者　　藤永　徹
発行者　　太田宗雪
発行所　　株式会社 EDUWARD Press
　　　　　〒194-0022　東京都町田市森野1-24-13　ギャランフォトビル3F
　　　　　編集部 Tel.042-707-6138　Fax.042-707-6139
　　　　　販売推進課（受注専用）Tel.0120-80-1906　Fax.0120-80-1872
　　　　　E-mail　info@eduward.jp
　　　　　Web Site　https://eduward.jp/（コーポレートサイト）
　　　　　　　　　　https://eduward.online/（オンラインショップ）

表紙デザイン　飯岡えみこ
本文イラスト　ヨギトモコ
組　版　　有限会社アーム
印刷・製本　瞬報社写真印刷株式会社

© 2015　Interzoo Co., Ltd. 2021 EDUWARD Press Co., Ltd. All Rights Reserved.
Printed in Japan
ISBN978-4-89995-861-1　C3047
乱丁・落丁本は送料弊社負担にてお取り替えいたします。
本書の内容の一部または全部を無断で複写・複製・転載することを禁じます。
本書の内容に変更・訂正などがあった場合は弊社Web Siteでお知らせいたします（上記Web Site参照）。